착한 이유식

아기들이 잘 먹는 참 쉬운 한 끗

착한 이유식

조소영 지음
고시환 감수

우리 아이를 위한
정직하고 착한 이유식

학창 시절부터 '엄마'라는 막연한 단어 앞에서 참 많은 생각을 했던 것 같아요. 이다음 내가 엄마가 된다면 손수 만든 머리핀을 아이 머리에 곱게 달아주고, 아이 도시락에는 항상 예쁜 사랑을 가득 담아줘야… 아이와 함께 하고 싶은 일도 참 많고 아이에게 해주고 싶은 일도 참 많았어요.

엄마가 되고 나니 그동안 일상에서 쉽게 지나쳤던 사소한 것들에 관심이 생기고 아이로 인한 소소한 행복이 쌓여갑니다. 그리고 세상의 모든 사람이 엄마라는 존재를 통해 태어났다는 지극히 당연한 사실이 왜 그리도 신기했던지요. 티끌만한 생명체가 하루가 다르게 자라더니 어느덧 엄마라는 말을 하고 아장아장 걷는 당연한 모습이 너무 감격스러워 남몰래 눈물을 흘린 적도 있어요.

아이에게 첫 이유식을 먹이던 그날이 아직도 기억이 생생해요. 이유식의 기본상식을 머리에 꼼꼼히 숙지한 채 열심히 쌀미음을 끓였어요. 5분을 끓이니 쌀이 선 것 같고, 7분을 끓이니 물이 부족한 것 같아 물을 더 붓고 눌어붙지는 않을까 조마조마하며 드디어 아이의 첫 미음을 완성했어요. 적당히 식은 이유식 앞에서 온도가 적당한지를 두고 저는 또 고민에 들어갑니다. '이 정도면 다 식었겠다…' 싶어 두근두근 설레는 마음으로 아이 입에 첫 숟가락을 넣는 순간, 아이는 오만상을 찌푸리며 "우웩~" 하더니 이유식을 뱉어버립니다. 무엇이 잘못되었는지 몰라 식은땀이 흘렀어요. 다시 한 숟가락을 입에 넣으니 아이는 이내 고개를 돌려버립니다. 우리 아이 첫 이유식은 그렇게 시작되었어요. 먹성 좋은 아이는 이유식도 잘 먹을 것이라 생각했던 엄마의 첫 번째 오류였지요.

육아를 하면서 자신의 생활은 없어지고 집 안은 엉망이 되어도 아이를 키우는 내내 이유식만은 정말 열심히 만들어 먹였어요. 그런 엄마의 정성을 알아준 것인지 어느덧 7살이 된

주하도 이제 2살인 주원이도 지금껏 잔병치레 없이 건강하게 잘 자라주었습니다.

어떤 분은 아이가 잘 먹으니 이유식 만들 맛이 났겠다고 말씀하시기도 하지만 먹성이 좋은 아이든, 그렇지 않은 아이든 아이가 식사에 흥미를 가질 수 있도록 동기를 부여해주는 것도 엄마의 몫이라고 생각해요. 다양한 식재료를 사용해 색감도 예쁘고 눈으로도 맛있는 이유식을 만들어주면 먹는 것을 싫어하는 아이라도 세 번 중 한 번은 음식에 관심을 보일 수 있어요. 평생 식습관을 좌우하는 이유식은 우리 아이에 맞춰 차근차근 천천히 진행하는 것이 중요해요. 엄마가 아이에게 한 숟가락이라도 더 먹일 요량으로 조바심을 갖고 음식을 무작정 들이대면 아이는 음식에 대한 거부반응으로 음식을 먹는 즐거움을 모르고 자랄 수도 있어요. '아이가 잘 먹으면 육아의 반은 성공한 것', '우리 아이 입에 음식이 들어갈 때 제일 행복하다'는 의미를 예전에는 잘 몰랐기에 어른들의 말씀을 한 귀로 듣고 한 귀로 흘렸었는데, 아이가 잘 먹지 않아 육아 스트레스에 시달리는 엄마들을 보면서 그 의미를 백분 이해할 수 있게 되었어요.

육아와 살림을 하면서 이유식 책을 준비하는 일이 그리 녹록치만은 않았어요. 그저 요리에 관심만 많을 뿐인 평범한 한 아이 엄마에게 평생 잊을 수 없는 귀한 선물을 주신 출판사, 사진 한 장, 한 장 예쁘게 담아준 친구 고지영 포토그래퍼에게 뒤늦은 감사의 말씀을 드립니다. 이 책이 우리 아이에게 건강한 이유식을 만들어주기를 소망하는 엄마들에게 현실적으로 와 닿는 착한 이유식 책이 되기를 소망합니다.

주하맘 조소영

CONTENTS

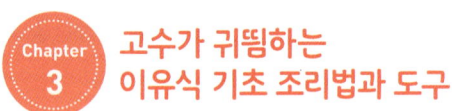

Part 2
우리 아기
건강 이유식

Chapter
1
생후 4~6개월
초기 이유식

Chapter
2
생후 7~9개월
중기 이유식

Chapter 3 생후 10~12개월 후기 이유식

Chapter 4 생후 12~15개월 이후 완료기 이유식

Part 1

초보 엄마를 위한

이유식 달인의
친절한 다이어리

이유(離乳)란 '젖을 뗀다'는 의미로 이유식은 엄마젖을 떼기 위해 먹는 음식이에요.

이유식은 그동안 먹어왔던 액체 형태의 모유나 분유 외에 덩어리 있는 음식을 먹는 것으로

'고형식'이라는 의미가 더 정확해요. 이 시기는 최종적으로 아이가 밥을 잘 먹을 수 있도록

연습하는 매우 중요한 시기예요. 생후 4~6개월 무렵까지는 모유나 분유만으로도 영양이 충분하지만

그 이후에는 그것만으로는 영양이 부족하기 때문에 반드시 이유식이 필요해요.

그러나 이유식을 먹는 기간에도 주식은 모유나 분유가 되어야 하며

적어도 생후 12개월까지는 두뇌 발달을 위해 모유나 분유의 충분한 섭취가 필요해요.

아이에게 이유식을 먹이는 것은 부족한 영양을 보충한다는 1차적인 목적 외에도

엄마와의 교감을 통한 정서 발달이 가능하다는 점,

혼자 밥을 잘 먹게끔 하는 연습기간이 된다는 점, 음식물을 씹고 삼키는 과정을 통한

두뇌 발달과 미각 훈련을 할 수 있다는 점, 새로운 음식에 대한 다양한 경험을 할 수 있다는 점,

가족과의 상호작용을 통해 평생의 식습관으로 자리매김할 수 있다는 점 등 여러 가지 중요한 이유가 있어요.

Chapter 1

나도 이제 아기 엄마,
이유식 공부 스타트!

성공하는 이유식의 원칙

이유식을 본격적으로 시작하기 전에 이유식 원칙과 주의사항을 꼼꼼하게 숙지하세요.
우리 아이 1년 이유식을 실패 없이 만들 수 있는 노하우가 가득 담겼답니다.

❶ 이유식은 생후 4~6개월에 시작하세요

생후 4개월까지의 아이는 모유나 분유만으로도 영양 섭취가 충분해요. 4개월 이전의 아이는 장이 미숙해서 모유나 분유 외의 음식을 소화·흡수시키는 데 어려움이 있고 면역체계가 완전하지 않아 너무 빠른 이유식은 오히려 알레르기의 원인이 될 수 있다고 해요. 생후 4개월 이후에 아이가 먹는 것에 관심을 보인다던지 엄마가 음식을 먹을 때 같이 입을 오물거리거나 또래보다 몸무게가 많이 나가는 경우에는 이유식을 시작할 준비가 되었다고 보아도 좋아요.

아이가 모유만 먹었거나 아토피 증상이 있다면 생후 5개월 반에서 6개월 무렵에 이유식을 시작하세요. 7개월 이후에는 아이가 고형식을 거부해서 이유식을 잘 먹지 않을 수 있으므로 늦어도 6개월부터는 이유식을 시작해야 해요.

❷ 모유나 분유는 적어도 돌까지는 먹이세요

아이에게 이유식을 시작한다고 해서 이유식이 주식이 되는 것은 아니에요. 모유나 분유의 필수지방산은 아이의 성장·발육뿐만 아니라 두뇌 발달에 반드시 필요한 영양소이므로 적어도 생후 12개월까지는 모유나 분유를 먹이세요.

초기 이유식에는 800㎖ 이상, 중기 이유식에는 700~800㎖, 후기 이유식에는 500~700㎖, 완료기 이유식에는 500㎖ 정도의 모유나 분유를 섭취하는 것이 좋아요.

❸ 이유식은 반드시 엄마가 만들어주세요

아이에게 이유식을 먹인다는 것은 아이 배를 채우고 영양소를 공급한다는 목적 외에도 엄마와의 교감, 정서 발달, 새로운 음식에 대한 다양한 경험, 두뇌 발달과 미각 훈련, 고형물의 음식을 씹고 삼키는 연습 등 여러 가지 중요한 목적이 있어요. 엄마가 바쁘다는 이유로, 요리를 잘 못한다는 이유로, 엄마가 만들어주는 이유식은 영양이 부족할 것 같다는 이유로 시판 이유식을 먹이는 것은 좋지 않아요. 특히 선식이나 가루로 된 이유식은 다양한 질감의 음식을 씹거나 삼키는 연습을 할 수 없고 여러 가지 재료가 섞여 있어 알레르기를 일으켰을 때 어떤 음식물에 반응하는 것인지 알 수가 없어요. 레토르트나 인스턴트 타입의 이유식을 먹이는 것도 좋지 않아요. 엄마가 행복한 마음으로 만든 이유식을 먹고 자란 아이가 훗날 밥도 잘 먹고 건강하답니다.

❹ 첫 이유식으로는 쌀미음이 가장 좋아요

쌀은 담백하고 알레르기 반응을 일으키는 단백질이 없어 우리 아이의 첫 번째 이유식 재료로 가장 좋은 식품이에요. 묽은 수프 정도의 10배죽으로 시작해 한두 달 정도는 아이의 반응을 보고 체에 걸러 농도를 조절하세요. 이유식은 쌀, 찹쌀 등 곡류로 시작해 채소, 쇠고기·닭고기 등의 육류, 사과·배 등의 과일 순으로 진행하세요.

❺ 새로운 재료는 한 번에 **한 가지씩**만 **첨가**하세요

　　이유식에 여러 가지 식품을 섞어 먹이면 알레르기가 발생했을 때 어떤 식품이 원인이 되는지 쉽게 찾을 수 없으므로 새로운 재료를 넣을 때는 이유식 시기에 맞는 식품을 한 번에 한 가지씩만 첨가해야 해요. 한 가지 식품을 처음에는 5~7일 정도, 이후에는 3~4일 정도 먹인 뒤 아이의 반응을 살피는 것이 좋아요. 발진, 구토, 설사 등 식품 알레르기 반응을 보인다면 아이에게 먹였던 식품을 바로 중단하고 소아과를 찾아가세요. 그리고 한 달 정도 지난 뒤 이상 반응이 있었던 식품을 조심스럽게 다시 먹여보세요. 그동안 아이에게 먹였을 때 알레르기 반응이 없었던 식품은 두어 가지씩 섞어 이유식을 만들어도 돼요.

❻ **덩어리**가 있고 크기가
　　큰 식품으로 **서서히** 진행하세요

초기 이유식에는 모든 재료를 삶거나 데친 뒤 갈고, 으깨고, 체에 내려 사용하세요. 중기 이유식에는 모든 재료를 0.2~0.3cm, 후기 이유식에는 0.4~0.5cm, 완료기 이유식에는 0.7~1cm의 크기로 썰어 사용하세요. 재료의 크기는 아이의 반응, 아이의 성장·발육 정도, 치아의 개수 등에 맞춰 조절하는 것이 좋지만 아이가 이유식을 잘 먹어 많이 먹일 요량으로 초기부터 후기 이유식까지 재료를 잘게 다지거나 계속 갈아만 먹이면 아이가 덩어리 있는 음식을 씹어 먹는 연습이 되지 않아 훗날 유아식을 잘 먹지 않고 편식을 할 확률이 커요. 아이가 잘 먹는 것도 중요하지만 단계별로 서서히 덩어리가 있고 크기가 큰 식품으로 진행하는 것도 중요해요.

❼ 생후 **6개월**부터 **육류**를 자주 먹이세요

　　아이가 생후 6개월이 되면 엄마로부터 받은 철분이 결핍되어 빈혈이 발생할 수 있어요. 초기 이유식 후반기인 생후 6개월 이후에는 쇠고기, 닭고기를 넣은 이유식을 자주 만들어주세요. 중기 이유식 이후부터는 하루에 한 끼는 쇠고기와 닭고기를 넣은 이유식을 먹이는 것이 좋아요.

❽ **과일**은 생후 **6개월 이후**부터 천천히 시도하세요

　　예전에는 이유식을 과일부터 시작하는 분들이 많았다고 해요. 천연비타민과 무기질이 가득한 과일은 아이에게 반드시 필요한 식품이지만 너무 일찍 먹이면 아이가 단맛에 길들여져 밍밍한 맛의 이유식을 거부할 수 있어요. 채소와 고기로 만든 이유식을 먹인 후인 생후 6개월 이후에 사과, 배 등의 과일을 먹이세요. 중기 이유식까지는 과일을 살짝 데친 뒤 이유식에 넣거나 갈아 먹이세요.

❾ **삶기, 찌기, 물로 익히기** 등의 **조리법**이 좋아요

　　후기 이유식 이후부터는 식물성 기름을 사용해도 좋지만 극소량만 사용하세요. 볶음 요리를 한다면 처음에 기름을 약간 넣어 재료를 살짝 볶은 뒤 바로 물을 부어 물의 열로 재료를 익히는 방법이 좋아요.
이유식은 삶거나 찌는 등의 조리법이 가장 좋고 기름에 튀기는 조리법은 유아식에서도 자주 사용하지 않는 것이 좋아요. 식물성 기름은 불포화지방산이 많아 소량을 섭취하면 뇌세포 발달에 도움이 되지만 필요량 이상으로 섭취하면 비만이 될 확률이 높아요.

⑩ 이유식은 반드시 숟가락으로 먹이세요

이유식은 액체 위주의 음식에서 고형식을 먹는다는 데 의의가 있고 궁극적으로는 혼자서도 밥을 잘 먹도록 하기 위한 일련의 중요한 과정이죠. 아이가 이유식을 잘 먹지 않는다는 이유로 젖병이나 컵에 이유식을 담아주면 씹고 삼키는 훈련이 전혀 안 되어 결과적으로는 밥을 더 잘 안 먹는 아이가 돼요. 또 그냥 쭉쭉 빨아 먹으면 되므로 과다한 양의 이유식을 먹게 되어 비만이 될 확률도 높아요.

중기 이유식 이후에는 처음 몇 숟가락의 이유식은 엄마가 먹여주고 아이에게 숟가락을 쥐어줘 혼자 먹도록 연습시키세요. 먹는 양보다 흘리는 양이 더 많고 집이 엉망이 되어 엄마가 더 힘들어질 수도 있지만 이 시기에 혼자서 먹는 연습은 두뇌를 자극해 소근육을 발달시키고 혼자 먹을 수 있다는 자립심을 키워줘요. 숟가락은 부드러운 질감에 잘 휘는 것, 모서리가 둥글고 속이 깊지 않은 이유식 전용으로 준비하세요.

⑪ 적어도 돌까지는 간을 하지 마세요

맛에 대한 경험이 없는 아이는 싱겁다, 짜다의 개념이 없어요. 아이가 재료 고유의 맛에 익숙해지도록 적어도 돌까지는 음식에 간을 하지 않는 것이 좋아요. 간을 한 '맛있는 맛'에 길들여진 아이는 간을 하지 않은 밍밍한 음식은 먹지 않아 엄마는 어쩔 수 없이 이유식에 매일 간을 해야 하는 악순환이 반복됩니다.

이 책에서는 현실적인 점을 감안해 완료기 이유식부터는 극소량의 간장, 소금 간을 해도 된다고 했지만 뭐든 잘 먹는 아이라면 굳이 간을 하지 않는 것이 좋아요.

완료기 이유식 즈음에 김치나 된장, 청국장을 먹일 때도 주의하세요. 김치는 백김치를 물에 씻어 먹이는 것이 좋고 된장, 청국장도 나트륨 함량과 국산 콩 사용 여부, 첨가물 유무 등을 확인한 뒤 1~2g 정도의 소량만 사용해야 해요.

아이는 신장기능이 약해 나트륨을 배설하지 못하므로 소금을 먹일 때 엄마들의 각별한 주의가 필요해요. 케첩이나 마요네즈, 어

른용 드레싱에도 소금과 설탕, 첨가물이 가득 함유되어 있으니 이런 식품은 유아식에도 되도록 사용하지 않는 것이 좋아요.

⑫ 이유식은 정해진 시간에 정해진 자리에 앉혀서 먹이세요

아이가 목을 가눌 수 있는 시기가 되면 의자에 앉혀 이유식을 먹이세요. 매일 정해진 시간에 정해진 자리에 앉혀서 밥을 먹이는 습관은 아이의 생활리듬과 올바른 식사예절을 확립시키는 데 중요해요. 아이가 아침, 점심, 저녁의 개념이 생기는 3회식을 먹는 후기 이유식에는 되도록 가족과 함께 식사를 하는 것이 좋아요.

⑬ 이유식을 먹일 때는 아이의 입장에서 생각하세요

아이는 몸 상태, 컨디션, 성장 과정에 따라 이유식을 잘 먹기도 하고 잘 먹지 않기도 해요. 엄마의 정해진 틀에 맞춰 정해진 양을 다 먹여야 한다며 이유식을 아이에게 무리하게 권하지 마세요. 아이가 이유식을 먹기 싫어하고 뱉어내려고 하는데 한 숟가락이라도 더 먹이겠다고 강제로 먹이면 아이가 밥 먹는 것을 더욱 싫어하게 돼요. 아이마다 특성, 체격이 모두 달라 먹는 양이 제각기 다를 수 있으므로 옆집 아이와 우리 아이의 먹는 양을 비교하지 마세요. 이유식을 먹일 때는 편안하고 느긋한 마음으로 엄마가 아닌 아이의 입장에서 생각하세요.

⑭ 아이가 먹은 음식을 기록하세요

저는 돌 이후까지 아이가 먹은 음식을 기록했어요. 음식명, 새로운 재료, 먹은 양, 특별한 이상반응이 있었던 식품, 식품 알레르기를 일으킨 식품 등을 체크해두면 우리 아이가 이유식을 얼마나 먹었는지, 어떤 음식을 먹을 때 식품 알레르기 반응을 보였는지, 1년 동안의 성장 과정은 어땠는지 등을 확인할 수 있어 육아에 도움이 된답니다.

이유식 주의사항

**① 시금치와 당근은
생후 6개월 이후에 먹이세요**

시금치, 당근, 배추, 무 등에는 질산염이 함유되어 있어요. 생후 6개월 미만 아이가 질산염을 많이 섭취하면 빈혈이 발생하므로 이런 식품은 쇠고기 섭취로 철분 보충이 가능한 초기 이유식 후반기인 생후 6개월 이후 또는 중기 이유식부터 사용하세요. 질산염은 냉장고에 보관하는 기간이 길수록 수치가 높아지므로 시금치, 당근 등은 구입한 직후에 바로 먹거나 안전한 먹을거리를 위해 질소비료를 사용하지 않은 유기농 채소를 이용하는 것이 좋아요.

**② 시판 과일주스는
너무 많은 양을 먹이지 마세요**

시판 과일주스를 먹일 때는 100% 과일즙으로 만들었는지, 설탕과 인공감미료가 첨가되지 않은 무가당 제품인지 꼼꼼하게 확인하세요. 과일주스를 가끔 먹이는 것은 괜찮지만 목이 마를 때마다 주면 습관이 될 수 있어요. 과일주스를 너무 많이 먹게 되면 모유나 분유를 먹지 않아 두뇌 발달에 방해가 되고 이유식을 거부해 성장·발육이 제한될 수 있어요. 또 칼로리가 높은 주스를 하루에 200㎖ 이상 먹으면 비만이 될 우려가 있고 설사나 복통 등 소화기계에 문제가 생길 수도 있으니 시판 과일주스는 너무 많은 양을 먹이지 마세요. 과일주스는 제철에 나는 싱싱한 과일로 엄마가 직접 만들어주는 것이 가장 좋아요. 영양을 보충한다는 이유로 군이 과일주스와 베이비주스를 사 먹일 필요는 없어요.

**③ 요구르트를 먹인다면
무가당 플레인 요구르트를 선택하세요**

요구르트는 생후 10개월 이후부터 먹여요. 시중에는 더 일찍 먹이라고 선전하지만 군이 일찍 먹이지 않아도 돼요. 모든 음식이 그렇듯 요구르트도 엄마표가 가장 좋겠지만 시중 요구르트를 구입한다면 설탕이나 과당 등 당분이 함유되지 않고 첨가물이 없는 무가당 플레인 요구르트를 구입해 여러 과일을 섞어 먹이세요. 알레르기나 아토피가 있는 아이라면 유제품은 돌 이후부터 천천히 먹이는 것이 좋아요.

**④ 유아용 치즈는 짭짤하니
너무 많이 먹이지 마세요**

유아용 치즈와 일반 어른 치즈는 나트륨 함량에 차이가 있어요. 그러나 유아용 치즈도 짭짤하므로 후기 이유식부터 아이에게 간식으로 주기보다는 이유식에 넣어서 먹이는 것이 좋아요. 우유와 레몬으로 코티지치즈를 만들어 먹여도 좋아요. 단 코티지치즈는 보관기간이 짧아 되도록 빨리 사용해야 하고 유아용 치즈 맛을 이미 경험한 아이는 밍밍하고 시큼한 맛의 코티지치즈를 잘 먹지 않을 수도 있으므로 이유식에 넣어 먹이는 것이 좋아요. 치즈 등 유제품에는 칼슘이 많아 골격 형성과 성장에 도움을 주지만 너무 많은 양을 섭취하는 것은 좋지 않아요.

**⑤ 콩으로 만든 제품은
알레르기의 위험이 있어요**

두부, 두유 등 콩으로 만든 제품은 알레르기 위험이 있어요. 콩에도 여러 가지 종류가 있으니 아이에게 먹일 때는 한 가지씩 먹인 뒤 아이의 반응을 살피세요. 두부는 중기 이유식 이후부터 끓는 물에 살짝 데친 뒤 먹이세요. 특히 알레르기나 아토피가 있는 아이라면 콩으로 만든 제품은 돌 이후부터 천천히 시도하는 것이 좋아요.

⑥ 생우유는 돌 이후에 먹이세요

돌 이전에 아이가 생우유를 먹으면 알레르기를 일으키거나 장에서 출혈을 일으켜 빈혈이 생길 수도 있다고 해요. 돌 이후의 아이는 하루 평균 500㎖ 정도의 우유를 먹는 것이 좋아요. 한창 영양 섭취가 필요한 아이에게 살이 찔 우려가 있다는 이유로 저지방우유를 먹이는 것은 좋지 않으므로 적어도 두 돌까지는 일반우유를 먹이세요. 시중에 판매하는 두유에는 당분과 첨가물이 많이 함유되어 있으므로 되도록 먹이지 않는 것이 좋아요.

❼ 달걀은 주의해서 먹이세요

중기 이유식 이후에는 달걀을 삶아 노른자만 으깨어 먹일 수 있어요. 돌 이전의 아이는 달걀의 철분이 장에서 잘 흡수되지 않으므로 달걀흰자는 돌 이후부터 완전히 익혀서 먹이는 것이 좋아요. 알레르기나 아토피가 있는 아이는 달걀노른자도 두 돌이 지난 이후에 먹이세요.

달걀은 콜레스테롤이 많으므로 일주일에 3개 정도 먹는 것이 좋다고 해요. 달걀은 건강한 유정란을 사용하세요. 특히 달걀 껍질에는 살모넬라와 같은 식중독균이 많으니 달걀을 씻어 사용하고 요리에 달걀 껍질이 들어가지 않도록 주의하고 달걀을 만진 후에는 반드시 손을 씻으세요.

❽ 생선은 먹는 시기가 중요해요

가자미, 대구 등 흰살 생선은 중기 이유식 후반기인 생후 9개월부터 조심스럽게 시작할 수 있어요. 그러나 식품에 예민하거나 알레르기가 있는 아이라면 더 늦게 먹이는 것이 좋아요. 중기 이유식에는 생선을 푹 쪄서 가시를 발라서 살만 이유식에 넣어 먹이고 후기 이유식부터는 생선살만 먹여도 돼요.

삼치, 고등어 등 등푸른 생선은 두드러기를 일으키는 히스타민 등의 물질이 있는 알레르기 고위험 식품이므로 돌 이후에 먹이세요. 생선은 반드시 속까지 잘 익히고 가시를 발라 먹여야 하고 소금 간 여부를 확인하세요. 생선 외에 조개류와 갑각류도 완료기 이유식부터 하나씩 천천히 시도하세요.

❾ 돌 이후에 먹여야 하는 식품을 체크하세요

달걀흰자, 생우유, 호두·잣 등 견과류, 딸기·토마토·키위 등 과일, 등푸른 생선, 조개류, 새우 등 갑각류, 꿀 등은 알레르기 위험이 있으므로 반드시 돌 이후에 먹이세요. 알레르기나 아토피가 있는 아이라면 달걀노른자, 두부, 요구르트, 치즈, 옥수수, 밀가루 음식 등에도 주의를 기울여야 해요. 특히 꿀은 보툴리즘이라는 질병을 일으킬 우려가 있으므로 돌 이전에는 절대 먹이면 안 돼요. 엄마들이 꿀을 그냥 먹일 일은 없겠지만 무의식적으로 꿀이 함유된 팬케이크나 와플 등을 먹일 수도 있는데 아이가 먹는 것에는 뭐든지 주의를 기울여야 해요.

❿ 아이에게 건강한 먹을거리를 골고루 먹이세요

제철에 난 싱싱한 재료로 만든 신선한 이유식이 가장 좋은 먹을거리예요. 하지만 화학비료와 농약의 걱정으로부터 조금은 안심할 수 있는 유기농 채소와 무항생제, 무성장촉진제 육류, 유정란 등이 안전한 먹을거리겠죠. 그러나 유기농 채소가 일반 채소보다 영양적인 가치가 더 높은 것은 아니에요. 또 유기농만 고집하다 보면 여러 가지 식품을 골고루 먹일 수 있는 기회가 제한될 수 있어요. 우리 아이에게 건강한 먹을거리를 잘 선택해 먹이는 것 못지않게 다양한 식품을 골고루 먹이는 것도 중요하답니다.

⓫ 아이가 음식을 먹을 때는 항상 엄마가 지켜보세요

아이가 음식을 먹을 때는 자칫 잘못해 질식할 우려가 있으므로 혼자 먹도록 두지 말고 항상 곁에서 엄마가 지켜봐야 해요. 건포도, 견과류, 떡, 빵, 과일, 닭고기살, 사탕 등의 음식은 각별히 주의해야 하지만 모든 음식이 위험할 수 있다는 사실을 기억하세요.

차근차근, 욕심 없이 시작하는
이유식 진행 순서

이유식은 아이의 신체적 발달과 성장단계, 소화능력에 맞춰 차츰차츰 진행하는데 크게 초기, 중기, 후기, 완료기로 나눠요. 평생의 식습관을 결정하는 이유식은 물 흐르듯이 자연스럽게 진행해야 아이가 밥을 잘 먹게 되고 우리 아이에게 식사는 즐거운 것이라는 인식을 심어줄 수 있어요. 그러나 개월수에 따른 평균 수치에 우리 아이를 억지로 끼워 맞추면 부작용이 생기게 마련이죠. 이유식은 반드시 우리 아이를 중심으로 진행해야 해요. 단계에 따른 이유식 농도, 재료 크기, 시기별로 사용 가능한 식재료 등은 모든 아이에게 일괄적으로 똑같이 적용되는 것이 아니라는 점을 유념하세요.

초기 이유식
(생후 4~6개월)

생후 4개월 이전에는 아이에게 모유나 분유 외에 아무것도 먹이지 않는 것이 좋아요. 초기 이유식에는 알레르기 위험이 적은 10배죽 쌀미음으로 시작해 여기에 한 가지 식품을 추가한 미음을 3~5일 정도 먹이세요. 모든 재료는 삶거나 찐 뒤 푹 익혀 이유식에 넣고 미음 완성 후에는 체에 내려 덩어리가 없는 고운 미음 상태로 아이에게 주다가 초기 이유식 후반에는 굳이 체에 거르지 않아도 돼요.
애호박과 오이는 섬유질이 많은 껍질과 씨 부분을 제거하고 살만 사용하세요. 생후 6개월 무렵부터는 철분 결핍으로 인한 빈혈이 생길 수 있으니 쇠고기, 닭고기 등의 육류를 먹여야 해요.
이유식은 오전 수유 전에 아이가 기분이 좋을 때 먹이도록 하고 아이가 잘 먹는 편이라면 초기 이유식 후반부터 간식을 1회 추가해도 좋아요. 아이가 모유만 먹거나 아토피가 있다면 생후 6개월 무렵에 이유식을 시작해도 돼요.

중기 이유식
(생후 7~9개월)

중기 이유식에는 8~5배죽 농도의 죽을 만들어 오전 1회, 오후 1회 먹이세요. 하루에 한 끼 이상은 매일 고기를 주어도 되고 다양한 식재료를 응용해서 영양이 균형 잡힌 이유식을 만들도록 하세요. 생후 6개월 이후부터는 이가 나기 시작하므로 씹어서 먹는 연습이 필요해요. 중기 이유식부터는 쌀도 거칠게 갈고 식재료도 0.2cm 전후로 약간 덩어리 있게 다져 사용하세요. 단 모든 재료는 초기 이유식 때와 마찬가지로 삶거나 데친 뒤 이유식에 넣어야 해요. 재료를 푹 익히지 않거나 너무 덩어리가 크면 아이가 이유식을 거부할 수도 있으니 이유식 농도와 재료 크기를 아이에 맞게 조절하세요.
생후 8개월 무렵에는 아이가 혼자 먹는 연습을 할 수 있도록 아이에게 숟가락을 쥐어주세요. 돌 전후로 젖병을 쉽게 뗄 수 있도록 컵에 모유를 조금 짜주거나 분유를 담아 컵으로 마시도록 연습시키세요. 이 무렵에는 양손잡이 스파우트컵이나 빨대컵에 마실 것을 담아주는 것이 좋아요.

후기 이유식
(생후 10~12개월)

후기 이유식에는 5배죽부터 차츰 진밥으로 진행하는 것이 좋고 오전 1회, 점심 1회, 저녁 1회 3회식과 간식 2회가 가능해요. 하루에 3회식을 먹는 이 무렵에는 식습관과 예절교육이 더욱 중요해요. 아이가 음식을 가지고 놀면서 장난을 치면 안 된다고 단호하게 말하고 밥을 먹기 싫어할 때는 과감히 이유식을 치우세요.

후기 이유식에는 그동안 짭짤하다는 이유로 미뤘던 멸치 육수, 새우 육수, 가다랑어 육수 등을 이용해 이유식을 만들어도 돼요. 단 음식에 간을 해도 좋다는 의미는 아니므로 소금, 간장, 된장 등은 사용하지 마세요.

아이가 밥을 너무 안 먹는다면 감칠맛이 나는 육수와 천연조미료를 이용해 이유식에 맛을 더하세요. 또 하루 세 끼 중 적어도 한 끼는 다른 음식을 만들어 아이가 음식에 흥미를 갖도록 해주세요. 아이가 진밥에 잘 적응한 후기 이유식 후반에는 덮밥이나 리조토, 완자 등 다양한 요리를 만들어줄 수 있어요. 식재료는 0.4cm 전후 크기로 좀 더 크게 썰어 사용하세요.

완료기 이유식
(생후 12~15개월 이후)

완료기 이유식은 진밥과 어른밥의 중간 정도의 농도가 적당해요. 아이가 밥을 잘 먹는다고 초반부터 갑자기 어른밥을 먹으면 소화·흡수가 잘 안 되고 오히려 이유식을 거부할 수도 있어요. 모든 식재료는 0.7cm 전후로 큼직하게 썰어 사용할 수 있지만 재료 크기는 아이의 반응에 따라 조절하세요.

완료기 이유식 후반에는 국과 반찬을 곁들여도 되는데 되도록 싱겁고 자극적이지 않게 만드는 것이 중요해요. 간은 되도록 하지 않는 것이 좋지만 부득이하게 해야 한다면 어른이 먹어도 매우 싱겁다 느낄 정도로만 간을 하세요.

이유식 완료기에 접어들면 알레르기 위험 식품이었던 달걀흰자, 돼지고기, 고등어·삼치 등 등푸른 생선, 조개류, 토마토, 딸기, 생우유, 견과류 등 다양한 식품을 아이에게 먹일 수 있지만 이런 식품을 먹인 후에는 아이의 반응을 잘 살피세요. 이 시기에는 젖병을 끊어야 아이가 밥을 잘 먹을 수 있어요. 또 아이가 혼자 밥을 먹도록 연습시키세요. 아이가 돌이 지나면 병치레를 하거나 밥을 잘 먹지 않는 시기가 올 수도 있는데 아이가 밥을 잘 먹지 않는다고 아이 뒤를 졸졸 따라다니면서 밥을 먹이지 마세요.

오히려 식사시간에 대한 거부감만 생길 수 있으니 먹는 양은 절대적으로 아이에게 맡기도록 하세요.

꼼꼼 이유식 1년 계획

앞으로 1년 동안 진행하게 될 이유식을 시기별로 나눠 이유식 횟수, 섭취량, 조리법 등 요점만 꼼꼼하게 정리했어요.
본격적으로 계획을 세워보고 이유식을 진행해보세요.

	초기 이유식 (생후 4~6개월)	중기 이유식 (생후 7~9개월)	후기 이유식 (생후 10~12개월)	완료기 이유식 (생후 12~15개월 이후)
횟수	1회(오전 1회) + 간식 1회(6개월 이후)	2회(오전 1회, 오후 1회) + 간식 1회	3회(오전 1회, 오후 1회, 저녁 1회)+ 간식 1~2회	3회(오전 1회, 오후 1회, 저녁 1회)+ 간식 2회
시간	오전 9~10시 (간식 오후 3~4시)	오전 9시, 오후 1시 (간식 오후 4시)	오전 9시, 오후 1시, 오후 6시 (간식 오전 11시, 오후 4시)	오전 9시, 오후 1시, 오후 6시 (간식 오전 11시, 오후 4시)
섭취량	평균 30~80g ※ 첫날 5g으로 시작해 서서히 양을 늘리세요	평균 70~120g	평균 100~150g	평균 120~200g
모유·분유 횟수	4~5회(800ml 이상)	4~5회(평균 700~800ml)	3~4회(평균 500~700ml)	3~4회(500ml 전후)
조리법	10~8배죽 곱게 갈거나 체에 내리기	8~5배죽 0.2~0.3cm 크기로 다지기	5배죽~진밥 0.4~0.5cm 크기로 썰기	진밥~어른밥 0.7~1cm 크기로 썰기
평균 치아 개수	1~2개	3~4개	6개 이상	8개 이상
먹는 방법	혀를 앞뒤로 움직이며 먹는다	혀를 앞뒤, 위아래로 움직이며 먹는다. 음식을 입천장으로 가져가 으깨어 먹는다	혀를 앞뒤, 위아래, 좌우로 능숙하게 움직이며 먹는다. 잇몸이나 앞니로 음식을 으깨거나 씹어 먹는다	혀를 어른처럼 자유자재로 움직이며 먹는다. 앞니나 어금니로 음식을 잘라 꼭꼭 씹어 먹는다

이유식 시기별 재료의 크기와 농도

이유식 시기별로 재료의 크기와 농도를 잘 조절해야 아이가 음식을 받아들이는 데 거부감이 없고 또 소화·흡수도 잘되어 밥을 잘 먹는답니다. 아래의 표준자료는 참고만 하고 우리 아이의 체격과 식욕, 소화 능력, 치아 개수 등에 맞춰 재료의 크기와 농도를 조절하세요.

	초기 이유식 (생후 4~6개월)	중기 이유식 (생후 7~9개월)	후기 이유식 (생후 10~12개월)	완료기 이유식 (생후 12~15개월 이후)
쌀	10~8배죽 곱게 간 뒤 체에 내려 기울이면 주르륵 흐르는 정도의 미음	8~5배죽 거칠게 갈아 덩어리가 약간 있고 기울이면 뚝뚝 떨어지는 정도의 죽	5배죽~진밥 밥알의 형태가 있고 잇몸으로 으깨가며 먹을 수 있는 정도	진밥~어른밥 수분이 약간 있는 촉촉한 정도의 진밥
감자	푹 삶아 체에 내린 정도	푹 삶아 곱게 으깨거나 0.2~0.3cm 크기로 곱게 다진 정도	0.4~0.5cm 크기로 썬 정도	0.7~1cm 크기로 썬 정도(포크로 찍어 먹거나 손으로 잡고 먹을 수 있는 정도로 잘라줘도 된다)
브로콜리	꽃송이 부분만 푹 데쳐 체에 내린 정도	꽃송이 부분만 데쳐 0.2~0.3cm 크기로 곱게 다진 정도	꽃송이 부분만 데쳐 0.4~0.5cm 크기로 썬 정도	꽃송이 부분만 데쳐 0.7~1cm 크기로 썬 정도
애호박	껍질을 벗기고 씨를 제거한 뒤 삶아 체에 내린 정도	데쳐서 곱게 으깨거나 0.2~0.3cm 크기로 곱게 다진 정도	0.4~0.5cm 크기로 썬 정도	0.7~1cm 크기로 썬 정도
시금치	잎 부분만 데쳐 체에 내린 정도	잎 부분만 데쳐 0.2~0.3cm 크기로 곱게 다진 정도	잎 부분, 연한 줄기 부분만 데쳐 0.4~0.5cm 크기로 썬 정도	잎 부분, 연한 줄기 부분만 데쳐 0.7~1cm 크기로 썬 정도

	초기 이유식 (생후 4~6개월)	중기 이유식 (생후 7~9개월)	후기 이유식 (생후 10~12개월)	완료기 이유식 (생후 12~15개월 이후)
당근	푹 삶아 체에 내린 정도	푹 삶아 곱게 으깨거나 0.2~0.3cm 크기로 곱게 다진 정도	0.4~0.5cm 크기로 썬 정도	0.7~0.8cm 크기로 썬 정도
배	데쳐서 강판에 곱게 간 정도	데쳐서 강판에 곱게 갈거나 0.2~0.3cm 크기로 곱게 다진 정도	강판에 곱게 갈거나 0.4~0.5cm 크기로 썬 정도	0.7~1cm 크기로 썬 정도(포크로 찍어 먹거나 손으로 잡고 먹을 수 있는 정도로 잘라줘도 된다)
쇠고기	삶아서 곱게 다져 절구에 넣고 짓이겨 곱게 으깨거나 체에 내린 정도	삶아서 0.2cm 크기로 곱게 다진 정도	삶아서 0.4cm 크기로 썬 정도	0.7cm 크기로 썬 정도
생선	·	푹 쪄서 가시를 발라내고 살만 곱게 으깨거나 0.2cm 크기로 곱게 다진 정도	푹 쪄서 가시를 발라내고 살만 거칠게 으깨거나 0.4~0.5cm 크기로 썬 정도	가시를 발라내고 살만 거칠게 으깨거나 0.7~1cm 크기로 썬 정도(푹 쪄서 살만 포크로 찍어 먹을 정도로 잘라줘도 된다)
콩	푹 삶아 껍질을 벗기고 체에 내린 정도	푹 삶아 껍질을 벗기고 곱게 으깨거나 0.2cm 크기로 곱게 다진 정도	푹 삶아 껍질을 벗기고 거칠게 으깬 정도	푹 삶아 반을 가르거나 거칠게 으깬 정도
달걀	·	완숙으로 푹 삶아 노른자만 곱게 으깨거나 체에 내린 정도	노른자만 풀어서 사용하거나 완숙으로 푹 삶아 노른자만 덩어리지게 으깬 정도	흰자, 노른자를 풀어서 사용하거나 완숙으로 푹 삶아 적당한 크기로 자른 정도

이유식, 이것이 궁금해요!

엄마들이 가장 궁금해 하는 질문을 모아봤어요. 이유식을 만들기 전에 궁금했던 초보 엄마의 질문부터
이유식을 진행하면서 아무도 가르쳐주지 않아 혼자 속만 끓이던 이유식 베테랑 엄마들의 궁금증까지 소개합니다.

도움말 고시환 원장(고시환소아청소년과), **박유진 영양사**(일산서구보건소 상담영양사, 육아지 '맘&앙팡' 자문영양사)

Q1 초기 이유식을 진행 중인데 아이가 계속 숟가락을 거부하네요. 숟가락을 혀로 밀어내고 이유식을 도무지 받아먹지 않아 걱정이에요.

Answer

아이 입에 무엇이 들어왔을 때 자동적으로 밀어내는 '밀어내기 반사'는 초기 이유식 무렵에 완전히 사라지지 않을 수 있어요. 이 반응은 아직 이유식을 받아들일 준비가 되지 않았다는 뜻일 수도 있으므로 아이에게 이유식을 억지로 먹이지 말고 4~5일 후에 다시 시도해보세요. 그 후에도 숟가락을 여전히 거부하면 또 며칠을 기다렸다가 다시 시도하세요. 또는 숟가락의 느낌이 낯설어서 오는 반응일 수도 있으니 부드러운 재질의 숟가락으로 바꿔보세요. 평소에 아이에게 숟가락을 쥐어주고 장난감처럼 가지고 놀도록 하는 것도 이유식을 친숙하게 받아들이게 하는 방법이 될 수 있어요.

Q2 아이가 이유식을 너무 안 먹어요. 이유식을 며칠 걸렀다가 다시 시작해도 되나요?

Answer

모유나 분유만 빨아 먹던 아이가 씹고 삼키는 능력을 배우기까지는 조금 시간이 걸려요. 생후 4~5개월 아이라면 며칠 정도 이유식을 걸렀다가 다시 시도해도 좋아요. 그러나 생후 6개월 이후의 아이라면 수유 양이 너무 많지는 않았는지, 수유를 한 다음 이유식을 먹이는 것은 아닌지, 이유식 농도가 너무 되직한 건 아닌지 등을 먼저 확인해보세요.

Q3 아이가 이유식을 먹는 시간이 매일 달라요. 이유식은 꼭 정해진 시간에 먹여야 하나요?

Answer

이유식을 대략적인 시간대에 맞춰 먹이면 아이의 올바른 식생활과 규칙적인 생활리듬을 형성하는 데 도움이 돼요. 아이에게는 수유도 식사의 일종이므로 수유는 이유식을 먹은 직후에 바로 하는 것이 좋아요. 이유식을 먹이고 몇 시간 뒤에 수유를 하면 아이가 하루 종일 먹을 것을 달고 있게 되고 먹는 양도 매번 뒤죽박죽이 돼요. 또 수유를 충분히 한 상태에서 한두 시간 후에 이유식을 먹이면 아이는 배가 불러 이유식을 잘 먹지 않게 되므로 이유식을 먹이는 시간과 수유 시간을 정해두는 것이 좋아요.

Q4 이유식을 시작하고 아이 변이 달라졌어요. 괜찮을까요?

Answer

이유식은 모유나 분유에 비해 상대적으로 수분이 적고 음식이 위와 장 내에서 머무는 시간이 길어요. 또 소화효소나 장내 세균총들이 제대로 완성되지 않아 초기 이유식 즈음에는 일시적 변비 증상이 나타나거나 묽은 변을 볼 수도 있어요. 이유식 종류와 먹은 양으로 인해 변의 묽기가 달라질 수도 있지요. 새로운 식품에 대한 당연한 반응이니 아이가 잘 놀고 이상이 없다면 대부분의 경우 걱정하지 않아도 돼요. 아이가 변비나 묽은 변을 보인다고 바로 이유식을 중단하지 마세요.

Q5 아이가 이유식을 잘 먹고 나서 구토를 할 때가 많아요. 왜 그런가요?

Answer

생후 6개월 이후에는 이유식을 물처럼 마시는 것이 아니라 잇몸으로 오물거리다가 꿀꺽 하고 능동적으로 삼키는 연습이 되어야만 해요.

이 과정에서 아이가 덩어리진 음식을 물처럼 삼킬 경우 구토를 하거나 뱉어낼 수 있는데 이 과정은 아이 스스로 적응해서 다음 단계로 넘어갈 수 있도록 해야 해요. 아이가 덩어리가 있는 음식을 먹을 때마다 구토를 한다면 그보다 약간 묽은 농도로 이유식을 만들어주는 것은 가능하나 매번 수프 형태의 이유식을 만들어주면 아이가 씹는 연습이 되지 않아 최종적으로 밥을 잘 먹지 않게 되는 원인이 돼요. 이유식을 먹일 때는 반드시 앉혀서 먹이고 이유식을 다 먹은 후에는 등을 두드려 트림을 시켜주세요. 그래도 계속 구토를 한다면 음식물에 대한 알레르기 반응인지, 병적 구토인지 전문의의 진료가 필요해요.

Q6 이유식을 만들 때 사골 국물을 이용하면 뼈 성장에 도움이 될까요?

Answer

사골 국물에는 미네랄과 포화지방 등 돌 이전 아이들이 소화시키기 어려운 영양소가 많이 함유되어 있어요. 이유식 육수로 사골 국물을 사용하는 것은 권장하지 않아요. 또 사골 국물과 뼈 성장과는 밀접한 관련이 없다고 해요.

Q7 과일은 언제부터 먹이는 것이 좋을까요?

Answer

과일은 비타민과 섬유질이 풍부한 식품으로 아이가 반드시 먹어야 해요. 그러나 과일은 종류에 따라 먹이는 시기가 모두 달라요. 초기 이유식에는 사과와 배를 먹이세요. 사과와 배를 갈아서 이유식에 넣거나 끓는 물에 넣고 데쳐서 갈아 먹이세요. 생과일을 손에 쥐고 먹는 시기는 이가 어느 정도 난 후기 이유식 무렵이 적당해요. 초기 이유식 초반부터 과일을 먹이면 아이가 단맛에 익숙해져 밍밍한 이유식을 거부할 수 있으므로 과일로 만든 이유식은 생후 6개월 이후부터 먹이세요. 생후 6개월부터 이유식을 시작하는 아이라면 중기 이유식부터 과일을 먹여도 돼요. 딸기, 복숭아, 키위, 토마토는 알레르기를 잘 일으키는 과일이므로 돌 이후부터 먹이세요.

Q8 생후 6개월 이후부터 쇠고기를 자주 먹이라고 하는데 쇠고기는 매일 먹여야 하나요?

Answer

단백질 식품 중에 가장 안전한 이유식 재료는 쇠고기(살코기)예요. 생후 6개월 이후에는 엄마로부터 공급받은 철분이 떨어져 아이가 빈혈에 노출되므로 쇠고기를 자주 먹이는 것이 좋아요. 꼭 쇠고기가 아니더라도 질 좋은 단백질 식품은 매일 먹여야 해요. 알레르기 유발 단백질 식품(달걀흰자, 해산물, 돼지고기, 등푸른 생선, 닭가슴살 외의 부분 등)을 제외하고 섭취 가능한 단백질 식품을 골고루 먹이세요.

Q9 이유식을 먹일 때 따로 물을 챙겨 줘야 하나요? 물로는 어떤 음료가 좋을까요?

Answer

이유식을 먹는 중에는 되도록 물을 함께 먹이지 않는 것이 좋아요. 이유식을 먹다가 물을 먹으면 음식물을 물과 함께 넘겨버려 씹고 삼키는 연습이 제대로 되지 않고 물이 위산을 묽게 만들어 소화도 잘 안 돼요. 국물에 밥을 말아주는 것도 이와 같은 원리이므로 좋지 않아요. 단 식사 중이 아닌 시간에는 끓여 식힌 보리차 등의 물을 자주 먹이세요.

Q10 이유식을 만들 때 반드시 끓인 물을 사용해야 하나요?

Answer

이유식 과정 중 열처리가 되기 때문에 이유식은 반드시 끓인 물로 만들지 않아도 돼요. 단 정수한 물이나 생수 등 깨끗한 물로 이유식을 만드는 것은 중요해요.

Q11 요구르트는 언제부터 먹이는 것이 좋을까요?

Answer

생후 9~10개월 무렵부터 무가당 플레인 요구르트를 먹일 수 있어요. 알레르기나 아토피가 있는 아이라면 요구르트는 돌 이후에 먹이세요. 돌 이전에 요구르트를 먹인다면 1일 섭취량이 1/2통(약 50g) 이상은 넘지 않는 것이 좋아요.

Q12 물이나 국물에 밥을 말아 먹여도 되나요?

Answer

이유식의 농도나 재료 크기를 단계적으로 진행하는 것은 아이가 최종적으로 혼자서도 밥을 잘 먹게 하기 위해서예요. 아이가 잘 먹지 않는다는 이유로 국물에 밥을 말거나 적셔준다면 지금까지 엄마의 노력이 헛수고가 될 수도 있답니다. 또 씹고 삼키는 연습이 잘되지 않아 덩어리가 있는 음식을 거부하거나 음식물을 그냥 삼키게 되어 소화가 잘되지 않을 수도 있으므로 물이나 국물에 밥을 말아주거나 적셔주는 것은 되도록 피하세요.

Q13 아이가 쇠고기를 잘 먹지 않아요. 철분 결핍이 될까 봐 걱정되는데 쇠고기 대체 식품으로 철분이 많이 함유된 식품에는 어떤 것이 있을까요?

Answer

돌 이전 아이에게 쇠고기를 대신할 수 있는 단백질 식품으로는 흰살생선, 닭가슴살, 달걀노른자, 두부가 있고 철분이 많이 함유된 식품으로는 시금치, 아욱, 미역, 다시마, 파래 등을 꼽을 수 있어요. 하지만 빈혈이 있는 아이라면 채소보다는 철분 흡수에 도움을 주는 단백질 식품 섭취에 초점을 맞춰야 해요. 철분이 많이 함유된 식품을 먹는 것보다 더 중요한 것은 철분이 체내에서 잘 흡수되도록 하는 것이죠. 철분 흡수를 위해서는 아연이나 마그네슘이 필요하므로 철분이 많이 함유된 식품만 골라 먹는 것보다 다양한 영양소를 골고루 섭취하는 것이 더 중요해요.

Q14 한두 숟가락만 먹고 남은 이유식을 버리는 게 너무 아까워요. 냉장고에 넣어두었다가 저녁때나 다음 날 다시 먹여도 될까요?

Answer

한 번 입에 들어간 숟가락이 이유식에 닿았다면 미생물이 번식할 위험이 크므로 아깝더라도 버려야 해요.

Q15 생우유는 돌 이후부터 먹이면 되나요?

Answer

생후 12개월이 지나면 생우유 섭취가 가능해요. 돌 이전에 우유를 먹이면 알레르기가 생기기 쉽고 소화도 안 되며 빈혈이 생길 수도 있어요. 아이에게 아토피나 우유에 대한 알레르기 또는 우유 속 성분을 분해하지 못해 장에 가스를 일으키고 복통을 유발하는 유당 불내증 등 특별한 이상이 없다면 돌 이후부터 우유를 먹이세요. 단 아이가 우유를 잘 먹지 않는다는 이유로 바나나우유, 딸기맛우유 등을 먹이는 엄마도 있는데 이는 득보다 실이 더 많은 결과를 초래하므로 우유를 아예 먹이지 않는 것이 오히려 아이에게 도움이 돼요. 우유는 하루에 500㎖ 이내로 섭취하는 것이 좋아요.

Q16 시판 과일주스는 언제부터 먹이는 것이 좋을까요?

Answer

시판 과일주스는 당도가 높고 대부분 첨가물이 함유되어 있으므로 두 돌 이후부터 섭취하는 것을 권장해요. 시판 과일주스를 일찍 먹일 때는 무가당인지, 과일 100%로 만든 제품인지 반드시 확인하세요. 조금 번거롭더라도 집에서 엄마가 직접 만들어준 주스가 가장 안전하고 건강한 먹을거리예요.

Q17 아이가 달걀을 너무 좋아해요. 돌 이후에 달걀은 일주일에 몇 개 정도 먹는 것이 좋나요?

Answer

일주일에 달걀을 몇 개 정도 먹는 것이 건강에 이롭다는 연구결과는 아직 없어요. 다만 아이 체질에 따라 달걀 섭취를 조절해야 하는 경우는 있어요. 알레르기나 아토피가 있는 아이를 제외한다면 달걀을 일주일에 3~4개 정도 섭취하는 것은 괜찮아요. 달걀은 몇 개를 먹느냐보다 어떤 달걀을 어떻게 조리해 먹는지가 더 중요해요. 아이에게는 되도록 유기농 유정란을 달걀 프라이가 아닌 삶아서 먹이도록 하세요.

Q18 김치는 언제부터 먹이는 것이 좋나요?

김치는 훌륭한 발효식품이지만 자극적이고 짠맛이 강해 아이에게 일부러 먹이지 않아도 돼요. 완료기 이유식 즈음에는 이유식에 가끔 넣어도 되는데 이때는 백김치를 물에 담가 짠맛을 제거한 뒤 먹이세요. 김치는 되도록 두 돌 이후에 먹이는 것을 권장해요.

Q19 아이가 제가 만든 이유식을 너무 안 먹어서 시판 이유식을 줬더니 너무 잘 먹어요. 열심히 이유식을 만들어도 아이가 잘 먹지 않아 속상한데 이유식을 굳이 만들어 먹여야 할까요?

Answer

달고 짭조름한 맛은 뇌에 쾌감을 주는데 유아들도 예외는 아니에요. 시판 이유식에는 당분과 염분이 함유된 제품이 꽤 많아요. 아이가 시판 이유식에 길들여져 엄마가 만든 이유식을 전혀 먹지 않는다면 육수와 천연조미료로 감칠맛을 더하는 것도 엄마가 만든 이유식으로 아이의 입맛을 돌리게 하는 좋은 방법이 될 수 있어요.

Q20 완료기 이유식 즈음에는 가끔 생채소를 먹여도 될까요?

Answer

생후 15개월 이후의 아이에게는 매일 소량의 생채소를 먹여도 돼요. 단 설사증세나 장내 가스로 인한 복통을 호소하지는 않는지 아이의 반응을 잘 살피세요. 아이가 생채소를 잘 먹는다고 한 번에 너무 많은 양을 먹이지 말고 서서히 양을 늘리세요. 생채소는 유기농 채소를 구입해 흐르는 물에 여러 번 씻고 찬물에 담갔다가 건져 사용하세요.

Q21 견과류는 언제부터 먹이는 것이 좋을까요?

Answer

견과류는 뇌세포 성장에 도움을 주는 식품이지만 알레르기를 일으킬 위험이 있으므로 호두, 잣 등은 돌 이후에 먹이는 것이 좋아요. 땅콩은 땅콩 알레르기와 기도 막힘 등의 사고가 있을 수 있으므로 3세 이후에 먹이세요. 견과류는 한 번에 너무 많은 양을 먹이지 마세요. 호두는 속껍질까지 깨끗하게 벗겨서 칼등으로 다져서 이유식에 넣어 먹이세요.

Q22 아이가 돌 즈음에 치아가 거의 다 났어요. 잘 씹고 소화능력도 좋은 편이라면 어른밥을 줘도 될까요?

Answer

어른밥은 완료기 이유식 이후부터 아이에게 먹이세요. 아이가 밥도 잘 먹고 치아가 거의 다 났어도 소화기관은 아직도 미숙해요. 완료기 이유식 초반에는 약간 진밥을 먹이고 후반부터는 어른밥을 조금씩 시도해도 좋아요. 단 반찬이나 국은 어른 것을 덜어주지 말고 아이용으로 따로 만들어주세요.

Q23 아이가 앉아서 밥을 먹지 않아요. 돌아다니면서 이유식을 먹느라 밥을 먹일 때마다 전쟁인데 어떻게 습관을 고쳐야 하나요?

Answer

아이에게 이유식을 먹인다는 것은 영양을 공급한다는 점 외에도 아이의 식습관을 형성하고 아이에게 식사의 의미를 알려준다는 중요한 의미가 있어요. 아이가 돌아다니면서 밥을 먹는다면 식습관을 바로잡지 못한 엄마의 잘못이지 아이만의 잘못은 아니에요. 이유식은 반드시 정해진 시간, 정해진 장소에서 일정 시간 동안 주어져야 하며 돌 이후에는 아이가 밥을 스스로 먹을 수 있도록 연습시켜야 해요. 이유식 때의 습관이 평생 식습관을 좌우지한다는 점을 명심하세요.

Q24 아이가 이유식을 잘 먹지 않아 간을 조금씩 하게 돼요. 현실적으로 음식에 간은 언제부터 하는 것이 좋을까요?

Answer

음식의 간은 늦으면 늦을수록 아이의 건강에 유익해요. 그러나 간을 해야 한다면 완료기 이유식 이후부터 음식에 극소량의 간을 하도록 하세요. 소금과 간장은 어른이 먹어도 밍밍하고 매우 싱겁다고 느낄 정도의 양만 넣어야 해요. 돌 이전부터 자극적인 음식에 길들여진 아이는 성인이 되어서 성인병에 걸릴 확률이 높아요.

Q25
아이가 이유식도, 우유도 너무 잘 먹어 소아비만이 될까봐 걱정이에요. 돌 이후부터는 저지방우유를 먹여도 되나요?

돌 이전 아이에게 '비만'이라는 말을 쓰는 경우는 극히 드물어요. 엄마의 판단으로 아이를 비만이라고 판단해 식단 관리에 들어가는 것은 자칫 아이의 영양 상태까지 위협할 수 있어요. 반드시 전문의와의 상담을 통해 식사 관리에 들어가세요. 체중이 너무 많이 나가 식단 관리가 필요하다는 진단을 받으면 식단을 관리해야 하지만 너무 일찍부터 저지방우유를 먹일 필요는 없어요. 이때는 뇌의 발달과 성장을 위해 지방이 꼭 필요한 시기예요. 보통 아이에게는 저지방우유를 먹이지 않아도 되지만 소아비만이 우려되는 아이라면 두 돌 즈음에는 저지방우유를 먹여도 좋아요. 아이들은 영양 부족이나 영양 과잉보다 영양 불균형이 더 중요한 문제이므로 아이의 영양과 식습관을 점검한 후 아이에게 맞는 영양 설계와 식단 구성이 이루어져야 해요.

Q26
완료기 이유식에 접어드는데 먹는 양이 현저히 줄었어요. 모유나 분유를 끊으면 이유식을 잘 먹을까요?

아이가 평소보다 먹는 양이 줄었지만 활동성도 좋고 소변 양도 적당하며 건강에 크게 이상이 없다면 돌 전후의 아이들에게 보이는 자연스러운 현상이므로 크게 문제되지 않아요. 돌 이후에 수유를 너무 자주 하는 것은 아이가 이유식을 잘 먹지 않게 되는 원인이 될 수 있어요. 완료기 이유식에 접어들면 수유보다는 이유식이 주식이 되어야 해요. 모유 수유 중이라면 수유를 끊기보다는 수유 양과 횟수를 조금씩 줄이고 분유 수유 중이라면 분유를 끊도록 하세요. 점점 식사 양이 줄어드는 것이 걱정스러워 간식을 늘리면 밥을 더 안 먹는 악순환이 반복되므로 주의하세요.

Q27
아이가 이유식을 너무 많이 먹어서 걱정인데 간식까지 챙겨 먹여야 할까요?

간식은 조금씩이라도 먹는 것이 좋아요. 잘 먹는 아이에게 하루에 딱 세 번의 이유식만 주면 오히려 한 끼에 너무 많은 양을 먹어 과식을 할 수 있어요. 완료기 이유식 즈음에는 아침, 점심, 저녁 하루 세끼와 2회의 간식을 적절하게 배분해서 줄 필요가 있어요.

Q28
완료기 이유식과 유아식의 차이는 무엇인가요?

이유식이란 아이가 젖병 또는 모유를 떼는 과정에서 섭취하는 반고형 또는 고형 형태의 음식을 뜻해요. 완료기 이유식은 말 그대로 이유식을 완료하는 단계에 먹는 음식이므로 완료기 이유식 진행과 함께 젖병 또는 모유 수유도 완료되는 것이 좋아요. 완료기 이유식 이후에 먹는 음식이 유아식이죠. 아이의 씹는 연습이 완성되고 올바른 식습관 형성이 매우 중요한 유아식에는 어른밥과 간이 거의 되지 않은 반찬과 국을 함께 주는 형태로 진행하세요.

Q29
이유식을 만들 때 꼭 유기농 재료를 사용해야만 하나요?

돌 이전의 아이는 소화기능, 면역체계 등이 완전하지 않으므로 농약과 항생제 등으로부터 안전한 유기농 재료로 이유식을 만들어 먹이는 것이 좋아요. 소화기능과 면역기능이 저하되면 아이가 잔병치레도 많이 하고 알레르기, 아토피 등에 걸릴 확률도 높아질 수 있어요.

Q30
물 대신 이온음료를 먹여도 되나요?

시판 이온음료에는 전해물질 외에도 색소나 설탕, 여러 가지 첨가물이 많이 함유되어 있어 아이에게는 권하지 않아요. 설사가 있는 경우 탈수를 염려하여 이온음료를 먹이는 경우도 있는데 끓여서 식힌 물을 먹이는 것으로도 충분히 수분을 보충할 수 있어요.

Q31 돌 이후에 우유를 먹이는데 아이가 우유를 아예 먹지 않아요. 우유를 먹이지 않아도 되나요?

돌 이후 아이의 영양원 중 70%는 아침, 점심, 저녁의 세끼 식사가 되어야 해요. 나머지 30%는 우유, 치즈, 고구마, 감자, 과일 등의 간식으로 섭취하게 되죠. 우유는 간식 중 하나이므로 아이가 우유를 싫어한다면 굳이 억지로 먹이지는 마세요. 그러나 우유를 아예 먹이지 않는 것보다 우유를 과일과 갈아주거나 아이가 좋아하는 요구르트 등에 섞어주는 등 색다른 방법으로 우유를 먹여보세요.

Q32 돌이 지났는데도 아이가 이유식보다 모유에 의존하고 있어요. 돌 이후에 모유는 되도록 끊는 것이 좋을까요?

아이들은 특별한 적응 과정이 없이 '빨기' 본능을 가지고 태어나지만 생후 100일에서 4개월경이 되면 빨기 본능은 약해지고 그 이후부터는 이유식을 먹을 수 있는 시기가 오죠. 이때부터는 수유 간격을 늘리고 생후 6~8개월 즈음에는 밤중 수유를 완전히 떼야 해요. 이 시기에 수유를 너무 자주 하고 밤중 수유도 끊지 못한다면 아이의 빠는 습관을 고치기 어려워져요. 돌 즈음에 모유를 완전히 끊지 않아도 되지만 이유식을 먹지 않고 모유에만 의존한다면 그 습관은 고쳐야 해요. 돌 무렵 아이가 이유식을 잘 먹고 올바른 식습관을 형성하도록 하려면 그 이전부터 엄마의 노력이 필요하답니다.

Q33 유아기 때 비만인 아이가 소아비만으로 이어질 확률이 높나요? 생후 24개월 이전에도 아이의 체중 관리가 필요한가요?

유아기 비만은 지방의 세포수가 늘어나 소아비만, 성인비만으로 이어질 가능성이 높아요. 그러나 이 시기에는 체중보다는 영양 관리에 힘을 쏟아야 해요. 한 번에 많은 양을 배부르게 먹이면 폭식하는 습관에 길들여질 수 있으므로 다양한 식재료를 응용한 다양한 조리법으로 이유식을 만들어 천천히 먹게끔 하는 연습을 시키세요.

Q34 아이가 이유식은 잘 먹는데 몸무게와 키가 늘지 않아 걱정이에요. 성장에 문제가 있는 것은 아닌가요?

체중이나 키는 단지 그 숫자에 의미가 있는 것이 아니라 아이의 건강상태를 말해주는 가장 객관적인 사인이죠. 두 돌 전까지는 키보다는 체중이 더 중요해요. 아이의 체중이 또래집단 100명 중 15명 이하에 속한다면 영양을 먼저 점검해야 하고 5명 이하에 속한다면 저체중에 대한 진료와 검사를 고려해보는 것이 좋아요. 체중이 적게 나간다고 단지 체중을 늘리는 것이 목적이 되어서는 안 되며 아이의 건강상태를 꼼꼼하게 먼저 체크해야 해요.

Q35 아이가 먹는 것을 너무 싫어해요. 아이 영양제라도 챙겨주는 것이 좋을까요?

어린이용 영양제는 단맛이 있기 때문에 아이가 밥은 먹지 않고 영양제만 먹겠다고 할 수도 있어요. 일부 엄마들은 아이가 밥은 잘 먹지 않아도 영양제는 잘 먹기 때문에 영양상태가 괜찮다고 안심하기도 하는데 영양제를 많이 먹으면 식습관이 오히려 엉망이 될 수 있어요.
아이가 밥을 잘 먹지 않는다고 해서 영양제를 챙겨주기보다는 아이가 밥을 싫어하는 원인을 먼저 찾는 것이 중요해요. 엄마가 매번 똑같은 이유식만 만들어줘 아이가 싫증이 난 것은 아닌지, 간식을 너무 많이 주는 것은 아닌지, 소화기 계통에 문제가 있는 것은 아닌지 등 여러 측면에서 살펴보세요. 아이의 영양 특성을 체크해서 이를 기준으로 아이의 식단을 짜고 식습관에 따른 조리법을 먼저 고려한 뒤 아이에게 맞는 영양제를 신중하게 선택해야지 아이가 잘 먹지 않는다고 해서 영양제를 자주 주는 것은 바람직하지 않아요. 아이가 잘 먹고 건강하다면 영양제를 굳이 먹일 필요가 없어요.

엄마가 이유식을 만들어주는 것도 중요하지만, 아이의 성장과 건강을 위해서는
이유식 식재료를 고르는 단계부터 깐깐한 잣대가 필요해요.
제철 식재료와 이유식 재료 손질법과 보관법 등 우리 아이 건강 이유식을
만들기 위한 가장 기초적인 이야기에 귀를 기울여보세요.

Chapter 2

건강 이유식의 기본
이유식 식재료

제철 이유식 재료

봄

3월

채소 냉이, 두릅, 미나리, 봄동, 돌나물, 고사리, 쑥, 취나물, 마늘종, 열무, 총각무, 얼갈이배추, 브로콜리, 우엉, 더덕, 부추, 토마토

생선&해물 도미, 병어, 임연수어, 조기, 가자미, 주꾸미, 꼬막, 모시조개, 바지락, 피조개, 대합, 미역, 톳, 파래, 김

과일 딸기, 귤, 레몬

4월

채소 양상추, 양배추, 봄동, 쑥갓, 쑥, 상추, 두릅, 취나물, 껍질콩, 죽순, 아스파라거스, 마늘종, 돌나물, 고사리, 부추, 양파, 완두콩, 토마토

생선&해물 병어, 참조기, 도미, 주꾸미, 암꽃게, 뱅어포, 키조개

과일 딸기, 살구, 참외, 레몬

5월

채소 양배추, 마늘종, 오이, 봄동, 얼갈이배추, 고구마순, 미나리, 도라지, 양파, 더덕, 상추, 마늘, 파, 완두콩, 부추, 애호박, 호박잎, 아욱, 죽순, 토마토

생선&해물 병어, 참치, 넙치, 홍어, 고등어, 꽁치, 오징어, 암꽃게, 멸치, 잔새우, 전복, 멍게

과일 딸기, 앵두, 매실, 참외, 레몬, 자두

여름

6월

채소 감자, 옥수수, 오이, 양파, 아욱, 근대, 셀러리, 애호박, 호박잎, 깻잎, 시금치, 부추, 껍질콩, 양배추, 콩류, 토마토

생선&해물 병어, 민어, 참조기, 흑돔, 준치, 삼치, 전갱이, 오징어, 전복

과일 참외, 매실, 수박, 자두, 복숭아, 살구, 포도

7월

채소 열무, 총각무, 피망, 애호박, 가지, 부추, 오이, 깻잎, 부추, 양파, 노각, 양상추, 아욱, 근대, 감자, 옥수수, 콩

생선&해물 광어, 병어, 갈치, 홍어, 장어, 갑오징어, 오징어

과일 수박, 참외, 아보카도, 자두, 복숭아, 산딸기, 멜론, 포도

8월

채소 감자, 옥수수, 오이, 깻잎, 고구마순, 고구마, 애호박, 도라지, 콩, 가지, 열무, 브로콜리, 양배추

생선&해물 갈치, 잉어, 장어, 전갱이, 오징어, 전복, 성게

과일 수박, 멜론, 복숭아, 포도

신선한 제철 식재료로 만든 음식은 건강한 밥상의 기본이 되겠죠. 요즘은 사계절 내내 모든 식재료를 만날 수 있지만 되도록 건강한 기운을 잔뜩 품고 있는 맛있는 제철 식재료를 이용해 우리 아이 이유식을 만들어주세요. 계절별로 어떤 식재료가 있는지 꼼꼼하게 체크해두세요.

가을

9월

채소	고구마, 고추, 당근, 느타리버섯, 표고버섯, 송이버섯, 도라지, 토란, 호박, 표고버섯, 감자, 옥수수, 풋콩, 시금치, 오이, 부추, 아욱, 깻잎, 양파, 토마토
생선&해물	참조기, 전어, 갈치, 연어, 장어, 오징어, 꽃게, 새우, 해파리, 굴
과일	석류, 사과, 배, 무화과, 포도, 대추

10월

채소	시금치, 무, 고구마, 도라지, 고추, 송이버섯, 느타리버섯, 양송이버섯, 호박, 부추, 도토리, 당근, 순무, 쪽파
생선&해물	가자미, 청어, 광어, 병어, 장어, 갈치, 삼치, 고등어, 꽁치, 연어, 낙지, 꽃게, 대하, 대합, 홍합, 소라, 굴
과일	사과, 배, 감, 모과, 유자, 대추, 석류, 밤, 오미자, 은행, 잣

11월

채소	당근, 무, 파, 연근, 배추, 호박, 우엉, 브로콜리, 콩나물, 숙주, 시금치, 부추
생선&해물	갈치, 옥돔, 대구, 광어, 병어, 명태, 참치, 고등어, 삼치, 연어, 오징어, 문어, 성게, 대하, 대합, 소라, 굴
과일	사과, 귤, 배, 유자, 키위, 모과, 오미자, 감, 대추

겨울

12월

채소	콜리플라워, 시래기, 산마, 무, 연근, 시금치, 배추, 콩나물, 숙주, 당근, 호박
생선&해물	가자미, 갈치, 대구, 병어, 광어, 동태, 방어, 복어, 넙치, 삼치, 고등어, 가오리, 문어, 낙지, 꽃게, 영덕게, 새우, 소라, 꼬막, 굴, 대하, 홍합, 파래, 미역, 김
과일	사과, 귤, 바나나, 딸기, 대추, 감, 키위

1월

채소	우엉, 연근, 당근, 무, 콩나물, 숙주, 브로콜리, 시금치
생선&해물	생태, 동태, 가자미, 대구, 옥돔, 민어, 병어, 갈치, 아귀, 삼치, 고등어, 문어, 새우, 홍합, 굴, 해삼, 김, 미역
과일	귤, 감, 사과, 레몬, 딸기

2월

채소	시금치, 쑥, 양파, 봄동, 취나물, 참나물, 달래, 브로콜리, 고비, 순무, 우엉, 연근, 당근, 무, 콩나물, 숙주, 냉이, 두릅, 움파, 미나리
생선&해물	생태, 가자미, 광어, 대구, 병어, 삼치, 고등어, 낙지, 새우, 꼬막, 홍합, 전복, 굴, 청각, 파래, 다시마, 김, 미역
과일	사과, 귤, 레몬, 딸기

시기별 사용 가능한 식재료와 주의할 식재료

*표시는 알레르기, 아토피가 있는 아이는 조심해야 할 식재료

	초기 이유식		중기 이유식	
	초기 전반(생후 4~5개월)	초기 후반(생후 6개월)	중기 전반(생후 7~8개월)	중기 후반(생후 9개월)
곡류	멥쌀, 찹쌀, 오트밀 ● 첫 미음은 멥쌀로 시작하세요.	차조	*수수	현미, 발아현미
채소류	감자, 고구마, 단호박, 늙은호박, 애호박, 브로콜리, 콜리플라워, 비타민, 청경채, 오이, 양배추 ● 애호박, 오이는 껍질과 씨를 제거하고 과육 부분만 사용하세요.	배추, 당근, 시금치, 양파 ● 배추, 당근, 시금치에는 질산염이 함유되어 있어 너무 일찍 섭취하면 빈혈이 생길 수도 있으니 6개월 끝 무렵부터 사용하세요. ● 모든 채소는 데치거나 삶아서 사용하세요.	버섯류(느타리버섯, 표고버섯, 송이버섯, 팽이버섯, 양송이버섯 등), 얼갈이배추, 봄동, 아욱, 근대, 비트, 표고버섯 육수, 채소 육수	*옥수수, 연근, 적양배추 ● 옥수수는 껍질을 벗기고 알맹이만 사용하세요.
과일류	·	사과, 배, 자두 ● 아이가 과일을 너무 일찍 먹으면 단맛에 익숙해지므로 과일은 생후 6개월 이후부터 먹이세요.	바나나, 수박 ● 바나나는 양 끝 부분에 농약이 잔류할 수 있으므로 끝 부분은 잘라내고 사용하세요.	건포도, 대추
육류	·	쇠고기 안심, 닭고기 안심·가슴살 ● 쇠고기, 닭고기는 기름기 없는 안심, 가슴살 부위를 사용하세요.	쇠고기 육수, 닭고기 육수	
어패류	·	·	·	*흰살 생선살(가자미, 대구, 조기 등) ● 흰살 생선은 알레르기 염려가 가장 적은 가자미, 대구부터 시작하세요.
해조류	·	·	다시마 육수 ● 다시마 육수는 7개월 무렵부터 사용해도 되지만 염분이 있어 짠맛이 나므로 가끔씩 사용하세요.	미역, 김 ● 김은 소금 등 조미되지 않은 생김을 구워서 사용하세요. ● 미역은 물에 담가 짠맛을 뺀 뒤 사용하세요.
콩류	*완두콩 ● 완두콩은 삶아 껍질을 벗겨서 사용하세요.	*강낭콩 ● 강낭콩은 삶아 껍질을 벗겨서 사용하세요.	*콩류(검은콩, 대두, 강낭콩, 밤콩 등) *콩으로 만든 식품(두부, 연두부 등)	*볶은 콩가루
난류	·	·	*달걀노른자 ● 달걀노른자는 삶아서 사용하세요.	
유제품	·	·	·	·
견과류	·	·	밤	·
유지류	·	·	·	·
기타	·	·	무가당 뻥튀기, *아기용 과자 ● 과자를 구입할 때는 설탕, 소금, 첨가물 등이 함유되어 있는지 꼼꼼히 확인하세요.	·

이유식 시기별로 식재료를 사용할 때는 꼼꼼한 주의가 필요해요. 아이의 소화기관은 아직 미숙하기 때문에 식재료의 특성과 맛, 질감 등에 아이가 서서히 적응하도록 연습시키는 것은 매우 중요해요. 아이에게 새로운 식재료를 소개할 때는 기존에 먹었던 식재료에 하나씩 더해주고 바로 아이의 반응을 살펴세요. 또 알레르기가 발생할 우려가 있는 고위험군 식재료는 돌 또는 두 돌 이후에 천천히 시도하세요. 알레르기나 아토피가 있는 아이라면 식재료 선택에 각별히 주의해야 하죠. 아래의 시기별 사용 가능한 식재료와 주의할 식재료는 되도록 그 시기에 아이에게 먹이면 좋을 식품들을 정리한 참고자료예요. 아이에 따라 그 시기를 조금 당기거나 늦춰도 된답니다.

	후기 이유식		완료기 이유식	
	후기 전반(생후 10~11개월)	후기 후반(생후 12개월)	완료기 전반(생후 12~14개월)	완료 후반(생후 15개월 이후)
곡류	녹두	흑미 등 대부분의 곡류	*밀가루 ● 우리밀가루를 사용하세요.	팥, *율무 등 대부분의 곡류
채소류	*콩나물, 숙주, 가지, 우엉 ● 콩나물은 머리와 꼬리를 떼고 사용하세요.	·	*도토리묵, 청포묵, 고사리, 쑥갓, 참나물, 취나물, 파프리카, 피망, 치커리, 깻잎, 어린잎순, 무순, 새싹채소, 돌나물, 파, 마늘, *토마토	마, 부추, 아스파라거스, *토란대, 냉이, 도라지, 마늘종, 달래, 우거지, 미나리, 파슬리
과일류	참외, 살구, 포도즙, 귤즙	멜론	블루베리, *귤, 오렌지, 단감, 홍시, *딸기, *키위, 레몬, 파인애플, 생과일주스	아보카도, *복숭아, 망고
육류	쇠고기 안심 외 살코기, 닭고기 안심·가슴살 외 살코기		닭다리살·닭봉, *돼지고기 등심·안심 외 살코기	대부분의 육류 ● 쇠고기, 닭고기, 돼지고기 등 기름기 있는 부위는 사용하지 마세요.
어패류	*흰살 생선살(임연수어, 생태, 동태, 병어, 갈치 등)	*잔새우, 잔멸치, 멸치 육수, 마른 새우 육수, 가다랑어 육수 ● 잔새우, 잔멸치는 물에 담가 짠맛을 뺀 뒤 사용하세요.	메로, *등푸른 생선(고등어, 삼치, 꽁치 등), 오징어, 뱅어포, 북어포	*연어, 참치, 장어, 낙지, *게살, *새우, *조개류(바지락, 대합, 관자, 홍합, 맛조개, 모시조개 등), 전복, 굴, 소라, 날치알
해조류	파래, 매생이 ● 파래는 물에 담가 짠맛을 뺀 뒤 사용하세요.	*한천가루, 다시마	다시마가루	톳
콩류	*콩비지 등 대부분의 콩류		*껍질콩	*유부 ● 유부는 끓는 물에 데쳐서 사용하세요.
난류			*달걀 전란, *메추리알 ● 알레르기나 아토피가 있는 아이는 두 돌 이후부터 달걀을 먹이세요.	
유제품		*아기용 치즈, *무가당 플레인 요구르트 ● 아기용 치즈는 짠맛이 나므로 되도록 이유식에 넣어 먹이세요. ● 요구르트는 설탕, 과당, 식품첨가물 등이 함유되지 않은 제품을 구입하세요.	*우유, *버터, 마아가린	*생크림, *크림치즈
견과류	·	·	*호두, *잣, 해바라기씨, 호박씨	*은행, 아몬드 ● 땅콩은 알레르기를 유발할 가능성이 크므로 세 돌 이후부터 천천히 먹이세요.
유지류	통깨, 참기름 ● 통깨는 갈아서 사용하세요.	들깨, 검은깨, 들기름, 포도씨오일, 올리브오일 ● 식물성 기름은 소량만 사용하세요.	대부분의 식물성 기름 ● 유지류는 산패가 빨리 진행되므로 되도록 적은 용량을 구입해 사용하세요.	
기타	·	떡, *소면, 쌀국수, 녹말가루	후리카케, 아가베시럽, 간장, 식초, 백김치, *면류(우동, 파스타, 메밀국수), *식빵, *빵가루	명란젓, 천일염, 된장, 미소된장, 청국장, 카레가루, 젤라틴, 라이스페이퍼, 당면 ※ 천일염, 된장, 청국장, 카레가루, 젤라틴 등은 꼭 필요한 요리에만 가끔 소량만 사용하세요.

이유식 재료 손질하기

재료를 구입해서 재료의 특성에 맞게 잘 손질해두면 사용하고 남은 재료의 영양을 최대화하고 혹시 모를 잔류 농약을 최소화할 수 있어요. 또 다음번에 사용하기도 편리하지요. 이유식 재료를 어떻게 손질해야 하는지 알아보아요.

○ 생선

생선은 비늘이나 내장에 오염 물질이 농축되어 있을 가능성이 있으므로 비늘을 잘 긁어내고 내장은 모두 제거하세요. 생선은 쉽게 부패하므로 구입해서 바로 깨끗하게 씻어 토막을 낸 뒤 하나씩 랩으로 싸서 냉동 보관하세요. 찐 생선은 껍질을 벗기고 가시를 발라 살만 한 번 먹을 분량씩 나눠 냉동 보관하세요.

○ 고구마, 감자

고구마와 감자는 습기와 냉기에 약해요. 냉장고에 넣어 보관하면 상하기 쉬우므로 바람이 잘 통하는 서늘한 곳에서 보관하세요. 감자는 껍질을 벗기기 전에 솔로 박박 문질러 씻고 껍질을 벗기세요. 감자 싹에는 솔라닌이라는 독소가 있으므로 반드시 속까지 도려낸 뒤 사용하세요. 껍질을 벗긴 고구마, 감자는 갈변을 막기 위해 식촛물에 담가두면 3일 정도 보관이 가능해요.

○ 당근

당근은 저장성이 좋아 냉장고에 넣거나 햇볕이 들지 않는 서늘한 곳에 두면 비교적 오래 보관할 수 있어요. 당근은 수분이 묻으면 쉽게 썩으므로 흙이 묻은 채 보관하는 것이 좋고 물로 씻었다면 키친타월에 싸서 비닐팩에 담아 냉장 보관하세요.

○ 애호박

애호박은 신문지에 싸서 그늘진 곳에 두면 일주일 이상 보관이 가능하지만 일단 자르면 수분이 쉽게 증발되므로 자른 면을 랩으로 싼 뒤 수분 흡수력이 좋은 신문지나 키친타월에 싸서 냉장 보관하세요.

○ 오이

오이는 깨끗하게 씻어서 굵은소금으로 바락바락 비벼가며 씻어야 잔류 농약도 제거되고 돌기 사이에 묻은 더러운 물질도 제거돼요. 돌기는 칼등으로 모두 긁어내세요. 오이는 한데 모아 랩으로 싸거나 비닐팩에 넣어 냉장 보관하면 물컹거리다가 금방 썩기 때문에 하나씩 비닐팩에 나눠 보관하세요. 일주일 정도 지나면 수분이 빠져나가 탄력이 떨어지고 물러지므로 빨리 먹는 것이 좋아요.

○ 버섯

버섯은 쉽게 상하기 때문에 적은 양을 구입해서 그때그때 빨리 먹는 것이 가장 좋아요. 물기 없이 신문지에 싸서 비닐팩에 넣거나 랩으로 싸서 보관하고 조리하기 직전에 깨끗하게 씻어야 버섯 고유의 향과 맛을 살릴 수 있어요. 버섯을 바로 먹지 못한다면 냉동 보관하세요.

콩나물

콩나물은 빛을 쬐면 머리가 금방 파랗게 변하고 억세져요. 빛이 투과되지 않는 검은색 비닐봉지에 담거나 밀폐용기에 담아 물을 매일 갈아주면서 냉장 보관하면 며칠 동안 싱싱하게 보관할 수 있어요. 이유식에 콩나물을 사용할 때는 머리와 꼬리를 떼고 사용하는 것이 좋은데 완료기 즈음에는 머리 부분을 넣어도 돼요.

배추

배추는 신문지로 싸서 통풍이 잘되는 곳에서 세워 보관하면 좋아요. 배추는 겉잎을 한두 잎 떼어낸 뒤 한 잎씩 흐르는 물에 깨끗이 씻어 사용하세요.

브로콜리

브로콜리는 꽃송이를 손질해 끓는 물에 소금을 약간 넣고 데쳐서 바로 찬물에 헹궈 물기를 빼고 사용하고 남은 분량은 냉동 보관하세요.

시금치

시금치는 수분이 있어야 신선하므로 키친타월로 싸서 물을 가볍게 뿌린 후 신문지에 싸서 냉장 보관하세요. 흙이 묻어 있는 채 뿌리를 아래쪽으로 세워서 보관하면 신선함이 더 오래가요. 시금치는 한 줄기씩 떼어 물에 씻은 뒤 끓는 물에 데쳐서 물기를 꼭 짜고 냉동 보관하세요.

달걀

달걀은 뾰족한 곳이 아래쪽을 향하도록 세워 넣어야 신선도를 오래 유지할 수 있어요.

두부

두부는 밀폐용기에 담아 두부가 잠길 정도로 물을 부어 냉장 보관하세요. 물은 매일 갈아줘야 두부가 상하지 않아요. 개봉한 두부는 3일 이내에 먹는 것이 좋아요.

콩

젖은 콩은 보관 중에 싹이 나기 쉬우므로 물에 불린 콩이나 삶은 콩은 냉동 보관하세요. 마른 콩은 서늘한 곳에서 보관하세요.

깨

볶은 깨는 산화되기 쉬우므로 필요할 때마다 조금씩 볶아서 사용하는 것이 좋아요. 남은 깨는 냉장 보관하세요.

바나나

바나나는 냉장 보관하면 껍질에 검은 반점이 생기고 과육이 검게 변하고 맛이 떨어져요. 바나나는 실온에서 천천히 숙성시켜야 맛있는 과일이에요. 바나나는 양쪽 끝 부분에 농약이 잔류할 우려가 있으므로 끝 부분은 잘라내고 먹는 것이 좋아요.

이유식 재료 보관법

이유식 재료는 한 숟가락 정도의 분량만 필요한데 그때마다 매번 모든 재료를 손질하기에는 손이 많이 가고 귀찮을 때가 있어요. 재료를 손질할 때 아이의 이유식 단계에 맞게 재료를 다지거나 썰어 냉동 보관하면 이유식을 만들 때 쉽고 편리하게 이용할 수 있어요. 시간 절약뿐만 아니라 재료도 신선하게 보관할 수 있고 재료비도 절감할 수 있으니 일석이조랍니다.

손질한 식재료는 반드시 냉동한 날짜와 재료명을 적어서 냉동 보관하세요

식재료를 냉동 보관할 때마다 날짜를 적어두지 않으면 언제 보관했는지 알 수가 없어 오래된 식품을 사용하거나 그냥 버리게 되는 경우가 생겨요. 또 식품이 얼면 어떤 것을 냉동했는지 알 수 없는 경우가 종종 생기므로 재료명도 반드시 적어주세요. 이유식 단계에 맞게 주로 사용하는 분량만큼 나눠 분량도 함께 적어두면 사용할 때 편리해요. 냉동 보관 기간은 보통 채소는 10일, 육류는 2주, 생선은 1개월, 빵은 10일 정도예요. 그러나 아이용 식재료는 되도록 7~10일 안에 사용하세요.

모든 식재료는 1회분씩 나눠 냉동 보관하세요

모든 식재료는 이유식 단계에 맞춰 1회 분량인 15~50g 정도로 나눠 냉동 보관하세요. 다진 식재료는 50g 정도 분량이 담길 수 있는 이유식 재료 보관 용기에 담아 보관하고 큼직하게 썬 식재료는 1회분씩 랩으로 싸서 밀폐 비닐팩에 담아 보관하면 좋아요.

삶은 재료는 밀폐 비닐팩에 담아 냉동 보관하세요

삶거나 찐 단호박, 감자, 고구마가 남았으면 잘 으깬 뒤 밀폐팩에 담아 냉동 보관하세요. 밀대로 얇게 밀어 한 번 사용할 분량만큼 칼등으로 칼집을 내면 필요할 때마다 하나씩 뚝뚝 잘라 사용할 수 있어 편리해요. 밥도 이런 방법으로 냉동 보관하면 좋아요.

배즙이나 과일즙 등 **액체**는 얼음틀에 담아 **냉동 보관**하세요

배즙이나 과일즙 또는 당근 퓌레나 애호박 퓌레 등 재료를 갈아 액체로 만든 경우 얼음틀에 담아 보관하면 편리해요. 얼음틀은 뚜껑이 있는 것으로 사용해야 식품에 잡내가 배지 않고 위생상으로도 안전해요. 뚜껑이 있는 얼음틀을 구하기 어렵다면 얼음틀에 음식을 담은 뒤 밀폐팩에 넣거나 랩으로 잘 싸서 보관하세요. 사용할 때는 칼을 모서리 부분에 넣고 들어 올리면 하나씩 쉽게 꺼낼 수 있어요.

이유식을 많이 만들었다면 1회분씩 유리 용기에 담아 냉장 보관하세요

만들고 남은 이유식은 1회분씩 유리 용기에 담아 냉장 보관하고 먹기 직전 중탕으로 따뜻하게 데우거나 전자레인지에 넣고 40~50초 정도 돌려주세요. 음식을 전자레인지에 넣고 돌릴 때는 뚜껑을 덮는 것이 좋아요. 뚜껑이 유리가 아닌 플라스틱이라면 용기 위에 전자레인지 사용이 가능한 유리나 도자기 접시를 덮어서 전자레인지에 넣고 돌려주세요. 플라스틱은 환경호르몬이 방출될 수 있으므로 되도록 사용하지 마세요. 이유식은 냉장 보관은 1일, 냉동 보관은 3일 정도 가능해요. 그러나 냉동 보관한 이유식은 맛이 덜하므로 이유식은 되도록 그날그날 만들어

먹이세요.

육수를 냉장 보관할 경우에는 유리병에, 냉동 보관할 경우에는 밀폐팩이나 모유 저장팩에 넣어 보관하세요

육수는 한 번 만들면 3~4일 정도 사용이 가능해요. 남은 육수를 보관할 때는 유리병과 밀폐팩, 모유 저장팩이 가장 좋아요. 육수를 냉장 보관할 때는 유리병에, 냉동 보관할 때는 밀폐팩이나 모유 저장팩에 1회분씩 담아 보관하세요. 보통 얼린 식재료로 이유식을 만들 때는 해동하지 않고 바로 냄비에 넣고 조리하는 경우가 많지요. 육수를 유리병에 담아 냉동 보관하면 이유식에 바로 넣어 사용하기 어려우므로 밀폐팩이나 모유 저장팩에 넣어 보관하는 것이 좋아요. 육수를 유리병에 담아 냉동 보관했다면 사용하기 몇 시간 전에 냉장고로 옮겨 해동해서 사용하세요. 액체를 얼리면 부피가 커지므로 용량의 80% 정도만 채워야 넘치지 않는답니다.

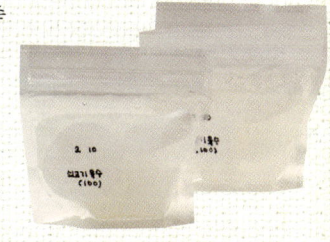

이유식 재료 계량법

아이 이유식 재료는 10g, 15g의 소량만 필요하기 때문에 매번 이유식을 만들 때마다 계량하기 번거로울 때가 많아요. 집에 저울이나 계량스푼이 있다면 쉽게 계량할 수 있겠지만 만약 준비되어 있지 않다면 10g이 도대체 어느 정도인지 짐작하기 어려워 난감할 때가 종종 생겨요. 집에 있는 밥숟가락으로도, 눈대중으로도 쉽게 계량할 수 있어요. 이유식에 주로 사용하는 식재료가 밥숟가락에 담기면 어느 정도의 양이 되는지, 재료를 어느 정도 손질해야 20g 정도의 분량이 되는지 알아볼까요.

★ point

계량스푼 1작은술은 1티스푼(1t), 1큰술은 1테이블스푼(1T)이라고 하며 각각 5g, 15g 분량이에요. 대략적으로 계량스푼 1큰술의 분량은 1.5밥숟가락 정도 분량이랍니다. 예를 들면, 불린 쌀 30g은 계량스푼으로는 2큰술, 밥숟가락으로는 3밥숟가락으로 측정하면 돼요. 불린 쌀을 밥숟가락에 적당하게 담으면 10g, 수북하게 담으면 15g 분량이 된답니다.

계량스푼 15g = 밥숟가락 10g + 밥숟가락 5g

밥숟가락 계량법

이유식에 자주 사용하는 몇 가지 재료를 밥숟가락에 담았을 때 10g, 15g은 어느 정도인지 알아보아요.

불린 쌀
10g
(약간 볼록하게 담은 정도)

15g
(수북하게 담은 정도)

밥
10g
(평평하게 담은 정도)

15g
(볼록하게 담은 정도)

20g
(수북하게 담은 정도)

생선살
10g
(볼록하게 담은 정도)

쇠고기
10g
(볼록하게 담은 정도)

두부
10g
(약간 볼록하게 담은 정도)

삶은 콩
10g
(약간 볼록하게 담은 정도)

감자
10g
(약간 볼록하게 담은 정도)

당근
10g
(볼록하게 담은 정도)

데친 시금치
10g
(평평하게 담은 정도)

팽이버섯
10g
(수북하게 담은 정도)

배즙
10g
(평평하게 담은 정도)

양파
10g
(평평하게 담은 정도)

데친 브로콜리
10g
(평평하게 담은 정도)

우유
10g
(찰랑찰랑 넘치는 정도)

생표고버섯
5g
(수북하게 담은 정도)
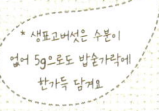

애호박
10g
(약간 볼록하게 담은 정도)

콩가루
5g
(약간 볼록하게 담은 정도)

* 생표고버섯은 수분이
없어 5g으로도 밥숟가락에
한가득 담겨요.

눈대중 계량법

저울이 없을 경우에도 손쉽게 계량할 수 있도록 재료별 20g은
어느 정도의 분량이 되는지 알아보아요.

불리지 않은 완두콩(54알 정도)

당근(지름 4cm, 높이 1.5cm)

오이(지름 3.3cm, 높이 2.5cm)

새우살(작은 크기 5개)

표고버섯(기둥 떼어내고
중간 크기 1개)

불린 강낭콩(20알 정도)

브로콜리(꽃송이 5×5cm)

근대(두꺼운 심을 제거한
잎 부분 2장)

바나나(길이 4cm)

양송이버섯(기둥, 갓 껍질
떼어내고 중간 크기 1개)

애호박(높이 1.2cm)

두부(3×3cm, 높이 2cm)

콩나물(30개)

쇠고기(4×4cm, 높이 1.5cm)

이유식 조리는 어른밥과 반찬을 만들기보다 훨씬 간단하지만 아이를 키우면서 짬짬이
요리를 한다는 게 보통일이 아니죠. 기본기만 다져두면 되는 조리 기초와 이유식
맛내기의 숨은 주인공인 육수 내는 법, 추천 이유식기와 조리 도구를 소개할게요.

Chapter 3

고수가 귀띔하는
이유식 기초 조리법과 도구

이유식 기본 조리법

이유식 진행 과정에 필요한 몇 가지 기본 조리법을 익혀두면 이유식 만들기가 한결 수월해져요.
데치기, 삶기, 으깨기, 다지기 등 조리의 기초를 배워볼까요.

죽 쑤기

이유식 초기에는 믹서에 불린 쌀을 넣어 곱게 갈고 이유식 중기에는 거칠게 갈아 사용하세요. 이유
식 후기에는 쌀을 갈지 않고 사용해도 좋아요. 죽을 쑬 때 밥을 이용해도 되지만 밥보다 쌀로 만드는
죽이 더 맛있답니다.

● 쌀로 끓이기

① 쌀을 씻어 찬물에 30분 정도 불린다.
② 믹서에 불린 쌀 15g과 물 1/4컵(50g)을 붓고 초기에는 곱게, 중기에는 거칠게 간다.
③ 냄비에 ②와 물 3/4컵(150g)을 붓고 센 불에서 끓인다. 물이 끓으면 약한 불로 줄인 뒤 저어가며
  초기에는 6분, 중기에는 8분 정도 끓인다(*이유식 초기에는 미음을 만들어서 체에 내린다).

● 밥으로 끓이기

① 절구에 밥 50g과 물 10g을 넣고 초기에는 곱게, 중기에는 쌀이 2~3등분 되도록 으깬다.
② 냄비에 ①과 물(90g)을 붓고 센 불에서 끓인다.
③ 물이 끓으면 약한 불로 줄인 뒤 저어가면서 초기에는 3~4분, 중기에는 4~5분 정도 끓인다
  (*이유식 초기에는 미음을 만들어서 체에 내린다).

주하맘's Tip

☻ 10배죽, 8배죽 농도는 물의 양으
로 조절하는 것보다 적당한 농도
가 될 때까지 끓이는 시간으로 조
절하는 것이 더 쉬워요.

껍질 벗기기

아이는 소화능력이 미숙하므로 각종 채소, 과일, 견과류 등은 속껍질까지 잘 벗겨서 이유식에 넣어야 해요. 이유식 초기에는 애호박, 오이도 껍질과 씨를 제거하고 사용하세요.

◯ 애호박

이유식 초기에 애호박, 오이 등 과육만 사용할 때, 돌려깎기로 껍질을 벗겨서 사용하세요.

◯ 토마토

토마토를 요리에 넣을 때는 껍질과 씨를 제거하고 사용하세요. 토마토 꼭지 반대쪽에 열십자로 칼집을 내어 끓는 물에 넣고 20초 정도 데친 뒤 찬물에 헹구면 껍질이 잘 벗겨져요.

◯ 호두

호두는 소화도 잘 안 되고 떫은맛이 나는 속껍질을 제거하고 사용하세요. 뜨거운 물에 10분 정도 불린 뒤 이쑤시개를 이용해 속껍질을 들어내면 껍질이 잘 벗겨져요.

삶기

육류와 당근, 감자, 무 등 단단한 채소는 삶아서 사용하세요. 초기·중기 이유식에는 재료를 삶아서 이유식에 넣으세요.

◯ 쇠고기

기름기, 힘줄을 잘라내고 찬물에 담가 핏물을 뺀 뒤 작게 썰어 끓는 물에 넣고 삶으세요. 삶는 도중 생기는 거품과 불순물은 건어주세요.

◯ 채소

감자, 고구마, 당근 등 단단한 채소는 익는 시간이 오래 걸리므로 사용할 분량을 적당한 크기로 잘라 삶으세요. 8~10분 정도 삶아서 젓가락으로 찔러보아 속까지 익었는지 확인하세요.

데치기

시금치, 비타민 등 잎채소와 브로콜리, 양배추 등 일부 채소는 끓는 물에 넣고 30초 정도 데쳐서 이유식에 넣어주세요.

◯ 시금치

초기·중기 이유식에는 잎 부분만 사용하고 돌 즈음에는 연한 줄기 부분도 사용하세요. 끓는 물에(줄기부터) 넣고 30초 정도 데친 뒤 곧바로 찬물에 헹궈 물기를 꼭 짜서 사용하세요.

◯ 브로콜리

꽃송이 부분만 잘게 잘라 끓는 물에 넣고 30초 정도 데친 뒤 찬물에 헹궈 물기를 뺀 뒤 사용하세요.

찌기

생선이나 감자, 단호박, 옥수수 등의 채소는 김이 오른 찜통에 넣고 20분 이상 푹 쪄서 사용하세요.

🔵 생선
이유식 후기까지는 생선을 손질해 김이 오른 찜통에 넣고 20~30분 정도 찐 뒤 가시를 발라내고 살만 사용하세요.

🔵 단호박
적당한 크기로 잘라 찜통에서 푹 쪄서 이유식에 두루 활용하세요. 단호박을 찜통에 넣고 찔 때는 껍질째 쪄서 껍질을 벗기면 편리해요.

볶기

후기 이유식부터 덮밥, 볶음밥 등을 만들게 되면서 볶는 조리법을 자주 사용하게 돼요. 재료를 볶거나 구울 때는 되도록 기름을 소량만 사용하고 물을 부어 물의 열로 재료를 익히세요.

🔵 육류
육류는 잘게 다졌더라도 고기가 쉽게 뭉칠 수 있으므로 젓가락을 이용해 볶으면 편리해요.

🔵 채소
팬에 식물성 기름을 소량 두른 뒤 당근, 무, 감자처럼 단단하고 익는 시간이 오래 걸리는 재료를 먼저 넣고 볶다가 나머지 재료를 넣고 볶아주세요.

갈기

과일과 단단한 채소는 강판에 갈고 불린 쌀이나 건어물은 믹서에 넣고 갈아 사용하세요. 재료를 갈아서 이유식에 넣으면 익는 시간이 단축되고 입자가 고와 아이가 먹기에 좋아요.

🔵 강판에 갈기
채소와 과일은 강판에 갈아야 비타민 파괴가 적어요. 배, 사과, 감자 등은 되도록 강판에 갈아 사용하세요.

🔵 믹서에 갈기
불린 쌀 등 곡류와 새우, 멸치 등 건어물은 믹서나 분쇄기에 넣고 갈아 사용하세요.

다지기·썰기

초기·중기 이유식에는 식재료를 다지고 후기 이후에는 좀 더 큼직하게 썰어주세요. 아이마다 재료의 크기를 받아들이는 정도가 다르므로 우리 아이의 기준에서 크기를 조절하세요.

🔵 다지기
이유식 중기에는 재료를 0.2~0.3cm 크기로 다져 사용하세요.

🔵 썰기
이유식 후기에는 재료를 0.4~0.5cm, 완료기에는 0.7~1cm 크기로 썰어 사용하세요.

으깨기

삶은 감자나 고구마, 콩류, 바나나 등 부드러운 재료는 매셔, 나무 주걱, 절구, 숟가락 등을 이용해 으깨어 사용하면 편리해요.

🔵 바나나

바나나는 포크로 으깨면 잘 으깰 수 있어요.

🔵 삶은 콩

콩류는 푹 삶아 껍질을 벗긴 뒤 물을 조금씩 부어가며 절구에 으깨어 사용하세요.

체에 내리기

이유식 초기에는 모든 식재료를 삶거나 데쳐서 체에 내려주세요. 그래야 덩어리가 없고 소화시키기 어려운 섬유질도 제거되어 아이가 부담없이 이유식을 잘 먹을 수 있어요.

🔵 잎채소

채소를 데치거나 삶은 뒤 체에 얹고 숟가락으로 누르거나 절구에 넣어 짓이겨가며 체에 내려주세요. 이유식 초기에는 시금치, 청경채 등 잎채소를 좀 더 무르게 데쳐야 체에 잘 내릴 수 있어요.

🔵 삶은 달걀노른자

달걀을 삶아 노른자만 분리해 체에 내린 뒤 이유식에 넣으면 달걀노른자가 뭉치지 않아요.

즙내기

과일은 즙을 내어 간식이나 소스를 만들 때 사용하면 좋아요.

🔵 과즙기로 즙내기

오렌지, 귤, 레몬 등 과일을 반으로 자른 뒤 자른 면이 아래쪽에 오도록 과즙기에 올리고 힘껏 누르면서 돌리세요.

🔵 숟가락으로 즙내기

과즙기가 없거나 과즙이 적은 양이 필요할 때, 이유식에 작은 과일 덩어리를 넣어야 될 때 오렌지나 귤을 숟가락으로 눌러 즙을 내어 사용해도 좋아요.

이유식 맛내기 공식

육수 만들기

육수는 이유식 중기 이후부터 사용해도 되지만 비교적 짠맛이 강한 멸치 육수나 다시마 가다랑어 육수 등은 12개월 무렵부터 사용하세요. 사용하고 남은 육수는 한 김 식힌 뒤 냉장실에서 2일, 냉동실에서 5일 정도 보관이 가능해요. 육수를 만들 때 모든 재료는 찬물에 넣고 끓여야 맛이 충분히 잘 우러난답니다.

쇠고기 육수(중기 이유식)

재료 쇠고기 양지(또는 사태) 100g, 양파 20g, 물 5컵

1 쇠고기는 기름 덩어리를 잘라내고 찬물에 30분 정도 담가 핏물을 뺀다.
2 냄비에 쇠고기, 양파, 물 5컵을 넣고 센 불에서 끓인다. 끓이는 도중 생기는 거품과 불순물을 걷어낸다.
3 물이 끓으면 약한 불로 줄이고 40분 정도 은근하게 끓인다. 육수가 식으면 면포에 밭쳐 거른 뒤 식으면 기름기를 걷어낸다.

 주화맘's Tip 육수를 만들 때 양파, 대파를 넣으면 쇠고기 특유의 누린내가 사라지지만 아이가 향에 민감하다면 굳이 넣지 않아도 돼요. 쇠고기 육수는 쇠고기나 채소를 넣은 이유식 육수로 활용하면 좋아요.

닭고기 육수(중기 이유식)

재료 닭다리 1개, 양파 20g, 물 4컵

1 닭다리는 기름기를 제거한 뒤 칼집을 넣어 찬물에 20분 정도 담가 핏물을 뺀다.
2 냄비에 닭다리, 양파, 물 4컵을 넣고 센 불에서 끓인다. 끓이는 도중 생기는 거품과 불순물은 걷어낸다.
3 물이 끓으면 약한 불로 줄이고 40분 정도 은근하게 끓인다. 육수가 식으면 고운체에 내린 뒤 식으면 기름기를 걷어낸다.

 주화맘's Tip 닭다리는 기름기를 모두 제거해서 사용하세요. 육수를 만들 때 양파, 대파를 넣으면 닭고기 특유의 누린내가 사라지지만 아이가 향에 민감하다면 굳이 넣지 않아도 돼요. 닭고기 육수는 닭고기나 채소를 넣은 이유식 육수로 활용하면 좋아요.

채소 육수(중기 이유식)

재료 무 30g, 당근 20g, 양배추 20g, 양파 15g, 파 10g, 표고버섯 1개(20g), 물 5컵

1 무, 당근, 양배추, 양파, 파는 적당한 크기로 자른다. 표고버섯은 젖은 행주로 이물질을 닦아낸다.
2 냄비에 채소와 물 5컵을 넣고 끓인다.
3 물이 끓으면 약한 불로 줄이고 1시간 정도 은근하게 끓인 뒤 고운체에 내린다.

> **주하맘's Tip** 👩 육수를 낼 때 표고버섯 기둥을 사용하면 감칠맛이 잘 우러나요. 표고버섯 기둥은 버리지 말고 모아 냉동 보관하고 육수를 낼 때 활용하세요. 집에 있는 다양한 채소를 응용해 채소 육수를 만들어보세요.

다시마 가다랑어 육수(후기 이유식 후반)

재료 다시마(5×5cm) 1장, 가다랑어포 3g, 미지근한 물 4컵

1 다시마는 젖은 행주로 이물질과 염분기를 닦아낸 뒤 미지근한 물 4컵에 넣고 1시간 정도 담가 맛을 우려낸다. 냄비에 다시마, 다시마 우린 물을 넣고 약한 불에서 끓인다.
2 물이 끓으면 1~2분 후에 다시마를 건진 뒤 5분 정도 끓이다가 불을 끈다. 여기에 가다랑어포를 넣고 5분 정도 우려낸다.
3 ②를 고운체에 내린다.

> **주하맘's Tip** 👩 다시마 가다랑어 육수는 짠맛이 나므로 12개월 이후부터 사용하세요. 가다랑어포는 물에 오래 담가두거나 끓이면 떫은맛, 쓴맛이 나므로 미리 끓여둔 물에 넣고 5분 정도만 우려내면 돼요.

다시마 육수(중기 이유식)

재료 다시마(5×5cm) 1장, 미지근한 물 4컵

1 다시마는 젖은 행주로 이물질과 염분기를 닦아낸다.
2 다시마를 물 4컵에 담가 1시간 정도 맛을 우려낸다.
3 냄비에 ②를 붓고 약한 불에서 끓인다. 물이 끓으면 1~2분 후에 다시마를 건진 뒤 5분 정도 은근하게 끓인다.

> **주하맘's Tip** 👩 다시마는 미지근한 물에 넣고 부드러워질 때까지 1시간 이상 우린 뒤 끓이면 감칠맛이 더 잘 우러나요. 다시마 육수는 모든 이유식 육수로 활용할 수 있어요.

멸치 육수(후기 이유식 후반)

재료 국물용 멸치 5마리, 물 3컵

1 중간 이상 크기의 국물용 멸치는 머리를 떼고 내장을 뺀다.
2 기름을 두르지 않은 팬에 멸치를 넣고 살짝 볶아 비린내를 날린다.
3 냄비에 멸치, 물 3컵을 넣고 끓인다. 물이 끓으면 약한 불로 줄이고 5분 정도 끓이다가 고운체에 내린다.

> **주하맘's Tip** 👩 멸치 육수는 12개월 이후부터 이유식 육수로 활용하세요.

마른 새우 육수(후기 이유식 후반)

재료 마른 새우 7마리, 물 3컵

1 마른 새우는 잡티를 고른 뒤 기름을 두르지 않은 팬에 넣고 바삭하게 볶는다.
2 냄비에 마른 새우, 물 3컵을 넣고 끓인다. 물이 끓으면 약한 불로 줄이고 5분 정도 끓인다.
3 ②를 고운체에 내린다.

> **주하맘's Tip** 👩 보리새우 등 중간 크기 이상의 마른 새우를 사용해 만드세요.

망설이지 않고 넣는
천연조미료 만들기

✹ ✹ ✹

멸치, 다시마, 표고버섯 등으로 천연조미료를 만들어 아이 이유식을 만들 때 조금씩 넣어주면 음식에 풍미와 감칠맛을 더할 뿐만 아니라 영양까지 챙길 수 있답니다. 완료기 이유식 이후에도 소금이나 간장 대신 천연조미료를 활용하세요. 천연조미료는 냉동 보관하면 한 달 이상 사용할 수 있어요.

표고버섯가루

재료 표고버섯 3개

1 표고버섯은 젖은 행주로 이물질을 닦아낸다.
2 표고버섯은 적당한 크기로 채썰어 채반에 얹어 바람이 잘 통하는 곳에서 바짝 말린다. 잘 말린 표고버섯은 젖은 행주로 이물질을 닦아낸다.
3 ②를 믹서나 분쇄기에 넣고 곱게 간다.

Tip 🔵 마른 표고버섯은 생표고버섯보다 비타민 D가 풍부해 아이의 성장과 골격 형성에 도움을 줘요. 표고버섯은 햇빛을 받아야 비타민 D가 생성되므로 오븐에 굽는 것은 효과가 없어요. 반드시 채반에 얹어 햇볕이 드는 창가에 두고 말리세요.

다시마가루

재료 다시마(5×5cm) 4장

1 다시마는 젖은 행주로 이물질과 염분기를 닦아낸다.
2 기름을 두르지 않은 팬에 다시마를 넣고 살짝 굽듯이 바삭하게 굽는다.
3 ②를 믹서나 분쇄기에 넣고 곱게 간다.

Tip 🔵 다시마는 젖은 행주로 이물질과 하얀색 염분기를 꼼꼼하게 닦은 뒤 사용하세요.

멸치가루

재료 국물용 멸치 15마리

1 멸치는 머리를 떼고 내장을 제거한다.
2 기름을 두르지 않은 팬에 멸치를 넣고 살짝 볶아 비린내를 날린다.
3 ②를 믹서나 분쇄기에 넣고 곱게 간다.

주하맘's Tip 멸치는 머리와 내장을 제거해야 쓴맛과 잡내가 나지 않고 팬에서 살짝 볶아야 비린내가 나지 않아요.

새우가루

재료 마른 새우 20마리

1 마른 새우는 체에 내려 잡티와 불순물을 제거한다.
2 기름을 두르지 않은 팬에 마른 새우를 넣고 바삭하게 볶는다.
3 ②를 믹서나 분쇄기에 넣고 곱게 간다.

주하맘's Tip 새우는 체에 내리거나 면포에 싸서 비벼 수염과 잔가시를 제거하세요.

멸치 다시마 후리카케

재료 오븐에 구운 고구마 5g, 잔멸치 10g, 다시마(5×5cm) 1장, 김 1/4장, 통깨 약간

1 고구마는 얇게 썰어 오븐에서 바삭하게 굽는다.
2 기름을 두르지 않는 팬에 잔멸치, 다시마를 넣고 살짝 볶아 비린내를 날린다.
3 믹서에 잔멸치, 다시마, 오븐에 구운 고구마를 넣고 곱게 간 뒤 잘게 자른 김과 통깨를 넣고 섞는다.

주하맘's Tip 고구마는 꼭 넣지 않아도 되지만 고구마를 넣으면 달콤하고 맛있는 후리카케를 만들 수 있어요. 집에 있는 각종 채소를 오븐에 바삭하게 구워 후리카케를 만들 때 넣어주세요.

새우 가다랑어 후리카케

재료 오븐에 구운 당근 4g, 밥새우 5g, 가다랑어포 2g, 김 1/4장, 통깨 약간

1 당근은 얇게 썰어 오븐에 넣어 바삭하게 굽는다.
2 기름을 두르지 않은 팬에 밥새우, 가다랑어포를 넣고 살짝 볶아 비린내를 날린다.
3 믹서에 밥새우, 가다랑어포, 오븐에 구운 당근을 넣고 곱게 간 뒤 잘게 자른 김과 통깨를 넣고 섞는다.

주하맘's Tip 밥새우 대신 집에 있는 마른 새우를 이용해도 좋아요. 후리카케를 만들 때 아이가 평소에 잘 먹지 않는 당근 등의 채소를 오븐에서 구워서 믹서에 넣고 함께 갈아주세요.

이유식 기본 도구 모음

이유식을 만들 때 하나쯤 가지고 있으면 유용한 이유식 도구를 소개해요. 이유식 도구는 어른 것과 분리해서 사용하세요.

● 이유식 조리기 세트

체, 절구, 강판, 과즙기 세트로 구성된 이유식 조리기 세트는 이유식을 만들 때 꼭 필요한 제품들로 구성되어 있어 이유식을 준비하는 엄마들이 하나쯤 갖고 있죠. 각각 낱개로 구입해도 좋지만 이유식용은 어른 것과 분리해서 사용해야 해요.

플라스틱은 부담 없이 사용할 수 있고 가벼우며 가격이 저렴한 반면 물이 들면 쉽게 지워지지 않아요. 유리는 깨질 염려가 있고 가격이 비싸지만 플라스틱보다 위생상 안전해요.

● 체

재료를 삶아서 곱게 내리거나 고운 가루를 낼 때, 육수를 거를 때 사용하면 편리해요.

● 미니 절구

견과류나 깨 등을 곱게 빻거나 익힌 채소나 밥을 짓이길 때 사용하면 편리해요.

● 강판

과일이나 채소를 갈 때 사용하면 편리해요. 믹서에 가는 것보다 영양 손실이 적어요.

● 과즙기

오렌지나 귤, 레몬 등 과일즙을 낼 때 사용하면 편리해요.

● 전자저울

계량저울에도 여러 종류가 있지만 특히 전자저울은 이유식뿐만 아니라 제과·제빵 등 다양한 요리에 활용할 수 있어요. 눈금으로 된 저울도 좋지만 그보다는 미세한 1g까지도 측정할 수 있는 전자저울이 좀 더 사용하기 편리해요.

● 계량컵

계량컵이 하나쯤 준비되어 있다면 정확한 물의 양을 측정하기에 편리해요. 200ml 정도 분량을 담을 수 있는 계량컵은 이유식 용도로 적당해요. 계량저울이 있다면 굳이 계량컵을 구입하지 않아도 돼요.

● 계량스푼

밥숟가락만으로도 충분히 이유식을 만들 수 있지만 계량스푼을 하나쯤 구비하면 좀 더 편리하게 이유식을 만들 수 있어요. 계량스푼 1작은술은 5g, 1큰술은 15g 분량이에요.

조리용 스푼

고온에서도 탈색 또는 변색되지 않으며 부드러운 소재의 실리콘 조리용 스푼은 이유식을 만드는 엄마들이 하나쯤 갖고 싶어 하는 품목이죠. 나무 주걱도 좋지만 곰팡이가 생길 수 있으므로 꼼꼼한 관리가 필요해요. 나무 주걱은 편백나무 등 좋은 재질로 만든 제품을 구입하고 사용 후에는 햇볕에 바짝 말려주세요.

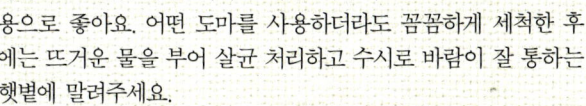

알뜰주걱

이유식뿐만 아니라 수프, 죽, 휘핑크림 등 다양한 요리를 만들어 남김없이 싹싹 긁어모을 때 사용하면 편리해요.

도마

도마는 위생적인 관리가 무엇보다 중요해요. 모든 재료별로 나눠 사용하는 것이 가장 좋지만 적어도 생선 & 육류용, 채소 & 과일용으로 두 가지로는 구분해 사용하세요. 나무 도마도 좋지만 항상 깨끗하게 관리하지 않으면 곰팡이가 생기고 세균이 번식할 우려가 있으므로 주의해야 해요. 색깔과 냄새가 쉽게 배지 않고 인체에 무해한 성분으로 만든 항균 처리 도마도 이유식 용으로 좋아요. 어떤 도마를 사용하더라도 꼼꼼하게 세척한 후에는 뜨거운 물을 부어 살균 처리하고 수시로 바람이 잘 통하는 햇볕에 말려주세요.

믹서

믹서는 불린 쌀을 갈 때나 수프나 주스를 만들 때, 천연조미료를 만들 때 등 이유식 전 과정에 걸쳐 꼭 필요한 제품이죠. 적은 양을 만드는 이유식용으로는 미니 믹서가 사용하기에 간편해요. 특히 마른 재료용, 젖은 재료용 등으로 나눠 있는 제품은 재료와 용도에 따라 구분해 사용하면 편리해요.

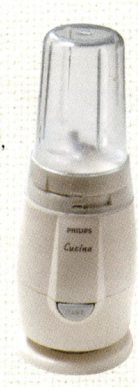

가위

채소 잎을 손질하거나 김, 고기, 국수류를 자를 때 등 두루두루 유용하게 사용할 수 있어요. 생고기나 생선을 자르는 가위는 따로 준비하세요.

칼

칼도 용도별로 나눠 사용하세요. 생선 & 육류용, 채소 & 과일용의 두 가지로 구분해 사용하고 사용한 후에는 깨끗하게 세척해서 뜨거운 물을 부어 살균 처리하세요.

면포

육수를 깔끔하게 거르거나 두부의 물기를 꼭 짤 때, 찜통에 떡을 넣고 찔 때 등 유용하게 사용할 수 있어요.

◐ 종이포일

인체에 무해하고 유독성분이
없는 종이포일은 이유식뿐만
아니라 주방에서 꼭 필요한 제품
이에요. 생선이나 고기를 구울 때 팬
에 깔면 기름을 많이 두르지 않아도 되고 떡을
찌거나 식품을 포장할 때 등 두루두루 사용할 수 있어요. 또 도
마에 쉽게 물들어 사용할 때마다 골칫거리인 비트 등의 재료를
손질할 때 종이포일을 깔면 물이 들지 않아 좋아요.

◐ 편수냄비

이유식은 계속 저어가면서 만드는 음식이므로 한 손으로 잡을
수 있는 편수냄비가 사용하기 좋아요. 이유식 양은 적은데 냄비
가 너무 크면 이유식이 쉽게 타거나 눌어붙을 수 있으므로 1ℓ
정도의 작은 냄비를 구입하세요. 이유식 냄비로는 바닥이 두꺼
운 스테인리스나 무쇠, 강화유리로 만든 냄비가 좋아요. 스테인
리스 냄비는 색이 쉽게 변색되거나 얼룩이 묻을
수 있는데 키친타월에 식용유나 식초를
묻혀 닦거나 베이킹소다를 조금 넣고
끓인 뒤 부드러운 수세미로 닦아 세척
하면 깨끗해져요.

◐ 프라이팬

프라이팬은 볶음밥이나 오믈렛, 반찬
을 만들 때 사용하죠. 코팅이 잘되어
있어 표면이 쉽게 벗겨지지 않는 제품,
스테인리스나 무쇠, 강화유리로 만든
제품이 안전해요.

◐ 찜통

생선을 찌거나 각종 찜 요리를 만들 때 두루 사용할 수 있어요.
대나무 찜통보다 스테인리스 찜통이 편리해요.

◐ 얼음틀

과일과 채소를 갈아 얼음틀에 담아 얼리면 필요할 때마다 하나
씩 꺼내 사용할 수 있어 편리해요. 주로 과일즙이나 진하게 농축
한 육수 등을 얼리면 좋아요. 뚜껑을 덮어야
잡내가 배어들지 않고 위생적이므로 뚜껑
을 덮거나 비닐팩에 넣어 보관하세요.

◐ 밀폐 비닐팩

밀폐 비닐팩은 재료를 담아 냉장, 냉동 보관할 때 요긴하게 사
용할 수 있어요. 특히 1회분씩 손질한 고기나 생선 등 덩어리
재료는 랩으로 싸서 밀폐 비닐팩에 넣어 보관하면 어떤 재료가
들어 있는지 한눈에 쉽게 파악할 수 있고 깔끔하게 정리할 수
있어 좋아요. 특히 아이 전용 항균 지퍼팩은 인체에 무해해 안심
하고 사용할 수 있어요.

이유식 보관용기

만들고 남은 이유식은 냉장실에서 1일, 냉동실에서 3일 정도 보관할 수 있어요. 이유식은 바로 중탕이나 전자레인지에 넣어도 안전하고 인체에 무해한 유리 용기에 담아 보관하세요.

이유식 재료 보관용기

재료를 손질한 뒤 작은 크기의 이유식 재료를 보관용기에 1회분씩 담아 보관하면 필요할 때마다 하나씩 꺼내 사용하기에 좋아요. 재료를 보관할 때 재료명, 보관 날짜, 용량을 함께 표기하면 다음에 사용하기에 편리해요.

육수 보관용기

육수는 냉장고에서 3일 정도 보관이 가능해요. 유리병에 담아두고 이유식을 만들 때마다 덜어서 사용하세요.

거품기

수프를 끓일 때, 달걀을 풀 때 등 두루 사용할 수 있어요.

스테인리스 육수통

스테인리스 육수통에 각종 재료를 넣어 육수를 내면 건더기를 따로 거를 필요가 없어 편리해요.

미니 압력솥

죽을 끓이거나 닭을 삶거나 육수를 낼 때 유용하게 사용할 수 있어요.

엄마가 고른 이유식 식기

우리 아이가 엄마의 사랑이 듬뿍 담긴 이유식을 맛있게 먹을 수 있도록 아이에게 예쁘고 아기자기한 이유식 식기를 마련해주세요. 이유식 시기별로, 쓰임새별로 어떤 식기를 사용하면 좋을지 알려드릴게요.

◉ 이유식 스푼 & 포크

이유식 스푼은 초기·중기 이유식, 후기·완료기 이유식으로 나눠 사용하는 것이 좋아요. 이유식 초기에는 아이 입에 쏙 들어가는 작은 사이즈에 쉽게 구부러지고 부드러운 것, 목 부분이 동그랗게 휜 것, 아이가 깨물어도 되는 재질로 만든 제품을 선택하세요. 이유식 후기에는 좀 더 크고 단단하게 만든 제품을 선택해도 돼요. 그러나 아이가 숟가락을 질겅질겅 씹어 먹기도 하므로 어떤 재질로 만들었는지는 반드시 확인하세요. 특히 편백나무로 만든 수저는 치아에 부딪히거나 씹어도 치아가 상할 염려가 적고 아이가 씹어도 안전해서 이유식 스푼으로 좋아요. 이유식 중기 이후부터는 아이 손에 포크를 쥐어주고 음식을 찍어 먹는 연습을 시키세요. 포크는 아이가 쥐기에 편하고 끝 부분이 뭉툭한 것을 고르세요.

◉ 외출용 스푼 & 포크 세트

외출용 스푼 & 포크 세트가 하나쯤 있으면 아이와 외출할 때 편리해요. 바깥에서 아무 숟가락으로 아이에게 이유식을 먹이면 위생적으로 좋지 않고 면역력이 약한 아이에게 위험할 수도 있어요. 스푼과 포크의 보관이 편리하고 위생적인 아이 전용 스푼 & 포크 세트를 하나 마련하세요.

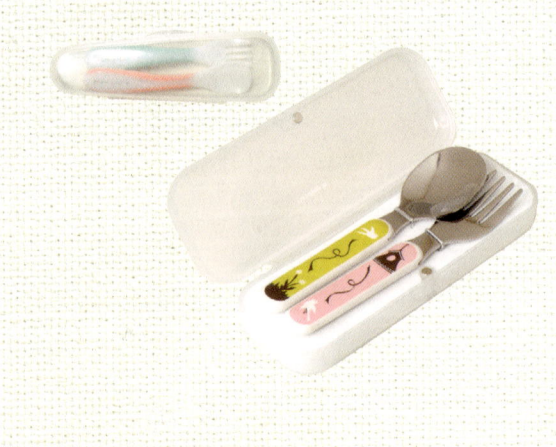

🔵 이유식기

이유식기는 멜라민, 스테인리스, PP(폴리프로필렌), 도자기, 유기 등 재질도 다양하고 종류도 많아 어떤 것을 구입해야 할지 고민스러워요. 저는 아이 이유식을 도자기 식기에 담아줬어요. 가격도 조금 비싼 편이고 깨질 염려도 있지만 뜨거운 음식을 담아도 되고 전자레인지 사용도 가능하며 환경호르몬 염려도 없으니 안심이 되더라고요. 도자기 제품 중에서도 전자레인지를 사용할 수 없는 제품도 있으니 확인하고 구입하세요.

요즘에는 멜라민과 PP(폴리프로필렌)로 만든 이유식기가 많이 판매되고 있죠. 같은 소재라도 가격이 저렴한 중국산 제품은 환경호르몬 위험이 크고 유해성분이 방출되므로 무독성 항균 기능이 있는지, 아이 전용 식기인지를 반드시 확인하고 구입하세요. 이런 소재로 만든 식기에는 되도록 뜨거운 음식을 담지 마시고 전자레인지나 오븐도 사용하지 않는 것이 좋아요. 요즘에는 환경호르몬으로부터 안전한 친환경 옥수수로 만든 식기도 있고 면역력에 도움을 준다는 피톤치드가 함유되어 있는 편백나무로 만든 그릇도 만날 수 있어요. 아이가 혼자 밥을 먹는 시기에는 그릇이 쉽게 엎어지거나 밀리지 않는 미끄럼방지 기능이 추가된 식기를 사용하는 것이 좋아요.

멜라민 식기   PP 식기   도자기 식기   편백나무 식기

🔵 식판

식판은 돌 전후로 아이가 혼자 밥을 먹으려고 할 때 하나쯤 마련하면 좋아요. 식판에 간식이나 밥, 반찬을 담아주면 아이가 혼자서 먹을 수 있다는 성취감에 뿌듯해하고 본인 전용 밥상을 받았다는 사실만으로도 즐거워한답니다. 스테인리스, 멜라민, 친환경 소재 등 식판 종류도 다양하죠. 어떤 식기를 구입하더라도 무독성, 환경호르몬 검출 유무, 항균 기능, 내구성 등을 꼼꼼히 확인하세요.

컵

스파우트컵

주스컵으로 알려져 있는 스파우트컵은 젖꼭지와 빨대의 중간 형태의 디자인으로 만든 컵으로 젖병을 막 뗀 아이가 컵을 자연스럽게 사용하도록 하는 데 도움을 줘요. 스파우트컵은 환경호르몬이 검출되지 않는 친환경 소재로 만든 것, 부드럽고 잇몸에 손상을 주지 않는 것, 내구성이 강한 재질로 만든 것을 고르세요. 또 아이가 스스로 쥐고 마실 수 있도록 양쪽에 손잡이가 있는 것이 좋고 아이가 누워서 마셔도 내용물이 새지 않는지 확인하세요.

빨대컵

분유를 먹는 아이라면 돌 이후에는 젖병을 끊는 것이 좋아요. 8개월 무렵부터 분유와 물 등을 스파우트컵이나 빨대컵에 담아 마시도록 연습시키면 젖병을 쉽게 끊는 데 도움이 돼요. 빨대컵을 구입할 때는 빨대 속 부분도 깨끗하게 세척할 수 있는 빨대 전용 세척도구가 있는지 확인하세요. 또 빨대는 자주 교체해야 하니 빨대컵을 구입할 때는 빨대 리필도 추가로 여유 있게 구입하세요. 빨대컵은 거꾸로 들었을 때 물이 새지 않고 아이가 빨아야만 내용물이 나오는 것을 선택하세요. 매번 아이가 똑같은 빨대를 사용하는 것이 찜찜하고 빨대 속까지 깨끗하게 세척하는 것이 번거롭다면 아이가 빨대컵을 사용할 때마다 새 빨대를 끼워 사용할 수 있도록 고안된 제품을 구입하세요.

일반 컵

돌이 지나면 아이가 일반 컵에 물이나 우유를 담아 마실 수 있도록 도와주세요. 유리컵은 깨질 염려가 있으니 떨어뜨려도 깨지지 않는 멜라민이나 PP(폴리프로필렌) 소재로 만든 컵이 좋아요. 아이가 양손 손잡이 컵에 적응했다면 한쪽 손잡이 컵, 손잡이가 없는 일반 컵 순서로 사용하게끔 도와주세요.

트레이

아이에게 과일이나 간식을 줄 때 아이 전용 트레이에 담아주세요.

테이블 매트

아이는 먹는 것이 반, 흘리는 것이 반이죠. 테이블 매트를 깔고 그릇을 올려주면 위생적이고 아이가 밥을 먹은 뒤 뒤처리를 하는 것도 손쉬워요.

○ 턱받이

천으로 된 턱받이는 음식물이 묻으면 쉽게 지워지지 않고 얼룩이 남아 매번 세탁해야 하는 번거로움이 있어 평소에 침을 닦는 용도로만 사용하세요. 이유식용 턱받이로는 방수 기능이 있는 고무나 비닐, 실리콘 소재로 만든 턱받이가 음식이 묻어도 쉽게 닦아지고 얼룩이 남거나 물이 배지 않아 사용하기 편해요. 또 음식물이 바로 떨어지지 않도록 음식물을 모을 수 있는 받침대가 있으면 더 좋아요. 아이는 이유식을 온몸으로 먹기 때문에 배까지 덮는 크기의 턱받이를 준비하는 것이 유용해요.

○ 간식통

아이랑 외출할 때 과자나 간식을 담아 갈 간식통을 하나 준비해 두면 비닐봉지 등에 간식을 아무렇게나 담아 가지 않아도 돼요.

○ 보냉·보온 가방

외출할 때마다 아이 이유식, 간식, 음료 등 챙겨야 할 것들이 한가득이죠. 보냉·보온 가방에 아이 음식들을 모아 담으면 엄마 가방 속이 깔끔하게 정리되고 무엇보다 짧게나마 음식 온도를 유지할 수 있어 좋아요.

○ 보온병

외출할 때마다 보리차나 분유를 탈 물을 담아 갈 보온병은 꼭 필요하죠. 너무 큰 보온병은 오랜 여행을 할 때는 좋지만 무겁고 불편하므로 300ml, 500ml 정도의 작은 보온병이 적당해요.

○ 보온 이유식통

외출을 할 때마다 이유식을 챙겨 나가기 마련인데 그때마다 이유식 온도를 두고 걱정할 때가 많죠. 매번 식당에 들러 이유식을 데워달라고 하기도 번거롭고요. 보온 이유식통이 하나 있으면 외출을 하더라도 아이에게 따뜻한 이유식을 먹일 수 있어 좋아요.

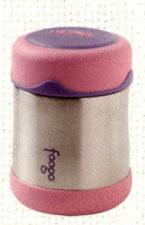

○ 컵 홀더

아이가 팩에 들어 있는 음료를 먹다가 쭉 짜버려 음료는 얼마 먹지도 못하고 버리게 되거나 옷이 이내 엉망이 되는 경우가 많잖아요. 두유 크기가 딱 맞게 들어가 두유컵 홀더로 더 잘 알려진 이 제품은 두유뿐만 아니라 아이용 주스 등을 담아 사용하기에 좋아요. 우유 크기의 음료도 넣고 마실 수 있도록 크기가 자유자재로 변하는 컵 홀더도 만날 수 있어요.

아토피와 알레르기 아이를 위한 이유식 Q & A

요즘은 아토피와 알레르기 질환에 시달리는 아이가 점점 많아지고 있는 추세죠. 흔히 태열이라고 하는 아토피는 자칫 잘못 관리하면 성인까지도 이어질 수 있어 어릴 때부터 꼼꼼한 관리가 필요해요. 아토피와 알레르기 아이에게 좋은 이유식 원칙과 관리법, 주의할 사항에 대해 꼼꼼히 짚어보아요.

도움말 김미림 한의사(아이누리한의원 부천점 한의사, 한방 소아과학회 · 한방 피부과학회 · 동의보감 연구회 정회원)

Q1 식품 알레르기 반응으로는 어떤 것이 있나요?
Answer
입술, 구강, 인두가 붓거나 가려운 구강 알레르기 증상이나 구역질, 구토, 복통, 복부 팽만, 방귀, 설사 등의 소화기 증상이 있을 수 있어요. 또한 급성 두드러기, 혈관부종, 아토피성 피부염 등의 피부증상 외에도 비염, 천식이 유발될 수 있고 심한 경우 숨이 가쁘고 청색증이 나타나며 저혈압, 쇼크 증상이 나타나기도 해요.

Q2 아토피 증상으로는 어떤 것이 있나요?
Answer
대표적인 것은 심한 가려움증이죠. 아토피성 피부염에 대한 피부소견은 피부 발진 때문에 가렵다기보다는 피부가 가려워서 긁다 보니 피부발진이 생겼다고 표현하는 것이 맞는 듯해요. 아토피성 피부염은 쉽게 낫지 않고 재발하는 것이 특징이에요. 영유아의 경우 피부 가려움증 외에도 붉게 부푼 반점이 얼굴, 목, 팔꿈치 안쪽, 무릎 뒤쪽에 잘 생겨요. 나이가 들면서는 피부가 건조해서 일어나며 팔꿈치 안쪽과 무릎 뒤쪽 등 주로 구부러지는 부위에 진물과 딱지가 잘 생겨요. 피부 가려움의 정도는 매우 심해서 피가 날 정도에까지 이르며 가려움→긁기→가려움의 악순환이 반복돼요. 이러한 과정이 지속되면 피부가 갈라지고 두터워져요. 보통 어릴 때 잠시 앓는 병으로 알려져 있으나 아토피성 환자의 50%는 두 돌(24개월) 이내에 없어지고 25%는 청소년기까지 가며 나머지 25%는 성인이 되어도 없어지지 않고 지속된답니다.

Q3 아토피는 왜 생기는 것인가요?
Answer
피부에 수분이 부족해서 생기는 병으로 만성적이고 자주 재발되는 것이 특징이에요. 아토피는 가족력인 경우가 많지만 그 외에도 오염된 생활환경, 불규칙한 생활습관, 잘못된 식습관, 정신적인 스트레스 등이 원인이 되어 발병해요. 한방에서는 위와 같은 원인들로 조성된 열독이 피부로 뿜어져 나오면서 가려움증과 건조함을 일으킨다고 보고 있어요.

Q4 몸에 오돌톨한 닭살이 있고 군데군데 각질처럼 벌겋게 일어나는 것도 아토피로 볼 수 있나요?
Answer
이러한 증상이 만성화되고 재발되며 가려움증이 있다면 아토피로 볼 수 있어요. 가려운 증상이 없더라도 만성화되어 있다면 아토피성 피부염의 초기 혹은 전구증상처럼 보이는 피부 양태일 수 있으니 전문의와의 상담과 진찰이 필요해요.

Q5 식품 알레르기 증상이 아토피로 발전할 수도 있나요?
Answer
피부 발진이나 두드러기 증상만 보였던 아이들도 여러 원인으로 피부가 충분한 수분과 영양분을 공급받지 못해 증상이 재발하고 만성화되면 아토피성 피부염으로 발전할 수 있어요. 식품 알레르기가 바로 아토피성 피부염으로 나타나는 아이도 있답니다.

Q6 아토피 아이의 경우 이유식은 언제부터 시작하는 것이 좋을까요?

아토피가 아니더라도 잦은 호흡기 감염과 피부 트러블 등 면역력이 떨어지는 것으로 여겨지면 다른 아이들에 비해 장기능이 미숙할 확률이 높으므로 만 5~6개월이 지난 후에 이유식을 시작하는 것을 권장해요.

Q7 아토피나 알레르기가 있다면 돌 이전에 어떤 식품에 주의해야 하나요?

Answer

콩, 달걀, 생선, 땅콩 등은 알레르기를 일으키기 쉬운 대표적인 식품이므로 조심스럽게 먹어야 해요. 단, 농축산물은 농약이나 방부제 또는 가축이 먹은 사료로 인해 알레르기 반응이 일어날 수도 있으므로 음식을 무조건 제한하기보다는 먼저 유기농, 친환경 먹을거리로 시도해보는 것을 권장해요. 그리고 면역력 강화를 위해 적어도 12개월까지는 모유 수유를 하는 것이 중요해요.

Q8 특히 두 돌, 세 돌 이후까지 조심해야 할 식품으로는 어떤 것이 있나요?

Answer

정백당, 합성착색료, 착향료, 감미료, 농약, 방부제 등은 '새는 장 증후군(LGS)'을 유발하여 장점막의 면역 기능을 떨어뜨리고 비염, 천식, 아토피 등 알레르기 질환을 일으키므로 반드시 피해야 할 식품이에요. 유기농, 친환경 먹을거리라도 찹쌀, 콩, 달걀, 육류, 우유 및 유제품, 땅콩 등 견과류, 밀가루, 딸기, 키위, 초콜릿 등의 식품 중 아토피성 피부염을 앓고 있는 우리 아이에게 맞지 않다고 여겨지는 식품은 장기간 피하세요.

Q9 식품 알레르기 증상이 발현되면 검사를 꼭 받아야 하나요?

Answer

알레르기를 일으키는 원인과 증상의 정도는 개인마다 다르기 때문에 아토피 가족력이 확실한 경우에는 식품 알레르기 검사를 해보는 것이 좋아요. 검사 결과 알레르기 반응이 뚜렷하게 나타난 식품은 유기농, 친환경 식품이라도 먹지 말고 아이의 체력이 좋아지고 면역력 생길 때까지는 피하는 것이 좋아요. 식품 알레르기 검사를 했을 때 이상 반응이 없는 식품이라도 가급적 농약, 방부제, 합성첨가물의 유무를 꼼꼼하게 확인하세요.

Q10 어릴 때 식품 알레르기에 주의를 기울이지 않고 소홀했다면 알레르기 증상이 평생 지속될 수도 있나요?

Answer

알레르기를 유발하는 먹을거리를 피하는 것은 알레르기의 악화를 막고 치료에 제대로 반응할 몸의 상태를 만들기 위함이에요. 만약 식품 알레르기 반응을 무시하고 이를 소홀히 한다면 치료가 제대로 되지 않을 뿐만 아니라 지속적인 염증 반응을 일으켜 증상이 악화되어 더 심하게 자주 재발할 확률이 높아요. 성인이 된 이후라도 안전한 먹을거리를 먹고, 깨끗한 생활환경을 조성하여 건강한 체력과 심리적인 안정상태를 유지하면서 치료를 병행한다면 증상의 재발을 막을 수 있어요.

Q11 아이에게 아토피가 있는 경우 엄마가 음식을 제대로 챙겨 먹이지 못한다면 모유를 끊는 것이 좋을까요?

Answer

아토피는 절대 쉽게 고칠 수 있는 질환이 아니에요. 증상이 심해질 경우 환자와 가족 모두 고통스러운 생활이 계속되기 때문에 부모들은 우리 아이의 아토피 증상만 나을 수만 있다면 무엇이든 할 수 있다고 마음먹게 되죠. 아토피는 어릴 때 치료할수록 또 식생활을 일찍 관리할수록 예후가 좋은데 수유기 아이에게 엄마가 해줄 수 있는 가장 좋은 치료법은 바로 모유를 먹이는 것이죠. 직장 엄마의 경우 모유를 매번 유축해 아이에게 먹이는 일이 쉽지는 않겠지만 엄마가 음식을 제대로 챙겨 먹이지 못하더라도 아이에게 모유를 먹이세요. 만약 엄마가 알레르기를 유발할 수 있는 음식물 섭취가 잦아 어쩔 수 없이 아이에게 분유를 먹여야 한다면 친환경, 유기농 분유를 먹일 것을 권장해요.

Q12

아이가 아토피라 가려워 몸을 긁느라 잠을 잘 못 자면 성장·발육에 문제가 생기지는 않을까요?

Answer

아토피 증상 중 가려움증은 대부분 밤에 더 심해져 아이의 숙면을 방해해요. 증상이 심한 경우 아이가 예민하고 늘 짜증을 부리며 학습은 물론 놀이에도 집중하기 어려워지고 식욕도 떨어져 성장·발육에 문제가 생겨요. 또한 수면 중 생기는 성장호르몬은 면역력을 증강하는 데 도움을 주는데 숙면을 취하지 못하면 성장호르몬 분비에 이상이 생겨 아이의 성장·발육에 문제가 생길 수 있어요.

Q13

아이가 태열이 있어서 돌 이전까지는 아토피 증상이 심했는데 돌 이후에는 증상이 거의 개선되었어요. 이런 경우에는 특별히 고위험 식품에 제한을 두지 않아도 될까요?

Answer

가족력이나 본인의 병력이 있는 경우에는 항상 먹는 식품을 관리하는 것이 좋아요. 단, 본인에게 고위험 식품이었더라도 체력과 장내 환경이 회복된 이후에는 전혀 문제를 일으키지 않을 수도 있으니 예전에 문제가 있었던 식품을 무조건 제한할 필요는 없어요. 하지만 가족력이나 병력이 없는 사람이라도 새는 장 증후군(LGS)을 유발하는 정백당, 합성 첨가물, 농약, 방부제 등을 많이 섭취하면 알레르기 체질이 될 수 있으니 주의하세요. 요즘은 성인이 되어서 아토피성 피부염이 발병하는 경우가 부쩍 증가하는 추세예요.

Q14

아토피에 좋지 않다는 치즈나 우유, 달걀을 제한해서 아이의 성장에 방해가 될까봐 걱정되는데 괜찮을까요? 대체식품으로는 어떤 것이 있을까요?

Answer

아이가 아토피라고 해서 치즈, 우유, 달걀을 아예 먹지 않는 방법보다 우선적으로 친환경, 유기농 식품으로 선택해 먹여볼 것을 권장해요. 같은 식품이라도 친환경, 유기농 식품의 경우 증상이 발현되지 않기도 해요. 그러나 유기농 식품을 먹여도 증상이 나타나는 경우에는 특정 식품을 장기간 제한하면서 장 점막과 피부 기능을 보강하는 치료를 받는다면 제한 식품을 섭취해도 이상이 없을 수도 있어요. 한 가지 알아두어야 할 것은 우유가 성장에 도움이 된다는 확고한 믿음은 상업적으로 우유가 완전식품으로 포장되었기 때문이라는 사실이에요. 우유의 칼슘은 뼈에 잘 흡수되지 않고 오히려 대사를 느리게 하여 여러 가지 소아 질환이나 골다공증의 원인이 되기도 해요. 세계적으로 우유를 소화할 수 있는 사람보다 소화를 못 시키는 사람이 더 많다고 해요. 달걀 대체식품으로는 다른 동물성 단백질 외에 미역, 다시마 등 해조류와 말린 고구마줄기, 무말랭이, 냉이, 들깻잎 등도 좋아요. 이런 식품에는 우유보다 많은 칼슘이 함유되어 있고 소화·흡수도 더 잘돼요.

Q15

아토피 아이의 경우 밀가루 음식은 돌 이후에도 되도록 먹이지 않는 것이 좋을까요?

Answer

우선 방부제 등이 들어 있는 수입밀가루 대신 친환경적으로 재배한 우리밀가루를 먹여보세요. 그래도 반응이 있다면 아이는 밀 자체가 맞지 않는 체질이에요. '동의보감'에 의하면 밀과 찹쌀은 땀구멍을 조이는 효능이 있어 식은땀이 많이 나는 경우에 약으로 쓰기도 했어요. 피부 쪽으로 기혈 순환이 잘되지 않아 오히려 건조한 아토피의 경우 밀가루를 너무 많이 섭취하면 체내에서 열독을 조장할 수 있으므로 밀가루 음식은 자주 먹이지 않는 것이 좋아요.

Q16 후기 이유식 이후에 아토피 아이에게 생과일과 생채소를 먹이는 것은 괜찮나요?

Answer

우선 친환경, 유기농 과일과 채소를 먹여보세요. 아토피 체질은 몸의 상부나 피부 쪽으로 속열이 몰려 있지만 아랫배는 찬 경우가 많은데 생과일과 생채소는 성질이 차서 너무 많이 섭취하는 것은 좋지 않아요. 그러나 비타민 섭취를 위해 과일과 채소를 색깔별로 골고루 조금씩만 먹이는 것은 도움이 돼요. 하지만 익혀서 먹는 나물은 성질이 따뜻하고 나물의 섬유질과 미네랄은 장내 환경을 개선해주면서 중금속과 독소 배출에 도움을 주므로 많이 먹여도 무방해요.

Q17 아토피에 도움을 준다는 선식이나 생식 등을 먹으면 아토피 개선에 도움이 될까요?

Answer

음식으로 아토피를 치료하기는 쉽지 않아요. 아토피 음식 관리의 목표는 증상을 악화시키지 않고, 좋은 혈액과 피부를 만들어 치료가 용이한 몸 상태를 만들고 치료된 이후에도 재발되지 않도록 하는 것이죠. 선식이나 생식은 아토피 개선에 아무런 도움이 되지 않아요. 물론 곡류에도 각각의 효능이 있어서 약이 되는 선식을 만들 수는 있어요. 그러나 모든 아토피 환자에게 똑같이 통용되는 좋은 선식이란 있을 수 없답니다.

Q18 아토피 아이에게 좋은 면역력을 높이는 식품에는 어떤 것들이 있나요?

Answer

일단 질 좋은 식재료를 선택하는 것이 우선이고 그중에서 소화기를 튼튼하게 하는 음식들이 좋아요. 더위를 참지 못하고 피부 발작이 심한 아이들의 경우 식사 전에 알로에를 귤이나 사과와 함께 갈아 식전에 조금 마시게 하여 점막을 코팅한 뒤 식사를 하는 것이 음식 알레르기를 줄이는 방법이 될 수 있어요. 성질이 찬 알로에 대신 마를 갈아 먹는 것도 도움이 돼요. 면역 강화에 좋은 식품으로는 청국장, 김치 등 유산균이 함유된 식품과 당근, 알로에, 마, 해조류, 배, 곶감, 대추, 아몬드, 호두, 카놀라유오일 등이 있어요.

Q19 생활 속에서 주의해야 할 점들을 알려주세요.

Answer

우선 너무 덥지도 춥지도 않은 생활 온도를 맞춰주고 55% 정도의 습도를 유지해야 손상된 피부 장벽 회복에 유리해요. 피부는 약산성을 띠고 있으므로 목욕을 할 때는 약산성이나 중성세제를 사용하여 목욕시키는 것이 중요해요. 목욕이나 샤워를 할 때는 너무 뜨겁지 않은 물로 하고 수건으로 몸을 닦은 뒤 3분 이내에 보습제나 연고를 바르고 옷을 입히세요. 표백제나 살균 효과를 위한 세탁세제보다는 친환경 미생물을 이용한 세탁세제를 사용하세요. 심신이 따뜻해야 면역력이 회복돼요. 아이에게 스킨십과 따뜻한 말로 애정표현을 듬뿍 하되 칭찬과 꾸지람은 분명히 해주세요. 버릇없이 구는 것을 방치하여 사회에서 스트레스를 쉽게 받는 모난 성격이 되면 긍정적이고 밝은 사람에 비해 치료율이 현저히 떨어진답니다.

Q20 아토피 아이가 목욕할 때 사용하면 좋은 약재를 추천해주세요.

Answer

외용제도 각 개인에 따라 치료 효과가 다릅니다. 항간에는 소금물, 쌀뜨물, 목초액 등 여러 가지가 좋다고 소개되고 있지만 그것은 효과를 본 그 아이에게만 해당되는 것이지 아토피에 좋은 입욕제라고 할 수 없어요. 성질이 둥근 편인 쌀 자체는 별 문제가 없겠지만 쌀뜨물의 농약이 피부를 자극할 수도 있고 또 소금물, 목초액이 굵어 생긴 상처 부위를 자극해 더 심해진 사례가 많습니다. 가려움증에 도움이 되는 사철쑥이나 고삼과 같은 약재를 달인 물을 목욕물에 넣어 쓸 수 있으나 이 또한 질 좋은 것으로 한의사의 처방을 받는 것이 좋아요. 한의원에서 처방 받은 한약을 달이고 남은 찌꺼기를 얻어서 목욕물에 조금씩 담가 쓰는 방법도 한 번쯤 고려해보세요.

한눈에 보는 한방 이유식

감기, 설사, 변비, 복통, 기관지염 등 아이는 크고 작은 질환에 노출되기 쉽죠. 아이가 아플 때마다 엄마는 당황하며 아이에게 무턱대고 약을 먹이게 되는데 이보다 먼저 아이의 체질과 상황에 대한 올바른 판단을 하는 것이 중요해요. 우리 아이가 아플 때는 어떻게 해야 하는지, 상황별로 먹이면 좋은 식재료는 무엇이 있는지를 알아보아요.

도움말 김미림 한의사(아이누리한의원 부천점 한의사, 한방 소아과학회·한방 피부과학회·동의보감 연구회 정회원)·
박유진 영양사(일산서구보건소 상담영양사, 육아지 '맘&앙팡' 자문영양사)

Q1 궁합이 맞는 식품을 알려주세요.

Answer

감자와 치즈 : 감자와 치즈를 함께 먹으면 감자에 부족한 단백질과 칼슘을 치즈를 통해 보충할 수 있어요.
당근과 기름 : 당근에는 지용성인 베타카로틴 성분이 함유되어 있어 생으로 먹기보다 기름을 사용하는 조리법을 이용하면 체내 흡수율이 더 높아져요.
딸기와 우유 : 딸기의 비타민 C는 우유 속 칼슘이 체내에 흡수되는 것을 도와줘요. 딸기에는 귤보다 많은 비타민 C가 함유되어 있어 엄마가 만들어주는 딸기우유는 아이들에게 좋은 간식이 될 수 있어요.
파인애플과 육류 : 파인애플의 브로멜린은 연육 작용과 소화 촉진에 도움을 줘요. 육류 요리를 할 때 파인애플을 함께 사용하면 육류를 연하게 만들어 소화에 도움을 줘요.

Q2 아이가 아파서 잘 먹지 않으려고 할 때 억지로 조금이라도 먹이는 것이 좋을까요?

Answer

어른도 아프면 입맛을 잃게 되고 질환에 따라서는 소화력도 떨어지죠. 하지만 아플 경우 에너지 소모가 크기 때문에 질환에 따라 아이의 식단 조절은 필요해요. 아이가 아파 입맛을 잃어 아무것도 먹지 않으려고 하면 억지로 먹이려 하지 말고 아이의 컨디션이 좋은 시간에 물이나 미음 등을 조금씩 먹이세요.

Q3 아이가 앓아 기력이 많이 떨어졌어요. 기력 회복을 위한 식재료로 어떤 것이 있나요?

Answer

아이가 아프고 난 후에는 기력과 식욕이 떨어져 밥을 잘 먹지 않으려고 하죠. 이럴 땐 약간 단맛이 나는 단호박, 고구마, 대추, 과일 등의 식재료를 이유식에 넣어주세요. 단맛은 뇌를 자극해 기분이 좋아지게 만들어요. 또 탄수화물은 입맛을 돋워 떨어진 식욕을 상승시켜주기도 해요. '동의보감'에서 인유(人乳, 모유)는 기를 더해주는 힘이 온갖 약재 중 최고여서 오랜 기간 동안 먹는 것이 좋다고 나와 있어요. 모유는 면역력에도 도움이 되지만 회복식으로도 최고예요. 수유를 중단한 경우라도 냉동해둔 모유가 있다면 따뜻하게 중탕해서 이유식에 넣어 먹이세요. 쇠고기, 굴, 달걀노른자, 닭고기 등도 기력 회복에 도움이 되는 식품이에요.

Q4 감기에 심하게 걸려 아이가 목이 많이 붓고 아파서 물도 안 마시려고 해요. 탈수 증상이 올까봐 걱정이 되는데 어떻게 하면 좋을까요?

Answer

배즙이나 무즙은 열이 나면서 목이 아플 때 먹이면 좋아요. 길경(도라지)을 달인 물로 묽은 쌀미음을 만들어 조금씩 자주 먹이는 것도 도움이 돼요. 물을 삼키기가 어려울 정도로 목이 부었다면 목감기에 쓰는 상비탕약이나 물에 타먹는 가루약을 처방받아 먹이세요.

Q5 아이가 감기를 달고 살아요. 잘 먹지 않아서 그런가요?

Answer

아이들의 잦은 감기 증상은 외부의 사기(바이러스, 세균, 급격한 날씨변화 등)를 이겨낼 방어력이 약하거나 소화기에 탁기가 그득하여 목과 코의 분비물이 많아지기 때문이죠. 감기 증상은 호흡기와 소화기 상태를 함께 고려해 판단하세요. 식이에 문제가 있는 아이는 대부분 이 두 가지가 동시에 원인이 되어 감기 증상이 쉽게 떨어지지 않아요. 질 좋은 음식을 골고루 먹지만 지나치게 입이 짧거나 편식으로 인해 여전히 증상이 좋아지지 않는다면 한방 치료로 비위의 흡수 기능(입으로 먹기는 하나 먹은 효과를 보이지 않는 경우)과 폐 기능을 보강해주어야 알레르기 질환이 되거나 성장 촉진에 방해가 되는 요소를 차단할 수 있어요. 아이가 감기를 달고 산다면 알레르기 등 아이의 면역 부분에 대한 진료도 고려해보는 것이 좋아요. 아이가 잘 먹지 않아 감기에 잘 걸리는 경우도 있으나 그보다는 건강에 이상이 있거나 식습관, 환경 등의 원인으로 잘 먹지 않는 경우가 대부분이므로 여러 가지 요소를 고려해보세요.

Q6 감기에 자주 걸리는 아이에게 좋은 식재료를 소개해주세요.
Answer
감기에 자주 걸리는 아이는 기가 허약할 수 있어요. 이때는 허한 기를 보할 수 있는 황기, 인삼, 대추, 찹쌀 등의 재료를 요리에 넣으면 좋아요. 하지만 세 돌 이전의 아이라면 황기, 인삼 등의 사용 여부는 한의사와 상담한 후 정하세요. 감기는 면역력과 연관이 있으므로 비타민이 함유된 제철 과일과 채소를 매끼 챙겨주는 것이 좋아요. 밀가루는 면역력을 떨어뜨릴 수 있기 때문에 자제하고 찬 음식은 폐를 차갑게 만들기 때문에 제한하세요.
감기 초기에는 총백(파의 밑동)을 끓인 물에 양파와 제철 채소를 넣고 미음을 만들어주세요. 감기에 걸렸을 때 잘 먹으라는 말은 질 좋은 음식을 먹으라는 뜻이지 많이 먹으라는 것은 아니에요. 특히 열 감기는 묽은 농도의 이유식을 적은 양 먹는 것이 중요해요. 열이 떨어지고 감기가 나을 즈음에는 떨어진 체력을 보충하기 위해 쇠고기, 닭고기, 굴 등을 이유식에 넣으면 좋아요. 감기에 걸리면 입맛은 자연스럽게 떨어지는 것이 정상이죠. 감기에 걸렸을 때는 평소보다 적은 양을 먹어야 감기를 빨리 떨어뜨리는 데 도움이 돼요. 감기가 나을 즈음에는 오히려 식욕이 평소보다 좋아지기도 하는데 이때도 2~3일 정도는 소화가 잘되는 음식을 아이가 먹으려는 양보다 조금 적게 먹이는 것이 좋아요. 감기 직후에 많이 먹는 것은 다시 열이 오르게 하고 호흡기 증상을 질질 끌게 하는 원인이 될 수 있어요. 이를 한방에서는 식복(食復)이라고 하는데 명심하세요. 갈근(칡)이나 길경(도라지), 감초, 박하, 소엽으로 차를 끓여 물처럼 주어도 좋아요. 감기로 인해 약해진 소화기 기능을 돕는 보리차를 수시로 마시는 것도 감기 예방에 도움이 돼요.

Q7 유아 복통에는 어떤 증상이 있을까요?
Answer
아기는 배가 아프면 높은 톤의 소리로 울고 식욕이 떨어지며 자주 보채고 예민해져요. 특히 배가 싸늘해지기 쉬운 새벽에 깨서 심하게 울기도 해요. 유아 복통 증상으로는 대변을 너무 무르게 자주 보는 경우, 대변이 단단해서 잘 보지 못하는 경우, 소변 양이 지나치게 많거나 적은 경우, 배가 딱딱해지는 경우가 있어요.

Q8 아이가 방귀를 너무 자주 뀌어요. 혹시 장에 문제가 생겼거나 복통 증상이 있는 것은 아닐까요?
Answer
아이가 잘 먹고, 잘 자고, 대소변 양도 좋고, 성장에 이상이 없다면 그리 걱정하지 마세요. 하지만 아이의 컨디션이 좋지 않거나 방귀나 대소변에서 냄새가 독하게 나는 경우, 입 냄새가 나는 경우에는 소화기 치료를 받아야 해요.

Q9 장기능이 좋지 않을 때 좋은 한방 식재료와 효능을 소개해주세요.
Answer
설사나 이질에 쓰는 약재인 오매는 덜 익은 매실을 말린 것인데 집에서 담근 매실청도 이와 비슷하니 장이 좋지 않을 때는 매실청을 조금 먹으면 도움이 돼요. 설사에는 적소두(팥)가 좋아요. 호박과 팥으로 함께 죽을 끓여 먹으면 소변은 시원하게 나오고 건강한 대변을 볼 수 있어요. 상실(도토리)도 설사 방지에 도움을 주므로 이유식 완료기 즈음에는 도토리묵을 먹는 것도 좋아요. 배가 차서 대소변이 잘 나오지 않을 때는 총백(파의 밑동) 달인 물로 미음이나 죽을 끓여 먹이면 효과가 있어요. 아이가 급성복통을 앓으면 배가 딱딱해지고 움츠리게 되는데 이때는 감초 달인 물을 먹이세요. 돌이 지난 아이라면 꿀물을 먹여도 좋은데 달콤한 맛은 아이의 긴장된 심신을 이완시켜 안정시키는 데 도움이 된답니다.

Q10 아이가 밤마다 잠을 잘 못 자고 칭얼대고 울어요. 왜 그런가요?

먼저 수면 환경이 시끄럽거나 조명이 너무 밝지 않은지 살펴보세요. 잠을 잘 잘 수 있는 환경이 조성되어 있음에도 불구하고 아이가 잠을 잘 못 이룬다면 속열(열이 상부에 몰려 정신적 흥분이나 만성 호흡기 염증, 머리에만 집중되는 땀을 유발하는 경우)이 지나치게 많거나 배가 너무 찬 경우, 불규칙한 식습관으로 소화가 안 되거나 배가 너무 고픈 경우일 수도 있어요. 돌 이전의 아이라면 잠들기 전에 수유가 가능하지만 돌 이후의 아이라면 저녁밥을 제 시간에 적당량 먹이고 잠들기 직전에는 밥이나 우유를 먹이지 마세요. 또 낮 시간에 자극적인 내용의 시청각 영상을 많이 보아 심리적으로 지나치게 자극을 받으면 밤에 흥분이 가라앉지 않거나 기억을 되새김질하면서 꿈을 꾸고 잠을 설치기도 해요.

Q11 아이가 설사를 자주 하는 편이에요. 그 이유가 궁금해요.

Answer

아이의 장은 예민하고 아직 정상 세균총도 어른에 비해 약한 편이에요. 따라서 약간 자극적이거나 거친 음식을 섭취하면 장에서 제대로 소화·흡수를 하지 못해 설사를 할 수 있어요. 또 식욕중추도 불안정하기 때문에 과하게 먹을 경우 체해서 설사를 하기도 해요. 합성첨가물, 농약, 방부제, 항생제 등도 장을 약하게 해요. 그러므로 아이 음식은 되도록 믿을 수 있는 유기농 먹을거리를 이용하고 약물을 먹일 때는 전문의의 처방과 지시를 따르세요. 그래도 아이가 설사를 자주 한다면 타고난 비위가 너무 약하거나 이미 비위가 손상되어 치료가 필요한 경우가 많으니 비위 기능과 장 점막을 튼튼하게 해주는 한방 치료가 필요해요.

Q12 설사를 오래해서 아이가 힘들어해요. 지사제를 먹여도 되나요?

Answer

설사로 인한 탈수가 심각한 상황이라면 링거로 수액을 공급받아야 하고 경우에 따라 지사제가 필요할 수 있어요. 하지만 지사제는 설사를 일으키는 원인을 제거하거나 장 점막을 회복시키는 데 직접적인 도움이 되지는 않아요. 따라서 변이 나오지 않도록 하기 위해 무조건 지사제를 먹이는 것보다는 서서히 위장관의 흡수·배설 기능을 정상화시켜

필요한 수분은 흡수시키고 불필요한 수분은 소변으로 빼내면서 대변을 정상화시키는 치료를 받아야 해요. 한방 상비약이나 과립제로도 설사가 나아지고 입맛도 정상화될 수 있지만 이미 체력이 떨어질 정도로 오랜 기간 설사를 했다면 맞춤 탕약을 처방받을 수도 있어요.

Q13 아이가 먹는 것마다 설사를 해요. 설사 방지에 도움이 되는 음식을 추천해주세요.

Answer

설사를 하는 것은 장이 어떤 원인에 의해 제 역할을 하지 못하고 있다는 뜻이에요. 설사 중에는 장의 움직임을 최소화하는 것이 좋아요. 아이가 설사를 할 때는 찹쌀, 밤, 도토리, 단감, 매실, 흰살 생선 등이 도움이 돼요. 아이가 설사할 때는 장의 움직임을 활성화시키는 섬유질이 많은 채소(연근, 우엉, 미역, 다시마 등)와 가스를 생성시키는 채소(고구마, 양배추 등), 생과일, 기름진 음식, 딱딱한 음식, 밀가루 음식 등은 증상을 악화시키니 제한하세요. 특히 유제품은 설사를 유발하고 장내에서 부패되어 각종 문제를 일으키기 쉬우므로 소화기가 정상적으로 활동할 때까지 먹이지 마세요. 소화가 잘되는 음식을 조금씩 자주 먹이되 평소보다 적은 양을 먹여야 해요. 이런 방법으로도 설사가 나아지지 않는다면 상비약이나 과립제를 처방 받아 안전하고 빠르게 소화기 점막을 회복시켜야 해요. 설사가 심한 경우에는 탈수와 전해질의 불균형, 혈당 저하가 나타날 수 있으므로 구토를 동반하지 않는다면 모유 수유나 미음, 수분은 충분히 공급하세요. 구토가 동반된 설사를 하면 약을 포함한 음식물을 한 모금씩 자주 먹이고 경우에 따라 병원에서 링거로 포도당과 전해질을 공급받아야 해요.

Q14 설사를 할 때 물은 자주 먹여도 되나요? 또 이온음료를 먹여도 되나요?

Answer

설사를 하면 몸속 수분이 빠져나가고 전해질의 균형이 깨져요. 차가운 물은 장을 자극하므로 아이가 설사를 할 때는 따뜻한 물에 설탕과 소금을 약간 타서 먹이세요. 또는 설사가 길어져 전해질 불균형이 걱정된다면 전문의의 진료에 따라 경구용 포도당 전해질 용액을 먹일 수도 있어요. 이온음료에는 당분과 첨가물이 들어 있으므로 먹이지 않도록 하세요. 만약 아이용 이온음료를 먹인다면 착향료와 감미료가 없는 아기용 이온음료를 고르되, 성분을 잘 살핀 후 선택하세요.

Q15
변비는 왜 걸리나요?

Answer

아이가 변비에 잘 걸리는 가장 큰 이유는 식욕부진 때문이에요. 식욕부진인 아이의 경우는 위장관으로 내려가고 남은 음식물의 노폐물 양이 규칙적으로 대변을 볼 만큼 되지 않아 대장 내에 오랜 시간 머물게 돼요. 그동안 수분 흡수는 계속 진행되므로 대변을 볼 즈음에는 앞쪽의 변이 딱딱하고 덩어리지게 되어 밀어내는 데 힘이 많이 들고 항문이 아프게 되는 변비에 걸리는 거죠. 아이들은 변비에 걸리면 배변에 대한 두려움을 갖게 돼요. 따라서 점점 더 변을 참게 만들어 변비는 더욱 악화되고 속이 더부룩해지기 때문에 식욕이 떨어져 음식물을 먹지 않게 되는 악순환이 반복돼요. 또 잘 먹는 아이라도 위장관에서 부피가 팽창하는 섬유질이 풍부한 채소를 전혀 섭취하지 않게 되면 대변 양이 적어 변비가 되기 쉬워요. 속열이 많은 아이들은 진액이 부족하고 건조하므로 자주 변을 보더라도 매우 단단해서 변을 보는 데 시간이 오래 걸리고 냄새도 독한 편이에요. 여러 모로 변비는 설사보다 치료가 어렵고 시일이 걸리므로 천천히 개선하도록 하세요.

Q16
아이가 변비에 걸렸어요. 변비에 좋은 식품을 소개해주세요.

Answer

변비에 걸렸을 때는 현미, 고구마, 미역, 다시마, 김, 우엉, 연근, 양배추, 자두, 사과 등 섬유질이 많은 채소와 과일이 좋아요. 변비 예방을 위해 물을 수시로 먹이는 것도 도움이 돼요.

Q17
변비에 걸렸을 때 되도록 피하면 좋은 식품을 소개해주세요.

Answer

변비에 걸렸을 때는 감, 곶감, 덜 익은 바나나, 밤, 가공식품, 밀가루 음식 등은 피하세요. 아이가 변비에 걸리면 엄마들이 과일주스를 자주 먹이기도 하는데 시판 과일주스는 변비 개선에 도움이 되지 않아요. 또한 주스 섭취로 인해 식사량이 줄어 변비가 더 심해지는 악순환이 발생하기도 하므로 주스는 먹이지 않는 것이 좋아요. 수분은 따뜻한 보리차로 보충해주세요.

Q18
아이가 비위가 약하고 많이 예민한 편이에요. 비위가 약한 아이에게 좋은 식품을 추천해주세요.

Answer

비위가 약해 구토를 자주 하거나 음식을 쉽게 받아들이지 않는 아이에게는 쌀, 옥수수, 흰살 생선, 콩, 마, 단호박, 고구마, 양상추, 대추 등 소화기를 보강시키는 음식이 도움이 돼요. 비위가 약한 아이들은 항상 입맛이 없고 밥을 잘 먹지 않는 것이 특징이에요. 향이 강하거나 재료 특유의 맛이 강하게 나는 음식들(굴, 깻잎, 미나리, 우엉, 표고버섯 등)은 비위가 약하거나 예민한 입맛을 가진 아이가 꺼려할 수 있으므로 천천히 시도하세요. 또 잘 먹지 않고 허약한 아이는 이당(검게 졸인 조청)과 아욱, 대추, 곶감을 먹으면 비기가 튼튼해져요. 기력이 없고 땀을 많이 흘린다면 밥에 찹쌀을 섞어 먹이세요. 아이가 잘 먹지만 변이 많이 무르고 잘 체하는 편이라면 진피(귤껍질)나 보리차, 식혜가 도움이 돼요. 구역질을 잘하는 아이에게는 생강이 좋은데 아이들은 생강을 그냥 먹지 못하므로 생강을 유기농설탕에 절인 뒤 말려 조금씩 먹이세요. 매실차도 소화기에 두루 도움이 돼요.

Q19
아이가 땀을 너무 많이 흘려요. 체력이 약해서 그럴까요?

Answer

대사가 왕성한 아이들은 본래 어른보다 체표면적당 발한 양이 많아요. 그러나 다른 아이들보다 땀을 유난히 많이 흘리면서 잘 먹지 않는 아이, 조금만 활동을 해도 쉽게 지치는 아이, 아침에 기분 좋게 일어나지 못하는 아이, 면역력이 약한 아이, 또래들보다 성장률이 더딘 아이는 진기가 함께 빠져나가는 식은땀일 수 있으니 한방으로 체력을 보강해주어야 해요. 땀을 많이 흘리는 아이는 오미자 달인 물을 수시로 마시게 하면 도움이 돼요.

Part 2

우리 아기
건강 이유식

아기에게 처음으로 이유식을 만들어주던 날, 얼마나 설레던지요.

세상에서 가장 쉬운 음식 한 그릇에 엄마의 모든 사랑과 정성, 구슬땀을 전부 쏟아부었던 것 같아요.

이 세상 모든 엄마들의 마음이 저와 같겠지요.

Chapter 1

생후 4~6개월
초기 이유식

초기 이유식(생후 4~6개월)

너무도 사랑스러운 우리 아가와 발 맞춰 한 걸음, 한 걸음 걸어나가듯 느긋한 마음으로
시작해야 하는 초기 이유식. 평생 식습관의 기초를 단단히 쌓아볼까요.

❶ 초기 이유식 횟수
1회(오전 1회)+간식 1회(6개월 이후)

★ 잘 먹는 아기는 초기 이유식 후반부터 간식 1회를 추가해도 좋아요.

❷ 초기 이유식 양
평균 30~80g

★ 첫날은 5g으로 시작해서 서서히 양을 늘리세요. 잘 먹는 아기는
6개월 무렵에는 80g 정도를 먹어요.

❸ 모유·분유 횟수
4~5회(800㎖ 이상)

❹ 초기 이유식 안심 식재료

초기 전반(생후 4~5개월)
멥쌀, 찹쌀, 감자, 고구마, 단호박, 늙은호박, 애호박, 브로콜리,
콜리플라워, 완두콩, 비타민, 청경채, 오이, 양배추

★ 초기 이유식은 숟가락에 대한 적응기예요. 이때는 너무 다양한
식재료를 먹이는 것보다 쌀미음을 기초로 만든 음식이 가장 좋
아요. 브로콜리, 완두콩, 양배추, 오이도 경우에 따라 알레르기를
일으킬 수도 있으므로 조심스럽게 시도하세요.

초기 후반(생후 6개월)
차조, 쇠고기 안심, 닭고기 안심, 닭가슴살, 강낭콩, 배추, 당근,
시금치, 양파, 사과, 배, 자두

★ 생후 6개월부터 이유식을 시작하는 경우에는 초기 전반기 식재
료를 먼저 먹인 다음 후반기 식재료를 사용하세요.

★ 배추, 당근, 시금치에는 질산염이 함유되어 있어 너무 일찍 섭취
하면 빈혈이 생길 수도 있으니 6개월 끝 무렵부터 사용하세요.
이유식을 늦게 시작하는 경우 중기 이유식부터 먹여도 돼요.

초기 이유식 노하우

❶ 쌀미음부터 천천히 **시작**하세요

　첫 이유식으로 쌀미음을 4~6일 정도 먹인 후에 채소 → 고기 → 과일 순으로 진행하세요. 새로운 식재료 첨가는 3~5일 정도 시간을 두고 하나하나씩 첨가하시고요. 그래야 만약의 경우 발생할 수 있는 음식 알레르기가 어떤 식재료로부터 왔는지를 알 수 있고 또 아기가 새로운 식재료의 맛을 하나하나 차근차근 맛보며 거부감 없이 받아들일 수 있어요. 피부 발진이나 설사 등 알레르기 반응을 보인 식품이 있다면 바로 중단하고 전문의와 상의하세요.

❷ 아기가 **원하는 만큼만** 먹이세요

　이유식 첫째 날은 1작은술(5g)로 시작해서 차츰 양을 늘리세요. 2주 정도 지나면 이유식 양은 평균 30g, 한두 달 정도 지나면 60g 전후로 양이 늘어날 거예요. 그렇지만 아기마다 먹는 양과 체격, 유전, 컨디션 등 특성과 상황이 제각기 다르므로 엄마의 욕심으로 억지로 먹이려 하지 말고 느긋한 마음으로 아기가 원하는 정도의 양만큼만 주세요.

❸ 되도록 **오전**에 먹이세요

　이유식은 되도록 오전에 먹이는 것이 좋은데 그 이유는 신체대사가 오전에 활발하게 이뤄지고 대부분의 아기가 오전에 컨디션이 가장 좋기 때문이에요. 또 혹시 이유식 부작용으로 문제가 생길 경우 바로 병원에 다녀올 수도 있어요.

❹ 되도록 **일정한 시간**에 먹이세요

　이유식은 되도록 일정한 시간에 먹이도록 하세요. 이는 훗날 아기의 식습관과 생활리듬을 결정하는 기본이 된답니다.

❺ 하루 1회, 오전 수유 전에 먹이세요

　이유식 초기에는 하루 1회, 오전 수유 전에 먹이고 부족한 양은 수유로 보충해주세요. 보통 이유식 후 수유 양이 평소보다는 줄어들지만 그 양은 아기에게 맡기세요.

❻ 지정된 한 장소에 앉혀서 먹이세요

　아기가 목을 가눌 경우 아기용 의자에 앉혀서 먹이고 목을 가누지 못하는 경우 엄마 무릎에 앉혀서 먹이세요. 밥은 이곳저곳 돌아다니면서 먹는 것이 아니라 지정된 한 장소에서 먹어야 한다는 사실을 일깨워주세요.

❼ 반드시 **숟가락을 사용**해 먹이세요

　아기에게 이유식을 먹인다는 것은 모유, 분유 이외의 영양소를 제공한다는 이유뿐만 아니라 올바른 식습관의 기본 토대가 된다는 의미도 있어요. 비록 초기에 아기가 숟가락으로 먹는 것을 거부하더라도 반드시 이유식은 숟가락으로 떠 먹이는 것을 원칙으로 해야 해요. 아기가 잘 먹지 않아 하나라도 더 먹일 요량으로 이유식을 젖병이나 컵에 담아준다면 1년 내내 숟가락으로 밥을 먹지 않을 수도 있어요.

❽ 계량스푼, 밥숟가락으로 **양을 측정**할 때 **주의**하세요

집에 계량저울이 없다면 계량스푼, 밥숟가락을 이용해 양을 측정할 수 있어요. 초기 이유식 재료는 데치거나 삶아 체에 내리거나 으깬 뒤 계량하세요. 계량스푼 15g 분량은 재료가 스푼에 편평하게 가득 찬 정도의 양이고 물이나 모유 등 액체는 스푼에 가득 차 찰랑찰랑 흔들리는 정도의 양이랍니다.

초기 이유식 조리 포인트

1 쌀은 30분 정도 불린 뒤 사용하세요

쌀은 30분 정도 불린 뒤 체에 밭쳐 물기를 빼고 양을 측정하세요. 쌀을 충분히 불린 후 조리해야 부드럽고 소화가 잘돼요.

2 쌀은 곱게 갈아주세요

믹서마다 재료가 갈리는 정도가 모두 다르므로 표준화시키는 것은 어렵지만 되도록 쌀은 곱게 갈아 사용하세요. 초기 이유식 전반에는 미음 완성 후 다시 체에 거르므로 쌀 크기가 크게 중요하지 않지만 후반에는 체에 거르지 않고 먹이므로 쌀을 곱게 갈아야 해요. 아기가 이유식을 잘 먹으면 좀 더 거칠게 갈아도 돼요.

3 10배죽으로 시작하세요

이유식 농도는 모유보다 약간 걸쭉한 10배죽 정도의 묽기로 시작해 후반부에는 8배죽 정도의 농도로 진행하세요. 이유식을 만드는 과정에서 시간이나 화력 조절 등으로 농도가 질어질 수 있으므로 10배죽이라도 불린 쌀 15g 대비 육수 1컵 정도로 물의 양을 넉넉하게 잡으세요. 8배죽은 물의 양을 조금 줄이거나 또는 같은 양의 물을 넣고 1~2분 정도 더 끓여 농도를 조금 더 걸쭉하게 만들면 돼요.

4 초기 이유식의 모든 재료는 삶거나 데친 뒤 사용하세요

초기 이유식은 만드는 양이 매우 적기 때문에 요리 시간이 짧아 재료를 익혀 넣는 것이 좋아요. 재료를 익히지 않고 요리에 바로 넣게 되면 재료가 익지 않아 시간이 많이 걸리거나 농도가 되직해질 수 있어요. 또 삶거나 데치는 과정에서 식재료를 살균 처리할 수 있어서 안전해요. 특히 시금치는 결석을 만드는 수산을 제거하고 떫은맛을 없애기 위해 이유식뿐만 아니라 어른 요리를 할 때에도 반드시 데친 뒤 사용하세요.

5 조리 중 처음부터 끝까지 잘 저어주세요

초기 미음은 적은 양으로 만드는 음식이기 때문에 약한 불에서 서서히 끓이고 눌어붙지 않도록 처음부터 끝까지 주걱으로 저어야 해요. 이 레시피대로 초기 이유식을 만들면 완성 후 전체 양이 130~150g 정도 되어 초기 이유식 양으로는 조금 많아요. 그래도 너무 적은 양으로 만들면 조리 중 눌어붙거나 타기도 하므로 조금 많더라도 이 정도 분량으로 만들어보세요. 부득이하게 다음 날 먹이려고 냉장 보관하게 될 경우에는 되도록 하루를 넘기지 마세요.

6 초기 이유식 전반에는 미음 완성 후 체에 내리세요

쌀을 믹서에 곱게 갈고 재료를 푹 삶아 곱게 으깬 뒤 이유식에 넣었더라도 조리 중 재료들이 뭉쳐져 덩어리가 느껴진다면 처음 이유식을 먹는 아기는 거부감을 가질 수도 있어요. 초기 이유식 전반에는 이유식을 만든 뒤 체에 걸러주세요. 이유식에 어느 정도 적응된 초기 이유식 후반에는 체에 거르지 않아도 돼요. 중기 이유식부터는 어느 정도 덩어리 있는 음식을 먹게 되므로 초기 이유식 전 과정에서 점차적으로 체에 거른 고운 미음에서 약간의 덩어리감이 느껴지는 음식으로 조금씩 변화를 주는 것이 중요해요.

★ 이유식을 6개월부터 시작하는 경우 멥쌀미음과 몇 가지 채소미음만을 체에 거르고 나머지 미음들은 굳이 체에 거르지 않아도 돼요. 엄마가 아기를 잘 관찰한 뒤 우리 아기에 맞게 이유식 농도와 덩어리 정도에 변화를 주세요.

7 초기 이유식 후반에는 두 가지 식재료를 섞어도 좋아요

초기 이유식 후반에는 그동안 아기가 먹었을 때 이상 반응이 없었던 두 가지 식재료를 섞어 이유식을 만들어주세요. 단, 다른 종류의 재료를 섞어주세요. 예를 들면 뿌리채소인 고구마와 잎채소인 청경채, 단백질 급원인 쇠고기와 비타민 급원인 배 등 이런 식의 궁합이 좋아요.

8 과일은 6개월 이후부터 먹이세요

달콤한 과일로 만든 이유식을 너무 일찍 주거나 자주 주면 천연 단맛에 익숙해진 아기가 상대적으로 맛이 심심한 식재료로 만든 다른 이유식을 거부할 수도 있어요. 따라서 과일로 만든 이유식은 되도록 늦게 먹이세요. 이것저것 가리지 않고 이유식을 잘 먹는 아기라면 과일을 충분히 주어도 괜찮지만 시중에서 판매하는 과일즙 음료는 절대 금물이에요.

9 6개월부터는 육류 섭취가 중요해요

아기는 생후 6개월이 지나면 엄마로부터 갖고 태어난 철분이 바닥나서 빈혈에 걸릴 수 있어요. 생후 6개월 이후부터는 철분 급원 식품인 육류를 자주 먹이세요. 이유식용 육류로는 부드럽고 지방이 없는 쇠고기 안심, 닭고기 안심을 사용하세요.

멥쌀미음

많은 엄마들이 멥쌀미음으로 이유식을 시작하죠. 두근거리는 마음으로 아이에게 첫 이유식을 먹이는 순간, 오만상을 찌푸리며 음식을 뱉어내는 아이를 보면서 맛이 없어서 그런 건가 하는 걱정을 하면서도 자신도 모르게 웃음이 나오지요. 초보 엄마가 처음 만드는 미음이니만큼 당연히 농도 조절에 실패할 수 있어요. 농도가 너무 되면 아이가 안 먹을 수 있으니 숟가락을 기울였을 때 주르륵 흐르는 정도의 농도로 만들어주세요.

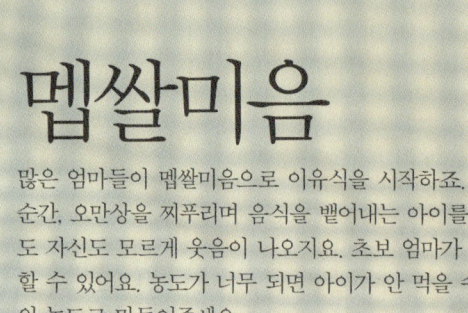

초기 이유식 전반
Recipe

우리 아기의 맨 처음 음식으로는 알레르기 염려가 가장 적은 멥쌀과 찹쌀 미음으로 시작하세요. 멥쌀미음을 먹이는 첫날은 5g으로 시작하세요. 아기가 잘 받아먹으면 조금 더 먹여도 되지만 아기의 위에 부담을 줄 수 있으니 첫날에는 되도록 10g을 넘기지 마세요. 5g으로 시작했다면 다음 날 7g, 10g으로 조금씩 양을 늘리세요. 처음 1~2주 동안은 먹성 좋은 아기라도 잘 안 먹을 수 있어요. 그래도 어느 순간 잘 받아먹는 날이 있으니 너무 조급해하지는 마세요. 이유식은 엄마의 욕심이 아닌 아기 입장에서 진행해야 해요. 참고로 먹성이 좋았던 주하는 이유식 첫날 5g, 1주 후 15g, 2주 후 30g, 3주 후 50g, 4주 후 80g으로 양이 늘었답니다. 멥쌀과 찹쌀 미음을 진행한 다음 감자, 애호박, 단호박 등 알레르기 염려가 적은 새로운 식재료를 하나씩 바꿔가며 넣어보세요.

요리 시간
12분

재료
불린 멥쌀 15g(1큰술, 1.5밥숟가락)
물 1컵

주하맘's Tip

- 5g이면 1티스푼밖에 안 되는 정말 적은 양이에요. 하지만 아기가 혀로 밀어 뱉어내고 흘리는 양이 많으니 넉넉하게 30g 정도 준비하세요.
- 쌀은 30분 정도 불려 체에 받쳐 물기를 빼고 양을 측정하세요.

1 불린 멥쌀과 물 1/4컵을 믹서에 넣어 곱게 간다.

2 냄비에 ①과 나머지 물 3/4컵을 넣고 센 불로 끓인다.

3 1분 정도 끓이다가 미음이 끓어오르면 약한 불로 줄이고 주걱으로 저어가며 6분 정도 끓인다.

4 미음이 한 김 식으면 고운체에 내린다.

찹쌀미음

차지고 부드러운 찹쌀은 알레르기 염려가 적고 소화가 잘되며 담백해 초기 이유식 식재료로 좋아요. 찹쌀은 몸을 따뜻하게 하며 허한 기를 보강해주고 설사를 멎게 하는 효능이 있어 아기가 설사를 할 때 먹이면 좋아요. 그러나 변비가 있는 아기가 찹쌀을 너무 많이 먹으면 변비 증상이 심해질 수 있으니 가끔씩만 먹이세요.

요리 시간 12분
재료 불린 찹쌀 15g(1큰술, 1.5밥숟가락)
물 1컵

주하맘's Tip

찹쌀은 멥쌀보다 수분 흡수율이 더디기 때문에 물에 불리는 시간이 오래 걸려요. 찹쌀을 물에 불릴 때는 멥쌀 불리는 시간보다 2배 정도 넉넉하게 잡아주세요. 이유식에 사용하는 찹쌀은 적은 양이므로 40분 정도 불리면 돼요.

1 불린 찹쌀과 물 1/4컵을 믹서에 넣어 곱게 간다.

2 냄비에 ①과 나머지 물 3/4컵을 넣고 센 불로 끓인다.

3 미음이 끓어오르면 약한 불로 줄이고 눌어붙지 않도록 주걱으로 저어가며 6분 정도 끓인다.

4 미음이 한 김 식으면 고운체에 내린다.

감자미음

쌀 이외에 맨 처음 선택한 식재료는 바로 감자예요. 감자는 탄수화물, 비타민, 칼륨 외에도 영양이 풍부한데 특히 비타민 C가 많아 감기 예방에 탁월한 식품이지요. 더욱이 감자의 비타민 C는 다른 채소와 과일의 비타민 C와 달리 삶거나 찌는 중에도 거의 파괴되지 않아 다양한 조리법으로 여러 요리에 활용할 수 있다는 장점이 있어요. 감자는 감기와 변비, 알레르기가 있는 아기에게도 도움이 돼요.

요리 시간 25분
재료 불린 멥쌀 15g(1큰술, 1.5밥숟가락)**, 물 1컵,
감자 10g**

주하맘's Tip

● 감자는 껍질이 얇고 색상이 뽀야며 단단한 것으로 고르세요.

● 감자 싹에는 솔라닌이라는 독소가 있으므로 반드시 깊숙이 도려내세요. 푸른빛이 도는 감자도 독성이 있으므로 피하세요.

● 감자는 껍질을 벗기는 즉시 산소와의 화학작용으로 갈변하므로 물에 담가 보관하세요. 또 물에 담가두면 감자 속 전분기가 어느 정도 제거되므로 더 포슬포슬한 감자를 맛볼 수 있어요. 특히 감자볶음 등의 요리를 할 때 서로 엉기거나 달라붙는 것을 방지할 수 있어요.

1 불린 멥쌀과 물 1/4컵을 믹서에 넣어 곱게 간다.

2 감자는 껍질을 벗기고 싹을 도려낸 다음 얇게 썰어 찬물에 담갔다가 10분 정도 무르게 푹 삶아 뜨거울 때 곱게 으깨어 10g을 준비한다.

3 냄비에 ①과 감자, 나머지 물 3/4컵을 넣고 센 불로 끓인다. 미음이 끓어오르면 약한 불로 줄이고 저어가며 6~7분 정도 끓인다.

4 미음이 한 김 식으면 고운체에 내린다.

애호박미음

초기 이유식용 애호박은 돌려깎기로 껍질을 얇게 벗기고 씨 부분을 제거한 다음 양을 측정하세요. 애호박 15g 정도를 손질하면 10g 정도의 양이 되어요. 애호박 껍질에는 베타카로틴이 많고 씨 부분에는 레시틴이 들어 있어 함께 먹으면 건강에 유익하지만 껍질과 씨 부분에는 섬유질이 많으므로 초기 이유식에는 되도록 사용하지 마세요.

요리 시간
20분

재료
불린 멥쌀 15g(1큰술, 1.5밥숟가락)
물 1컵
애호박 15g

1 불린 멥쌀과 물 1/4컵을 믹서에 넣어 곱게 간다.

2 애호박은 15g을 준비해 돌려깎기로 껍질을 벗기고 씨 부분을 제거한다.

3 끓는 물에 애호박을 넣어 5분 정도 삶아서 곱게 으깬다.

4 냄비에 ①과 애호박, 나머지 물 3/4컵을 넣고 센 불로 끓인다. 미음이 끓어오르면 약한 불로 줄이고 저어가며 6~7분 정도 끓인다.

주하맘's **Tip**

🐷 아기는 횡경막 근육이 미숙하기 때문에 딸꾹질을 자주 한대요. 아기가 딸꾹질을 한다고 일부러 놀래키거나 딸꾹질을 멈추게끔 유도하지 말고 따뜻한 보리차나 모유를 조금 먹여보세요. 신기하게도 딸꾹질이 멈추어요.

5 미음이 한 김 식으면 고운체에 내린다.

단호박미음

단호박은 카로틴, 비타민 B·C, 무기질의 함량이 높고 단맛이 풍부해 식욕을 돋워주고 소화 흡수가 잘되며 감기 예방에도 좋은 식품이에요. 단호박은 두드렸을 때 빈 소리가 나는 것, 속이 꽉 차서 묵직하고 육질이 단단한 것, 꼭지가 마르지 않은 것, 노란색이 진한 것을 고르세요. 노란색이 진할수록 카로틴 함량이 많고 당도가 높아서 달아요.

요리 시간
20분

재료
불린 멥쌀 15g(1큰술, 1.5밥숟가락)
물 1컵
단호박 10g

1 불린 멥쌀과 물 1/4컵을 믹서에 넣어 곱게 간다.

2 단호박은 껍질을 벗기고 10g을 준비해 5분 정도 무르게 푹 삶는다.

3 단호박은 뜨거울 때 곱게 으깬다.

4 냄비에 ①과 단호박, 나머지 물 3/4 컵을 넣고 센 불로 끓인다. 미음이 끓어오르면 약한 불로 줄이고 저어가며 6~7분 정도 끓인다.

5 미음이 한 김 식으면 고운체에 내린다.

브로콜리미음

브로콜리는 비타민 A, $B_1 \cdot B_2$, C, 유황화합물이 풍부하게 함유되어 있고 항산화작용이 뛰어난 식품으로 세계에서 인정하는 대표적인 항암식품이죠. 또 칼륨, 인, 철분도 풍부해 생후 6개월 이후 철분 부족이 염려되는 초기 이유식 재료로 적합해요. 브로콜리는 봉긋하며 꽃송이들이 서로 단단하게 붙어 있고 전체적으로 녹색을 진하게 띤 것이 싱싱해요.

요리 시간
15분

재료
불린 멥쌀 15g(1큰술, 1.5밥숟가락)
물 1컵
브로콜리(꽃송이 부분) 5g

1 불린 멥쌀과 물 1/4컵을 믹서에 넣어 곱게 간다.

2 브로콜리의 줄기 부분은 단단하고 질기므로 꽃송이 부분만 잘게 자른다.

3 손질한 브로콜리 5g을 끓는 물에 넣고 1분 정도 데친다.

4 데친 브로콜리를 찬물에 헹궈 물기를 뺀 다음 곱게 다진다.

주하맘's Tip

🔘 브로콜리는 이유식 전반에 이용하는데, 이유식용 브로콜리는 꽃송이만 떼어 사용하세요. 줄기 부분은 질기고 단단해 아기가 먹기 부담스럽고 소화도 잘되지 않아요. 브로콜리는 데쳐야 색이 선명하고 아삭아삭하며 떫은맛이 제거되는데, 데쳐서 바로 찬물에 헹궈야 예쁜 색상과 아삭한 질감이 살아요.

🔘 브로콜리, 청경채처럼 향이 있는 채소는 아기가 싫어할 수도 있으니 손질해서 5g 정도만 넣으세요.

5 냄비에 ①과 나머지 물 3/4컵을 넣고 센 불로 끓인다. 미음이 끓어오르면 브로콜리를 넣고 약한 불로 줄이고 저어가며 6~7분 정도 끓인다.

6 미음이 한 김 식으면 고운체에 내린다.

비타민미음

이름도 참 예쁜 채소 비타민. 비타민은 이름 그대로 비타민이 풍부하게 들어 있는 채소예요. 특히 체내에서 비타민 A를 만드는 카로틴이 무려 시금치의 두 배나 된다고 해요. 또 철분, 칼슘이 풍부하고 잎채소로는 연하고 부드러워 초기 이유식 재료로 적당해요. 비타민 역시 줄기 부분은 질기고 단단해서 아기가 소화하기 어렵기 때문에 잎 부분만 떼어서 사용해야 해요. 초기 이유식 전반에는 모든 미음을 만들어서 반드시 체에 내려야 하는데, 비타민만큼은 초기 이유식 후반에도 데쳐서 체에 내린 다음 미음에 넣으세요.

요리 시간
15분

재료
불린 멥쌀 15g(1큰술, 1.5밥숟가락)
물 1컵
비타민(잎 부분) 10g

1 불린 멥쌀과 물 1/4컵을 믹서에 넣어 곱게 간다.

2 비타민은 잎만 잘라 10g을 준비한다.

3 손질한 비타민을 끓는 물에 넣고 30초 정도 데쳐 찬물에 헹궈 물기를 꼭 짜서 곱게 다진다.

4 냄비에 ①과 나머지 물 3/4컵을 넣고 센 불로 끓인다. 미음이 끓어오르면 비타민을 넣고 약한 불로 줄이고 저어가며 6~7분 정도 끓인다.

주하맘's Tip

- 데친 비타민 5g을 얻으려면 생비타민 10g 정도가 필요해요. 잎채소는 데치면 부피가 줄어들고 수분을 꼭 짜서 사용하므로 원하는 양의 두 배 정도를 손질하세요.

- 비타민 등 녹색 잎채소는 미음이 끓은 다음 넣으세요. 너무 일찍 넣으면 무르고 색이 변해요.

5 미음이 한 김 식으면 고운체에 내린다.

양배추미음

양배추의 칼슘은 우유만큼 체내 흡수력이 뛰어나고 칼슘 흡수를 돕는 비타민 K가 많아 양배추를 많이 섭취하면 뼈가 튼튼해진답니다. 양배추에는 위 건강에 도움을 주는 비타민 U와 변비 예방에 탁월한 식이섬유소가 풍부하게 들어 있어요. 양배추는 겉잎에 윤기가 흐르고 선명한 녹색을 띠며 밑동이 하얀 것이 신선해요. 만약 잘라진 것을 구입할 때는 하얗고 묵직하며 절단면의 잎들이 단단하게 붙어 있는 것을 고르세요.

요리 시간
15분

재료
불린 멥쌀 15g(1큰술, 1.5밥숟가락)
물 1컵
양배추(잎 부분) 15g

1 불린 멥쌀과 물 1/4컵을 믹서에 넣어 곱게 간다.

2 양배추는 굵고 단단한 심을 제거하고 얇은 잎 부분만 잘라 15g을 준비해 끓는 물에 넣고 3분 정도 무르게 푹 삶는다.

3 삶은 양배추를 믹서에 곱게 간다.

4 냄비에 ①과 양배추, 나머지 물 3/4컵을 넣고 센 불로 끓인다. 미음이 끓어오르면 약한 불로 줄이고 저어가며 6~7분 정도 끓인다.

5 미음이 한 김 식으면 고운체에 내린다.

주하맘's **Tip**

● 양배추는 15g 정도 준비해야 삶았을 때 10g을 얻을 수 있어요.

● 양배추를 손질할 때는 맨 바깥쪽 잎은 두어 장 떼어 버리고 되도록 안쪽의 연하고 부드러운 부분을 사용하세요. 가운데 질긴 심 부분을 잘라버리고 깨끗하게 씻어서 끓는 물에 푹 무르게 삶아야 아기가 부담 없이 먹을 수 있어요.

● 삶은 양배추는 곱게 다져도 되지만 다른 이유식 재료에 비해 단단한 편이므로 믹서에 넣고 갈아 조리하세요. 이렇게 하면 양배추미음을 완성한 후 체에 내리지 않아도 된답니다.

오이미음

"미인은 언제나 오이 향이 난다"는 중국 속담처럼 비타민과 무기질 급원인 오이는 피부미용과 피로회복에 탁월한 효과가 있어요. 또 오이의 칼륨은 노폐물 배설에도 도움을 주고요. 오이는 초록빛이 진하고 선명한 것, 뾰족뾰족한 돌기가 많이 돋아 있고 단단한 것, 꽃이 달려 있는 것이 싱싱해요. 초기 이유식에서는 오이를 익혀서 먹이지만 오이는 생으로 먹거나 살짝 데쳐 먹을 때 영양소 파괴가 적어요. 이유식 완료기에 접어들 즈음에는 상큼한 오이의 씹는 질감과 향긋한 향을 고스란히 느낄 수 있도록 오이를 살짝 데쳐 다양한 요리에 활용해보세요.

요리 시간
15분

재료
불린 멥쌀 15g(1큰술, 1.5밥숟가락)
물 1컵
오이 20g

1 불린 멥쌀과 물 1/4컵을 믹서에 넣어 곱게 간다.

2 오이는 20g을 준비해 돌려깎아 껍질을 벗기고 씨를 제거한다.

3 손질한 오이는 끓는 물에 넣고 20초 정도 살짝 데친 다음 강판에 갈아 10g을 준비한다.

4 냄비에 ①과 나머지 물 3/4컵을 넣고 센 불로 끓인다.

5 미음이 끓어오르면 오이를 넣고 약한 불로 줄이고 저어가며 6~7분 정도 끓인다.

6 미음이 한 김 식으면 고운체에 내린다.

주하맘's **Tip**

오이에도 몇 가지 종류가 있어요. 조선오이, 다다기오이, 토종오이라고 불리는 백오이는 매끈하며 하얀빛이 돌고 오이지나 오이소박이를 담글 때 주로 사용해요.
취청오이라고 불리는 청오이는 색이 진하며 윤기가 돌고 단단해 주로 생으로 먹거나 나물, 오이김치를 담가 먹을 때 사용해요.
가시오이는 길쭉하고 표면에 뾰족한 돌기가 많이 돋아 있는데 샐러드나, 무침, 냉채 등 생으로 먹는 요리에 이용하면 좋아요.

완두콩미음

우리 아기가 처음 먹는 단백질 급원 식품으로 완두콩을 선택했어요. 단 알레르기가 있거나 아토피 증상을 보이는 아기는 콩류는 되도록 천천히 시도하세요. 완두콩은 단백질뿐만 아니라 탄수화물, 비타민 $B_1 \cdot B_2$, 칼슘, 섬유질이 풍부해 변비와 대장암 예방에 효과가 있어요. 완두콩은 삶아서 하나하나 껍질을 벗겨야 하므로 손이 많이 가요. 그래도 아기가 맛있게 먹는 모습을 보면 엄마의 수고는 크나큰 즐거움으로 다가온답니다.

요리 시간
30분

재료
불린 멥쌀 15g(1큰술, 1.5밥숟가락)
물 1컵
불린 완두콩 15g(2/3큰술, 1밥숟가락)

1 불린 멥쌀과 물 1/4컵을 믹서에 넣어 곱게 간다.

2 반나절 정도 물에 불린 완두콩 15g을 끓는 물에 넣어 15분 정도 무르게 푹 삶는다.

3 삶은 완두콩은 껍질을 벗긴다.

4 껍질을 벗긴 완두콩을 곱게 으깬다.

주하맘's Tip

🍃 완두콩 15g 정도를 삶아 껍질을 벗기면 10g 정도가 되어요. 콩 껍질은 소화도 잘 안 되고 아이 목에 걸릴 수도 있으니 반드시 벗겨주세요.

🍃 완두콩은 여름에만 구할 수 있기 때문에 제철에 구입해서 끓는 물에 살짝 데치듯 삶아 냉동 보관하면 겨우내 사용할 수 있어요. 시중에 냉동 완두콩도 판매하지만 완두콩이 아니더라도 제철에 나오는 신선한 대용식품을 사용하는 것을 권해요. 단 초기 이유식에는 다양한 콩류를 사용할 수 없으니 중기 이유식부터는 완두콩의 대체식품으로 검은콩, 밤콩, 대두 등을 활용해보세요.

5 냄비에 ①과 완두콩, 나머지 물 3/4컵을 넣고 센 불로 끓인다. 미음이 끓어오르면 약한 불로 줄이고 저어가며 6~7분 정도 끓인다.

6 미음이 한 김 식으면 고운체에 내린다.

쇠고기미음

생후 6개월이 되면 엄마로부터 받은 철분이 부족해 아기가 빈혈에 노출될 수도 있으므로 필수아미노산과 철분이 풍부한 쇠고기를 아기에게 자주 먹여야 해요. 이유식용 쇠고기는 선홍빛을 띠고 윤기가 흐르는 담백한 안심 부위가 적당해요. 요즘은 이유식용으로 파는 다짐육도 있어서 편리해요. 쇠고기는 1회분씩 나눠 냉동 보관하고 필요할 때마다 꺼내어 사용하면 좋아요.

초기 이유식 후반
Recipe

초기 이유식 후반인 6개월부터는 이유식에 육류와 과일을 사용해도 좋아요. 단 모든 재료를 처음 사용할 때는 한 번에 한 가지씩만 추가하고 아이의 반응을 잘 살펴야 해요. 초기 이유식 전반에는 이유식을 만들어서 체에 내려야 하지만 후반기가 끝날 무렵부터는 이유식을 만들어서 굳이 체에 내리지 않아도 돼요. 아이가 점차 덩어리 있는 음식을 잘 먹을 수 있도록 이유식 묽기와 덩어리 정도를 잘 조절하는 것이 중요해요. 초기 이유식에 차근차근 잘 적응한 아이가 앞으로도 이유식을 잘 먹을 수 있답니다.

요리 시간
40분

재료
불린 멥쌀 15g(1큰술, 1.5밥숟가락)
물 1컵
쇠고기 안심 10g

주하맘's
Tip
유독 입맛이 까다롭거나 예민한 아기는 쇠고기의 누린내나 채소 고유의 향을 싫어해 처음부터 이유식을 거부하기도 해요. 쇠고기미음도 자칫 잘못하면 누린내가 날 수 있는데요, 쇠고기는 찬물에 담가 핏물을 뺀 다음 조리해야 누린내가 없어져요.

1 불린 멥쌀과 물 1/4컵을 믹서에 넣어 곱게 간다.

2 쇠고기는 안심으로 10g을 준비하여 찬물에 20분 정도 담가 핏물을 빼고 얇게 저며 끓는 물에 넣고 3~4분 정도 삶는다.

3 삶은 쇠고기는 입자가 보이지 않을 정도로 곱게 다진다.

4 다진 쇠고기를 절구에 넣고 짓이겨 곱게 으깬다.

5 냄비에 ①과 쇠고기, 나머지 물 3/4컵을 넣고 센 불로 끓인다. 미음이 끓어오르면 약한 불로 줄이고 저어가며 7분 정도 끓인다.

6 미음이 한 김 식으면 고운체에 내린다.

닭고기미음

필수아미노산의 공급원인 닭고기는 아기의 두뇌와 세포조직 성장에 더없이 훌륭한 식품이지요. 그중 닭고기 안심과 가슴살은 단백질 함유량이 많고 지방이 거의 없어 부드럽고 담백하며 소화 흡수가 잘 되어 이유식용으로 적합해요.

닭고기는 곱게 다져도 조리 중에 잘 뭉치므로 초기 이유식에서는 덩어리감이 느껴지지 않도록 조리하는 것이 중요해요. 닭고기를 삶아 다진 다음 곱게 으깨고 미음을 만든 다음에도 체에 내려야 하는 과정이 복잡하지만 엄마의 노력으로 초기 미음에 잘 적응한 아기는 다음 이유식 단계에서도 순조롭게 적응해요.

요리 시간
20분

재료
불린 멥쌀 15g(1큰술, 1.5밥숟가락)
물 1컵
닭고기 안심 10g

주하맘's Tip

● 이유식용 육류로는 항생제나 성장호르
몬 문제로부터 안전한 무항생제 닭고기
를 구입하세요. 무항생제 닭고기는 일반
유기농 매장에서 쉽게 구입할 수 있어
요. 매장에 따라 이유식용 닭고기만을
따로 소량씩 판매하기도 합니다.

● 닭고기 안심은 표면의 얇은 막과 지방을
떼고 칼등으로 살살 긁어 질긴 힘줄을
떼어낸 다음 삶으세요.

1 불린 멥쌀과 물 1/4컵을 믹서에 넣
어 곱게 간다.

2 닭고기는 안심으로 10g을 준비하
여 얇게 저며 끓는 물에 넣고 3~4
분 정도 삶는다.

3 삶은 닭고기는 입자가 보이지 않을
정도로 곱게 다진다.

4 다진 닭고기를 절구에 넣고 짓이겨
곱게 으깬다.

5 냄비에 ①과 닭고기, 나머지 물 3/4
컵을 넣고 센 불로 끓인다. 미음이
끓어오르면 약한 불로 줄이고 저어가며 7
분 정도 끓인다.

6 미음이 한 김 식으면 고운체에 내린다.

고구마 모유미음

고구마 모유미음은 마치 되직한 고구마 수프 같은 맛이에요. 집에 아기의 개월에 맞는 식재료가 있다면 여러 방법을 응용해서 이유식을 만들어주세요. 신선한 이유식 식재료를 사기 위해 일부러 장을 봐야 한다면 엄마는 너무 힘들거든요. 고구마 모유미음은 엄마 한 끼 식사나 때울 요량으로 삶아둔 고구마와 유축해둔 모유를 응용해 만든 이유식이예요.

요리 시간 30분
재료 불린 멥쌀 15g(1큰술, 1.5밥숟가락), 물 3/4컵, 고구마 15g, 모유(또는 분유를 탄 물) 1/4컵

1 불린 멥쌀과 물 1/4컵을 믹서에 넣어 곱게 간다. 고구마는 15g을 준비해 10분 정도 푹 삶아 곱게 으깬다.

2 모유 1/4컵을 준비하거나 같은 양의 분유를 탄 물을 준비한다.

3 냄비에 ①과 고구마, 나머지 물 1/2컵을 넣고 센 불로 끓인다.

4 미음이 끓어오르면 약한 불로 줄이고 저어가며 6분 정도 끓이다가 모유 1/4컵을 넣고 1~2분 더 끓인 다음 불을 끈다. 미음이 한 김 식으면 고운체에 내린다.

hand made

차조미음

제가 초기 이유식 후반기에 멥쌀과 찹쌀 외에 처음 선택한 곡류는 차조예요. 조는 무기질, 비타민이 풍부해 쌀과 섞으면 영양이 배가되고 쌀에 부족한 섬유질을 섭취할 수 있어 좋아요. 처음 이유식을 만들 때 한두 가지 식재료만 섞어야 해요. 이유식의 목적 중 하나는 아기에게 다양한 식재료 고유의 맛을 경험하게 하는 것인데 너무 많은 식재료를 섞으면 아기가 식재료 본연의 맛을 제대로 느낄 수가 없거든요. 식품끼리 궁합이 맞지 않을 경우 소화가 잘되지 않는 등의 이유로 아기가 이유식을 거부할 수도 있답니다.

요리 시간 12분
재료 **불린 멥쌀** 10g(2/3큰술, 1밥숟가락), **불린 차조** 5g(1/3큰술, 0.5밥숟가락), **물** 1컵

주하맘's Tip

쌀이 아닌 곡식을 섞을 때는 이유식을 시작한 지 1개월 정도 지나 초기 이유식 후반으로 접어들 즈음이 적당해요. 여러 채소와 고기를 넣은 이유식에 익숙해진 다음에 곡식을 섞어주세요. 그렇지만 초기 이유식에는 멥쌀과 찹쌀만 사용해도 좋아요. 좀 더 다양한 잡곡은 중기 이유식부터 천천히 시작해도 괜찮아요.

1 불린 멥쌀과 불린 차조, 물 1/4컵을 믹서에 넣어 곱게 간다.

2 냄비에 ①과 나머지 물 3/4컵을 넣고 센 불로 끓인다.

3 미음이 끓어오르면 약한 불로 줄이고 저어가며 7분 정도 끓인다.

4 미음이 한 김 식으면 고운체에 내린다.

배추미음

배추는 비타민 C가 매우 풍부해 감기 예방에 탁월한 식품이에요. 비타민 A, 철분, 칼슘, 식이섬유 등 영양도 풍부해 성인병과 빈혈 예방, 장운동 촉진에 도움이 돼요. 배추는 겉은 진한 녹색, 안은 흰색과 노란색이 적당히 보이는 것, 밑동이 하얀 것, 들었을 때 묵직한 것을 고르세요. 배추를 이유식에 사용할 때는 가운데 질긴 심 부분을 잘라내고 얇은 잎 부분만 사용하세요.

요리 시간
20분

재 료
불린 멥쌀 15g(1큰술, 1.5밥숟가락)
물 1컵
배추(잎 부분) 20g

1 불린 멥쌀과 물 1/4컵을 믹서에 넣어 곱게 간다.

2 배추는 심을 제거해서 잎 부분만 잘라 20g을 준비한다.

3 손질한 배추를 끓는 물에 넣고 2분 정도 데친다.

4 데친 배추는 물기를 꼭 짜서 곱게 다진다.

주하맘's **Tip**

🍀 이유식을 만들기 위해 배추 한 통을 구입하는 것이 부담스러울 수도 있어요. 그래서 저는 쌈배추, 미니배추라고 불리는 알배기배추를 한 통 구입해 이유식 재료로 사용하고 나머지는 남편이 좋아하는 겉절이를 만들곤 해요. 알배기배추 역시 이유식을 만들 때는 가운데 심 부분은 제거하고 잎 부분만 사용하세요.

5 냄비에 ①과 배추, 나머지 물 3/4컵을 넣고 센 불로 끓인다. 미음이 끓어오르면 약한 불로 줄이고 저어가며 7분 정도 끓인다.

6 미음이 한 김 식으면 고운체에 내린다.

쇠고기 배미음

초기 이유식 후반에는 미음을 만들어서 체에 내리지 않아도 돼요. 중기 이유식부터는 약간 덩어리 있는 음식을 먹기 때문에 그 전에 어느 정도 준비 기간이 필요하거든요. 그 시기는 엄마가 아기의 반응을 잘 살피면서 결정하세요. 주하는 5개월부터 이유식을 시작했는데 6개월부터는 체에 내리지 않고 먹였어요. 아기마다 먹는 양과 식습관이 다르니 아기가 덩어리감이 살짝 느껴지는 음식을 부담스러워한다면 시기를 조금 늦춰도 좋겠지요. 무엇보다 중요한 것은 이론이 아니라 우리 아기의 발달 과정에 맞추는 것이랍니다.

요리 시간
40분

재료
불린 멥쌀 15g(1큰술, 1.5밥숟가락)
물 1컵
쇠고기 안심 10g
배 5g

1 불린 멥쌀과 물 1/4컵을 믹서에 넣어 곱게 간다.

2 쇠고기는 안심으로 10g을 준비하여 20분 정도 찬물에 담가 핏물을 뺀 다음 얇게 저며 끓는 물에 넣고 3~4분 정도 삶아 곱게 다진다.

3 다진 쇠고기에 물을 부어가며 체에 내린다.

4 배는 5g을 준비해 끓는 물에 넣고 20초 정도 데쳐서 강판에 간다.

5 냄비에 ①과 쇠고기, 나머지 물 3/4컵을 넣고 센 불로 끓인다.

6 미음이 끓어오르면 약한 불로 줄이고 저어가며 5분 정도 끓이다가 배즙을 넣고 2분 더 끓인다.

찹쌀 비타민미음

처음에는 이유식 농도를 두고 초보 엄마인 저도 고민을 많이 했어요. 주르륵 흐르는 정도의 미음을 언제까지 먹여야 하는지, 뚝뚝 떨어지는 정도의 죽은 언제부터 '시작'하고 먹여야 하는지… 그런 고민을 하다가 얼마 지나지 않아 그 틀을 우리 아기에게 맞추기 시작했어요. 시기별로 유념해야 할 식재료를 체크하고요. 또래보다 유난히 잘 먹고 체격이 큰 아기의 식생활을 정해진 기본 틀에 맞출 수가 없더라고요. 10배죽, 8배죽, 5배죽 등에 너무 신경 쓰지 말고 아기가 부담 없이 잘 먹는 농도를 확인하세요.

요리 시간
15분

재료
불린 찹쌀 15g(1큰술, 1.5밥숟가락)
물 1컵
비타민(잎 부분) 10g

1 불린 찹쌀과 물 1/4컵을 믹서에 넣어 곱게 간다.

2 비타민은 잎만 잘라 10g을 준비하여 끓는 물에 넣고 1분 정도 데쳐서 찬물에 헹군 뒤 물기를 꼭 짜서 체에 내린다.

주하맘's **Tip**

👩 체에 내려 이유식에 넣는 비타민, 청경채, 시금치 등의 잎채소는 1분 정도 데치세요. 그래야 체에 잘 내려져요.

👩 아이가 한두 숟가락만 먹고 남은 이유식은 미생물이 번식할 위험이 크므로 버리세요.

3 냄비에 ①과 나머지 물 3/4컵을 넣고 센 불로 끓인다.

4 미음이 끓어오르면 비타민을 넣고 약한 불로 줄이고 저어가며 7분 정도 끓인다.

고구마 청경채미음

청경채 등 잎채소는 아무리 잘게 다져도 막상 미음에 섞으면 생각보다 크기가 커서 초기 이유식에는 아기가 부담스러워해요. 아마 아기가 '푸후' 하고 뱉어버릴지도 몰라요. 잎채소는 초기 이유식 후반기에도 푹 삶아 체에 내려 사용해야 하는데 데친 채소를 다지지 않고 바로 체에 내리면 편해요. 아기가 청경채처럼 고유의 향이 있는 채소를 싫어한다면 달콤한 고구마나 단호박과 같은 달큰한 식재료와 섞어 먹이세요.

요리 시간 30분
재료 불린 멥쌀 15g(1큰술, 1.5밥숟가락), 물 1컵, 고구마 10g, 청경채(잎 부분) 10g

주하맘's **Tip**

🐧 이유식을 먹일 때는 중간 중간 물도 함께 먹이세요. 모유 또는 분유를 탄 물로도 수분이 보충되겠지만 따뜻한 보리차도 가끔 주세요. 보리차는 티백 제품이 아니라 유기농 보리차를 구입해 반드시 끓여서 먹이세요.

1 불린 멥쌀과 물 1/4컵을 믹서에 넣어 곱게 간다.

2 고구마는 10g을 준비해 10분 정도 무르게 푹 삶아 뜨거울 때 곱게 으깬다.

3 청경채는 잎만 잘라 10g을 준비해 끓는 물에 넣고 1분 정도 데쳐서 찬물에 헹군 뒤 물기를 꼭 짜서 체에 내린다.

4 냄비에 ①과 고구마, 나머지 물 3/4컵을 넣고 센 불로 끓인다. 미음이 끓어오르면 청경채를 넣고 약한 불로 줄이고 저어가며 7분 정도 끓인다.

감자 오이미음

주하는 오이의 향이 싫은지 오이를 넣은 미음을 별로 안 좋아하더라고요. 그래서 주하가 좋아하는 감자미음에 오이를 5g만 섞으니 맛있게 잘 받아먹었어요. 초기 이유식에 사용할 오이는 돌려깎기로 껍질을 얇게 벗기고 씨를 제거해서 사용하세요. 대부분의 채소와 과일에는 껍질에 많은 영양소가 있지만 껍질과 씨에는 섬유질이 많고 단단해 아기가 먹기에 부담스러우니 초기 이유식에는 사용하지 마세요.

요리 시간 30분
재료 불린 멥쌀 15g(1큰술. 1.5밥숟가락), 물 1컵, 감자 10g, 오이 10g

주하맘's Tip

삶은 감자, 고구마, 단호박은 위생 비닐팩에 담아 바닥에 두고 주먹으로 가볍게 치거나 손으로 주물럭거리면 쉽게 으깰 수가 있어요. 이 방법이 절구나 매셔로 으깨는 것보다 간편하고 곱게 으깨진답니다.

1 불린 멥쌀과 물 1/4컵을 믹서에 넣어 곱게 간다.

2 감자는 10g을 준비하여 10분 정도 무르게 푹 삶아 뜨거울 때 곱게 으깬다.

3 오이는 10g을 준비해 돌려깎기로 껍질을 벗기고 씨를 제거한다. 끓는 물에 넣고 20초 정도 데쳐서 강판에 갈아 5g을 준비한다.

4 냄비에 ①과 감자, 나머지 물 3/4컵을 넣고 센 불로 끓인다. 미음이 끓어오르면 오이를 넣고 약한 불로 줄이고 저어가며 7분 정도 끓인다.

애호박 당근미음

애호박과 당근은 어느 집이나 기본으로 구비되어 있는 식재료예요. 그래서 이유식을 만들 때마다 애호박과 당근을 참 많이 이용했어요. 되도록 집에 있는 식재료를 활용해 이유식을 만드세요. 초기 이유식에는 아기에게 먹을 수 있는 식재료가 제한되지만 시간이 갈수록 아기가 먹을 수 있는 식재료가 많아져요. 엄마, 아빠 음식을 만들고 따로 시간을 내어 아기 음식을 만들다 보면 정말 하루 종일 밥만 만들 수 있으니 어른 음식에 사용할 식재료를 이용해 아기 음식도 같이 만들어보세요.

요리 시간
25분

재료
불린 멥쌀 15g(1큰술, 1.5밥숟가락)
물 1컵
애호박 15g
당근 5g

1 불린 멥쌀과 물 1/4컵을 믹서에 넣어 곱게 간다.

2 애호박은 15g을 준비해 돌려깎기로 껍질을 벗기고 씨를 제거한다.

3 손질한 애호박은 끓는 물에 넣고 5분 정도 무르게 삶아 뜨거울 때 곱게 으깬다.

4 당근은 5g을 준비해 끓는 물에 넣고 7분 정도 무르게 삶는다.

주하맘's Tip

👩 이유식을 먹인 다음 아기의 변 색깔이 매일 달라져서 초보 엄마들이 놀라는 경우가 많아요. 대변을 보는 횟수와 묽기 정도가 평소와 크게 다르다면 체크해봐야겠지만 아기의 변 색깔에는 너무 신경 쓰지 않아도 돼요.

5 삶은 당근은 체에 내린다.

6 냄비에 ①과 애호박, 당근, 나머지 물 3/4컵을 넣고 센 불로 끓인다. 미음이 끓어오르면 약한 불로 줄이고 저어가며 7분 정도 끓인다.

시금치미음

시금치에는 비타민 A가 많고 비타민 C와 E, 식이섬유, 철분, 엽산, 칼슘 등 다양한 영양소가 가득해요. 시금치는 뼈를 튼튼하게 해주고 빈혈과 변비 예방, 항암 효과가 뛰어난 식품으로 지금 생각해보면 어릴 적 만화 주인공 '뽀빠이'가 과장된 이야기는 아닌 듯해요. 잎이 진한 녹색을 띠고 윤이 나는 것, 줄기는 물이 많고 통통한 것, 잎이 뿌리부터 빡빡하게 난 것, 20cm 전후의 길이로 자란 것, 잎 면적이 넓은 것, 뿌리는 붉은빛이 진한 것이 맛있어요. 그런데 과도하게 진한 녹색을 띠는 시금치는 질소 함량이 높을 수 있으니 주의하세요.

요리 시간
15분

재료
불린 멥쌀 15g(1큰술, 1.5밥숟가락)
물 1컵
시금치(잎 부분) 20g

1 불린 멥쌀과 물 1/4컵을 믹서에 넣어 곱게 간다.

2 시금치는 잎만 잘라 20g을 준비해 끓는 물에 넣고 1~2분 정도 데친 다음 찬물에 헹궈 물기를 꼭 짠다.

주하맘's Tip

👩 시금치는 2분 정도 데쳐야 체에 내리기 쉬워요. 중기 이유식 이후 체에 내리지 않고 사용할 때는 30초 정도만 데쳐 사용하세요.

👩 시금치를 데칠 때는 많은 양의 물에 뚜껑을 열고 데치세요. 물의 양이 많으면 수온이 쉽게 내려가지 않아 빠른 시간에 데칠 수 있고 뚜껑을 열어야 유기산이 휘발되어 선명한 녹색을 유지할 수 있답니다. 푸른 잎채소를 데친 다음에는 바로 찬물에 헹궈야 예쁜 녹색을 유지할 수 있어요.

3 데친 시금치를 체에 내려 10g을 준비한다.

4 냄비에 ①과 나머지 물 3/4컵을 넣고 센 불로 끓인다. 미음이 끓어오르면 시금치를 넣고 약한 불로 줄이고 저어가며 7분 정도 끓인다.

사과미음

달콤한 사과는 아기들이 좋아하는 과일이에요. 사과의 비타민 C는 면역력 강화와 피로 회복에 좋아요. 또 사과의 유기산은 소화를 돕고 철분 흡수를 높이며 펙틴은 장을 튼튼하게 해 복통, 설사에도 도움을 줘요. 사과는 껍질이 너무 부드럽지 않고 전체적으로 붉은빛이 도는 것, 꼭지 부분에 물기를 머금고 있으며 푸른빛이 도는 것을 고르세요. 과일을 이유식에 넣을 때 믹서에 갈면 모터의 열로 인해 비타민이 파괴되므로 강판에 갈아 사용하는 것이 좋아요.

요리 시간 15분
재료 불린 멥쌀 15g(1큰술, 1.5밥숟가락), **물** 1컵,
사과 15g

주하맘's Tip
👩 이유식에 과일을 넣을 때는 미음이나 죽이 거의 다 끓은 다음 넣으세요. 과일을 너무 일찍 넣으면 과일의 비타민이 열에 의해 파괴된답니다.

1 불린 멥쌀과 물 1/4컵을 믹서에 넣어 곱게 간다.

2 사과 15g은 끓는 물에 넣고 20초 정도 데친 다음 강판에 갈아 10g을 준비한다.

3 냄비에 ①과 나머지 물 3/4컵을 넣고 센 불로 끓인다.

4 미음이 끓어오르면 약한 불로 줄이고 저어가며 5분 정도 끓이다가 사과즙을 넣고 2분 더 끓인다.

배미음

배는 기침, 감기, 해열에 도움을 주는 천연 감기약으로 기관지를 튼튼하게 해주며 열을 내리는 데 탁월한 효능이 있어요. 어린 시절, 제가 감기에 걸리면 할머니께서 손수 배와 무를 익혀서 갈아 꿀을 섞은 다음 마시라고 주셨던 기억이 새록새록 나네요. 또 소화효소가 많은 배는 천연소화제의 역할도 톡톡히 한답니다. 배는 선명한 황갈색을 띠고 모양이 예쁘게 둥근 것을 고르세요.

요리 시간 15분
재료 불린 멥쌀 15g(1큰술, 1.5밥숟가락), 물 1컵,
배 15g

주하맘's Tip

👩 저는 이유식의 전 과정에 걸쳐 배를 많이 활용했어요. 배 반쪽을 갈아 뚜껑이 있는 얼음틀에 넣어 얼린 다음 주하가 입맛이 없거나 컨디션이 좋지 않을 때마다 하나씩 꺼내 미음이나 죽을 끓이는 마지막 단계에 넣곤 했어요. 하지만 이유식을 잘 먹지 않는 아기라면 너무 일찍부터 과일을 주지 마세요. 과일의 단맛에 익숙해진다면 상대적으로 밍밍한 다른 이유식을 거부할 수 있답니다.

1 불린 멥쌀과 물 1/4컵을 믹서에 넣어 곱게 간다.

2 배 15g은 끓는 물에 넣고 20초 정도 데친 다음 강판에 갈아 10g을 준비한다.

3 냄비에 ①과 나머지 물 3/4컵을 넣고 센 불로 끓인다.

4 미음이 끓어오르면 약한 불로 줄이고 저어가며 5분 정도 끓이다가 배즙을 넣고 2분 더 끓인다.

아기가 먹성이 좋은 편이라면 초기 이유식 후반기에 하루 1회 정도 간식을 줘도 좋아요. 초기 이유식 간식으로는 채소나 과일을 푹 삶아 체에 거른 퓌레(Purée) 형태가 좋아요. 모든 식재료가 아가에게는 좋은 퓌레가 될 수 있어요. 미음과는 또 다른 질감과 제각기 다른 식재료의 맛을 경험할 수 있도록 다양한 식품으로 퓌레를 만들어주세요. 이유식을 잘 먹지 않는 아기라도 매번 주는 미음 대신 하루 이틀 정도는 퓌레로 이유식을 대신해도 좋아요.

★ 초기 이유식 간식 01

배즙

요리 시간 10분
재료 배 30g(2큰술, 3밥숟가락),
　　　 물 30g(2큰술, 3밥숟가락)

1 배를 끓는 물에 넣고 20초 정도 데쳐 강판에 간다.

2 ①에 물을 붓고 체에 내린다.

3 ②를 냄비에 담아 끓이는데 끓어오르면 바로 불을 끄고 식힌다.

주하맘's
Tip
　　🙎 초기 이유식 후반부터는 과일즙을 먹여도 좋아요. 처음에는 과일을 갈아 물에 희석해서 살균을 위해 살짝 끓인 다음 먹이세요.
　　🙎 사과즙도 같은 분량, 같은 방법으로 만들면 돼요.

★ 초기 이유식 간식 02

단호박퓌레

요리 시간 17분
재료 단호박 60g(4큰술, 6밥숟가락)

1 단호박은 60g을 준비해 끓는 물에 넣고 10분 정도 무르게 푹 삶는다.

2 삶은 단호박을 체에 내린다.

주하맘's
Tip
　　🙎 단호박은 이유식 베스트 식재료 중 하나예요. 주하도 간식으로 단호박을 정말 많이 먹었어요. 단호박은 삶거나 찌는 동안 수분이 많아져 체에 내릴 때 물을 더하지 않아도 돼요.
　　🙎 단호박은 퓌레로 만들어 1회분씩 냉동 보관하면 간식뿐만 아니라 이유식 재료로도 요긴하게 사용할 수 있어요.

사과퓌레

요리 시간 4분
재료 사과 60g(4큰술, 6밥숟가락)

1 사과는 끓는 물에 넣고 20초 정도 데친다.
2 데친 사과를 강판에 간다.

주부맘's
Tip
- 과일즙에 익숙해질 무렵 사과를 갈아주세요. 초기 이유식에서는 과일도 살짝 데쳐 갈아 먹이세요.
- 배퓌레도 같은 분량, 같은 방법으로 만들어요.

고구마 브로콜리퓌레

요리 시간 17분
재료 고구마 75g(5큰술, 7.5밥숟가락), 브로콜리 10g, 모유(또는 분유를 탄 물) 15g(1큰술, 1.5밥숟가락)

1 고구마는 10분 정도 무르게 푹 삶아 뜨거울 때 으깬다.
2 브로콜리는 끓는 물에 2분 정도 삶아 찬물에 헹군 다음 곱게 다진다.
3 으깬 고구마와 다진 브로콜리에 모유를 섞어 농도를 조절한 다음 체에 내린다.

주부맘's
Tip
- 호박고구마는 밤고구마보다 수분이 많고 달콤해 아기가 좋아해요.
- 고구마는 뜨거울 때 으깨야 잘 으깨져요.

유기농 똑똑하게 고르고 싶어요

유기농 매장 지혜롭게 이용하기

요즘 주위에서 쉽게 유기농 매장을 찾을 수 있고 마트에 유기농 코너도 따로, 잘 마련되어 있어서 간편하게 유기농 재료를 구입하여 이유식을 만들 수 있어요. 최근에는 아예 '이유식용'으로 이름 붙어 손질되어 있는 재료가 많아지는 추세죠. 지방이 없는 살코기 부위를 다져 소량씩 낱개 포장이 된 무항생제 다짐육, 다진 흰살 생선, 다진 대게살, 각종 유기농 재료를 가루 내어 만든 천연 조미료, 손질되어 씻어 나온 단호박, 이유식으로 자주 애용하는 청경채, 비타민의 어린 속 부분만 골라 묶음으로 판매하기도 해요. 엄마들이 편의를 생각한 제품을 잘 활용하면 이유식을 만드는 노고와 시간을 줄일 수 있고 재료 낭비도 막을 수 있어요.

유기농 농산물은 화학비료, 농약, 제초제, 첨가제를 모두 사용하지 않고 위 조건으로 3년 이상 된 흙에서 재배한 것, 무농약 농산물은 농약, 제초제, 첨가제는 사용하지 않고 화학비료만 권장량의 1/3 이내로 사용하고 위 조건으로 1년 이상 된 흙에서 재배한 것, 저농약 농산물은 제초제, 첨가제는 사용하지 않고 화학비료는 권장량의 1/2 이내로 사용하고 농약은 허용기준의 1/2 이하로 재배한 농산물을 일컬어요.

- **온·오프라인 유기농 식품 판매처**

  올가 (www.orga.co.kr) 이팜 (www.efarm.co.kr)

  초록마을 (www.hanifood.co.kr) 무공이네 (www.mugonghae.com)

  해가온 (www.hegaon.com) 자미원 (www.jami1.co.kr)

  한살림 (shop.hansalim.or.kr) 두레생협연합 (www.dure-coop.or.kr)

  아이쿱생협 (www.icoop.or.kr/coopmall)

방사능 오염에 대한 식품 안정성

2011년 일본 후쿠시마 원자력 발전소의 방사능 누출 사고로 인해 식품 오염, 특히 수산물 오염의 심각성이 알려지면서 방사능에 노출되지 않은 안전한 식품에 대한 관심이 더욱 집중되고 있죠. 방사능 오염이란 방사능을 가진 방사선 물질에 의해서 환경, 음식물, 인체가 오염되는 것으로 세슘-137 등 몇 가지 종류가 생체에 미치는 위험이 크다고 해요. 이에 방사성 물질에 대한 기준치를 마련해 각 식품에 방사성 물질 검출량을 표기해 안전한 식품을 판매하는 매장도 많아지고 있으니 우리 아이들에게 안전한 식품을 먹이기 위한 엄마들의 꼼꼼한 안목이 요구되고 있어요.

- **방사능 정보**

  차일드 세이브(http://cafe.naver.com/save119)
  국가환경방사선자동감시망(http://iernet.kins.re.kr)

우리 아이가 하루에 두 번 이유식을 먹는 시기가 되었어요.

이제는 하나, 둘 이가 나기 시작해 이나 잇몸으로 오물거리며 음식을 먹을 수도 있고

새로운 음식에 대한 관심과 함께 싫은 음식에 대해서는 표현을 하기도 해요.

벌써 이렇게 자랐나 싶어 얼마나 기특하고 대견한지 몰라요.

Chapter 2

생후 7~9개월
중기 이유식

중기 이유식(생후 7~9개월)

이유식에 적응된 우리 아기는 입을 쩍 벌리며 제법 맘마를 잘도 받아먹어요. 아기가 먹을 수 있는 식재료도 제법 많아졌고요. 좋은 것, 맛있는 것을 하나라도 더 먹이려고 엄마들은 막중한 사명감과 열정을 갖고 이유식을 만들겠지요. 아기가 밥을 잘 먹지 않더라도 조바심 내거나 아기를 다그치지 말고 천천히 기다려주세요. 맛있는 이유식도 중요하지만 엄마의 정성과 사랑을 잔뜩 먹고 자라야만 우리 아기들이 무럭무럭 예쁘게 잘 자라니까요.

❶ 중기 이유식 횟수

2회(오전 1회, 오후 1회)+간식 1회

❷ 중기 이유식 양

평균 70~120g

❸ 모유·분유 횟수

4~5회(평균 700~800㎖)

❹ 중기 이유식 안심 식재료

중기 전반(7~8개월)

수수, 밤, 달걀노른자, 두부, 연두부, 콩류(검은콩, 대두, 강낭콩, 백태콩, 밤콩 등), 버섯류(느타리버섯, 표고버섯, 송이버섯, 팽이버섯, 양송이버섯, 백일송이버섯 등), 얼갈이배추, 봄동, 아욱, 근대, 비트, 바나나, 수박, 육수(쇠고기 육수, 닭고기 육수, 표고버섯 육수, 채소 육수, 다시마 육수)

중기 후반(9개월)

현미, 발아현미, 옥수수, 볶은 콩가루, 흰살 생선살(가자미, 대구, 조기), 미역, 김, 연근, 적양배추, 건포도, 대추

★ 중기 이유식 후반 식재료는 초기 이유식 단계에서 사용한 식재료에 위의 재료를 하나씩 추가하면 됩니다.

중기 이유식 노하우

① **7개월 이후**부터는
오전 1회, 오후 1회 2회 주세요

7개월에 접어들었다고 바로 이유식 양을 늘리지 말고 아기의 상태와 먹는 양을 잘 지켜본 뒤 차츰 양을 늘리세요. 수유는 이유식 직후에 하세요. 수유를 먼저 하고 이유식을 주면 아기가 배가 불러 이유식을 잘 먹지 않아요. 아기가 이유식을 잘 먹어 배불러하면 굳이 수유를 하지 않아도 돼요.

② **오후**에 간식을 **1회** 주세요

오전 이유식과 오후 이유식 중간 즈음 간식을 먹이세요. 간식은 단호박이나 고구마를 삶은 것도 좋고 과일을 갈아줘도 좋아요. 중기 이유식 후반 즈음부터는 아기가 혼자 간식을 떠먹도록 숟가락을 쥐어주세요. 물론 아기 혼자 먹으면 흘리고 버리는 양이 많고 집 안이 엉망이 되어 엄마가 먹이는 것보다 더 힘이 들 수 있어요. 하지만 이런 과정을 거쳐야 앞으로 밥도 스스로 잘 먹게 되고 또 자율성 형성과 소근육 발달에도 자극을 줘 두뇌 발달을 돕는답니다. 간식을 줄 때도 한곳에 앉아서 먹도록 해주세요. 아기가 돌아다니면서 먹거나 간식을 먹기 싫어하면 굳이 억지로 먹이지 마세요.

③ 약간 **덩어리감** 있는 음식을 주세요

보통 6개월 무렵부터 이가 나기 시작하므로 씹어 먹는 연습이 필요해요. 중기 이유식부터는 쌀도 거칠게 갈고 식재료는 0.2cm 전후로 다져 약간 덩어리 있는 음식을 먹이세요. 초기 이유식부터 연습이 잘된 아기는 덩어리가 있고 묽기가 되직한 죽도 잘 먹는답니다. 만약 아기 이가 늦게 나서 씹는 것을 어려워하고 덩어리감 있는 음식을 부담스러워한다면 조금 더 잘게 다져주세요.

④ **컵 수유**를 시작하세요

8개월 무렵부터는 컵에 모유를 조금 짜주거나 분유를 타서 마시게 하세요. 처음부터 컵에 한번에 먹을 양을 다 담아주지 말고 조금만 담아주세요. 돌 전후로 젖병을 떼기 위해 미리 조금씩 연습을 해야 해요. 이 시기에는 컵을 쥐고 마시지 못하므로 스파우트컵이나 빨대컵에 모유(또는 분유를 탄 물)를 담아주세요. 양손컵에 모유(또는 분유를 탄 물)를 담아줄 때는 아기가 잘 마실 수 있도록 엄마가 도와주세요. 컵에 따뜻한 보리차를 담아 아기 곁에 두고 가지고 놀면서 수시로 마시게 하는 것도 도움이 된답니다.

⑤ **다섯 가지** 식품을 골고루 챙겨 먹이세요

하루에 2회을 하고 먹을 수 있는 식재료도 많아지는 중기 이유식 무렵에는 다양한 식재료를 응용해서 이유식을 만들 수 있어요. 탄수화물, 단백질, 지방, 비타민, 무기질 다섯 가지 식품군을 골고루 먹이세요. 하루에 고기나 생선, 두부 중 한 가지, 채소 한두 가지, 과일 한 가지 정도를 먹는 것만으로도 충분히 영양 섭취가 된답니다.

⑥ 이유식에는 **식재료 외에** 아무것도 넣지 마세요

소금, 설탕은 적어도 돌까지는 절대 먹이지 마세요. 아기가 밥을 잘 먹지 않는다고 이 시기부터 간을 하면 갈수록 밥을 더 먹지 않게 되는 결과를 초래한답니다. 아기가 밥을 너무 먹지 않으면 이유식에 배즙을 섞어주세요. 안 먹는 아기는 뭘 해줘도 잘 먹지 않겠지만 몇 번은 도움이 될 수도 있어요.

⑦ **모유도 충분히** 먹이세요

아기가 이유식을 잘 먹는다고 혹은 이유식을 잘 먹으라고 수유 양을 줄이는 경우가 있는데 이 시기에는 모유(또는 분유를 탄 물)를 통한 에너지 섭취가 하루 열량의 70% 정도를 차지하므로 하루에 평균 700ml 전후의 수유는 매우 중요해요.

중기 이유식 조리 포인트

1 쌀은 거칠게 갈아 사용하세요

쌀은 30분 정도 불려 체에 밭쳐 물기를 뺀 다음 믹서에 넣어 쌀 크기의 1/3~1/4 정도가 되도록 거칠게 갈아 사용하세요. 이 시기의 아기는 어느 정도 덩어리 있는 음식도 잘 먹기 때문에 쌀 크기는 아기가 잘 먹는지를 살피면서 판단하세요.

2 7~8배죽으로 시작해 5배죽으로 진행하세요

중기 이유식에는 플레인 요구르트 정도의 묽기인 7~8배죽으로 시작해 뚝뚝 떨어지는 정도의 묽기인 5배죽으로 진행하세요. 불린 쌀 15g 정도에 육수 200ml 분량으로 10분 정도 끓이면 중기 이유식으로 먹기 적당한 농도가 돼요. 그러나 묽기는 아기의 반응을 살펴 조절하세요.

3 중기 이유식의 모든 재료는 삶거나 데쳐서 사용하세요

중기 이유식에 사용하는 모든 식재료는 데쳐서 사용하세요. 요리하는 시간도 절약할 수 있고 모든 재료를 완전히 익힐 수 있어 소화 흡수에 좋아요.

4 고기 삶은 물, 채소 데친 물을 이유식에 활용하세요

고기 삶은 물, 채소 데친 물은 영양소가 그대로 함유된 좋은 국물이 될 수 있으니 이유식을 만들 때 활용하면 좋아요. 단 시금치와 청경채 등 녹색 잎채소를 데치는 이유에는 살균의 목적도 있으므로 제외하세요. 또 양배추는 황 성분을 날리기 위해 데치므로 양배추 데친 물도 이유식 육수로 사용하지 마세요.

5 육수를 만들어 활용하세요

이유식을 만들 때 물 대신 미리 만들어둔 육수를 사용하면 이유식이 훨씬 맛있어요. 평소 이유식을 잘 먹지 않던 아기도 진하게 우린 육수를 응용해 이유식을 만들어주니 잘 먹는 경우도 있더라고요. 쇠고기, 닭고기, 다시마, 표고버섯, 채소 등 다양한 식재료를 응용해 육수를 만들어보세요(48·49쪽 참조). 쇠고기나 닭고기는 삶는 과정에서 생기는 불순물과 거품은 반드시 걷어주세요. 짠맛이 우러나오는 멸치 육수, 새우 육수, 가다랑어 육수는 후기 이유식 이후에 활용하세요.

6 식재료를 0.2cm 정도 크기로 다져 사용하세요

중기 이유식 무렵은 아기가 음식을 잇몸이나 이로 으깨어 먹을 수 있는 시기이므로 모든 식재료를 0.2cm 정도 크기로 다져 넣으세요. 과일은 갈아줘도 되지만 너무 오랫동안 식재료를 갈아 먹이면 씹는 연습이 제대로 되지 않아 시간이 흐를수록 이유식을 거부하는 경우도 생겨요.

7 식재료를 2~4가지 섞어 먹이세요

중기 이유식 초반에는 2~3가지, 후반에는 3~4가지 정도의 식재료를 섞어 먹이세요. 너무 많은 식재료를 섞어 먹이면 소화가 잘 되지 않거나 식재료 고유의 맛을 제대로 느끼기 어려우므로 3~4가지만 섞는 것이 좋답니다. 중기 이유식에는 먹일 수 있는 식재료의 범위가 많아지므로 다양한 이유식을 만들 수 있어요. 단 이때도 처음 먹이는 새로운 식재료는 한 가지씩만 넣어 아기의 반응을 살펴야 해요. 전에 아기에게 먹였을 때 이상이 없었던 식품들 중 식품 궁합이 잘 맞고 영양소 배합이 다른 신선한 식재료를 골고루 섞어 먹이세요.

8 쇠고기를 자주 먹이세요

6개월 이후부터는 아기가 빈혈에 노출되기 쉬우므로 철분이 풍부한 육류 섭취가 중요해요. 또 질 좋은 단백질 급원인 쇠고기는 성장 발육에도 가장 좋은 에너지 공급원이죠. 고기는 적어도 일주일에 3~4번은 꼭 먹이세요. 이 시기에는 쇠고기를 매일 먹여도 좋아요. 아토피 피부염이 있는 아기라도 이 시기부터는 고기를 자주 먹어야 한답니다.

9 오전, 오후에 다른 이유식을 주세요

아기가 고른 영양 섭취를 할 수 있도록 오전, 오후에 다른 이유식을 먹이세요. 엄마가 조금 귀찮더라도 되도록 하루에 한 번 이상은 이유식을 만들어주세요. 오전, 오후 매번 이유식을 만들기 어렵다면 오전에는 전날 오전에 만들어둔 이유식을 먹이고 오후에는 이유식을 만들어 먹이고 냉장 보관했다가 다음날 먹이세요. 쇠고기와 닭고기, 흰살 생선 중 한 가지는 하루 한 끼는 꼭 첨가하고 아침, 저녁으로 식재료가 중복되지 않도록 메뉴를 짜세요.

차조 두부죽

중기 이유식부터는 두부를 사용해도 좋아요. '밭에서 나는 쇠고기'라 불리는 두부에는 단백질과 칼슘이 풍부해 아기의 성장 발육과 뼈 건강에 도움을 줘요. 또 부드럽고 소화가 잘되므로 이유식 재료로 두루두루 사용할 수 있답니다. 두부를 만드는 과정에서 사용하는 첨가물을 제거하기 위해 두부는 반드시 흐르는 물에 씻고 찬물에 담갔다가 사용하거나 두부를 끓는 물에 데쳐 사용하면 좋아요.

초기 이유식에는 이유식을 만들어서 체에 내리는 고운 미음 형태의 음식을 아이에게 먹였지만 7 개월 무렵인 중기 이유식부터는 쌀을 비롯한 모든 식재료를 좀 더 거칠게 다진 8배죽 형태로 만들어 먹일 수 있어요. 모든 재료는 0.2cm 정도 크기로 다지고 플레인 요구르트나 마요네즈 정도 묽기의 8배죽 농도로 만들어주세요.

요리 시간
40분

재료
불린 멥쌀 10g(2/3큰술, 1밥숟가락)
불린 차조 5g(1/3큰술, 0.5밥숟가락)
물(또는 쇠고기 육수) 1컵
쇠고기 안심 15g(1큰술, 1.5밥숟가락)
두부 10g(2/3큰술, 1밥숟가락)

1 불린 멥쌀과 불린 차조, 물 1/4컵을 믹서에 넣어 거칠게 간다.

2 쇠고기는 안심으로 준비해 찬물에 20분 정도 담가 핏물을 뺀 뒤 얇게 저며 끓는 물에 넣고 3~4분 정도 삶아서 0.2cm 크기로 다진다.

주하맘's Tip

● 두부는 화학응고제, 소포제, 유화제 등이 들어 있는지 잘 확인한 다음 구입하세요. 그리고 무공해 천연간수를 이용하고 유전자조작 의심이 없는 건강한 국산 콩으로 만든 유기농 두부를 구입해 먹이면 더욱 좋아요.

● 사용하고 남은 두부는 밀폐용기에 담아 두부가 잠길 만큼 물을 붓고 보관하세요. 이때 소금을 약간 뿌리면 좀 더 신선하게 보관할 수 있어요. 두부는 쉽게 상하기 때문에 물을 매일 갈아줘야 하는데, 가급적 빨리 먹는 것이 좋아요.

3 두부는 찬물에 10분 정도 담갔다가 끓는 물에 30초 정도 살짝 데쳐서 곱게 으깬다.

4 냄비에 ①과 쇠고기, 두부, 나머지 물 3/4컵을 넣고 센 불로 끓인다. 죽이 끓어오르면 약한 불로 줄이고 저어가며 8~10분 더 끓인다.

찹쌀 단호박죽

요리 시간 20분
재료 불린 찹쌀 15g(1큰술, 1.5밥숟가락), 물(또는 닭고기 육수) 1컵, 닭고기 안심
(또는 가슴살) 10g, 단호박 15g, 비타민(잎 부분) 10g

1 불린 찹쌀과 물 1/4컵을 믹서에 넣어 거칠게 간다.

2 닭고기는 안심이나 가슴살로 준비하여 끓는 물에 넣고 3~4분 정도 삶아
0.2cm 크기로 다진다.

3 단호박은 5분 정도 삶아 0.2 cm 크기로 다지거나 으깬다. 비타민은 잎만
잘라 끓는 물에 넣고 30초 정도 살짝 데쳐서 찬물에 헹궈 물기를 꼭 짜서
0.2cm 크기로 다진다.

4 냄비에 ①과 닭고기, 단호박, 나머지 물 3/4컵을 넣고 센 불로 끓인다. 죽이
끓어오르면 약한 불로 줄이고 저어가며 3분 정도 끓이다가 비타민을 넣고
6~7분 더 끓인다.

> **주하맘's Tip** 닭고기는 아무리 곱게 다져도 죽에 넣고 끓이면 뭉칠 수 있으
> 니 이유식을 먹일 때 숟가락으로 닭고기를 으깨가며 먹이세요.

닭고기 팽이버섯죽

요리 시간 20분
재료 불린 멥쌀 15g(1큰술, 1.5밥숟가락), 물(또는 닭고기 육수) 1컵, 닭고기 안심
(또는 가슴살) 15g, 팽이버섯 10g, 배 10g

1 불린 멥쌀과 물 1/4컵을 믹서에 넣어 거칠게 간다.

2 닭고기는 안심이나 가슴살로 준비해 끓는 물에 넣고 3~4분 정도 삶고 팽
이버섯은 밑동을 자르고 30초 정도 살짝 데쳐서 0.2cm 크기로 다진다.

3 배는 닭고기를 데친 물에 넣고 30초 정도 살짝 데쳐서 강판에 간다.

4 냄비에 ①과 닭고기, 팽이버섯, 나머지 물 3/4컵을 넣고 센 불로 끓인다. 죽
이 끓어오르면 약한 불로 줄이고 저어가며 7~8분 더 끓이다가 배즙을 넣
고 2분 정도 끓인다.

> **주하맘's Tip** 이유식용 닭고기로는 안심이나 가슴살 부위를 사용하세요. 이
> 가 적당히 난 아기라면 8개월 무렵부터 닭가슴살을 삶아서 아
> 주 잘게 찢어서 간식으로 줘 혼자 먹는 연습을 하도록 해주세요.
> 닭다리살은 지방이 많으므로 육수용으로만 사용하고 되도록 후
> 기 이유식 이후부터 먹이세요.

콜리플라워 배죽

요리 시간 15분
재료 불린 멥쌀 10g(2/3큰술, 1밥숟가락), **불린 찹쌀** 5g(1/3큰술, 0.5밥숟가락),
물(또는 채소 육수) 1컵, 배추(잎 부분)20g, 콜리플라워 15g, 배 10g

1 불린 멥쌀, 불린 찹쌀, 물 1/4컵을 믹서에 넣어 거칠게 간다.

2 배추 잎 부분과 콜리플라워를 끓는 물에 넣고 1분 정도 데쳐서 0.2cm 크기
로 다진다.

3 배는 배추와 콜리플라워를 데친 물에 30초 정도 살짝 데쳐서 강판에
간다.

4 냄비에 ①과 배추, 콜리플라워, 나머지 물 3/4컵을 넣고 센 불로 끓인다. 죽
이 끓어오르면 약한 불로 줄이고 저어가며 7~8분 더 끓이다가 배즙을 넣
고 2분 정도 끓인다.

> **주방맘's Tip** 브로콜리와 콜리플라워는 손질하는 데 시간이 걸려요. 데친
> 브로콜리와 콜리플라워는 현재 진행 중인 이유식에 맞는 크기
> 로 다져 냉동고에 넣어두면 영양 손실 없이 보관할 수 있어요. 1
> 회분씩 나눠 보관하면 더 편리해요.

쇠고기 모둠채소죽

요리 시간 40분
재료 불린 멥쌀 15g(1큰술, 1.5밥숟가락), 물(또는 쇠고기 육수) 1컵, 쇠고기 안심
15g, 당근 5g, 애호박 10g, 콜리플라워 5g

1 불린 멥쌀과 물 1/4컵을 믹서에 넣어 거칠게 간다.

2 쇠고기는 안심으로 준비해 찬물에 20분 정도 담가 핏물을 뺀 후 얇게 저
며 끓는 물에 넣고 3~4분 정도 삶는다. 당근은 3분 정도 삶고, 애호박과
콜리플라워는 끓는 물에 넣고 1분 정도 데친다.

3 쇠고기, 당근, 애호박, 콜리플라워는 0.2cm 크기로 다진다.

4 냄비에 ①과 쇠고기, 당근, 애호박, 콜리플라워, 나머지 물 3/4컵을 넣고 센
불로 끓인다. 죽이 끓어오르면 약한 불로 줄이고 저어가며 8~10분 더 끓
인다.

> **주방맘's Tip** 중기 이유식부터는 애호박 껍질과 씨도 그대로 이용하세요. 애
> 호박 껍질에는 섬유질과 카로틴이 많아 장운동을 촉진하고 소
> 화 흡수에 도움을 줘요. 씨 부분에 있는 레시틴은 두뇌 활동에
> 도 도움을 준답니다.

표고버섯 무죽

표고버섯에는 비타민 C가 풍부해요. 그러나 생표고버섯을 햇볕에 말리는 과정에서 비타민 D가 생기므로 맛이나 영양적으로 따져볼 때 마른 표고버섯이 더 좋아요. 표고버섯은 단단하며 표면이 매끄럽고 연한 밤색을 띠는 것, 갓이 흐트러지거나 찢어지지 않고 잘 펴진 것, 줄기가 짧고 통통한 것을 고르세요.

요리 시간 40분
재료 불린 멥쌀 15g(1큰술, 1.5밥숟가락)
　　　물(또는 쇠고기 육수) 1컵
　　　쇠고기 안심 10g
　　　무 10g
　　　마른 표고버섯 7g

주하맘's Tip

- 마른 표고버섯 7g 정도를 데쳐 물기를 꼭 짜면 10g 정도 얻을 수 있어요.

- 생표고버섯의 밑동을 잘라 적당한 굵기로 채 썰어 채반에 널어 햇볕에 말려서 사용하세요. 말린 표고버섯 밑동은 따로 모아 냉동 보관했다가 국물을 우릴 때 사용하면 좋아요.

- 마른 표고버섯은 젖은 행주로 닦은 뒤 미지근한 물에 불려서 사용하세요. 표고버섯을 불릴 때 설탕을 약간 넣으면 불리는 시간을 단축할 수 있지만 이유식 용도로 사용할 때는 설탕을 넣지 마세요.

1 불린 멥쌀과 물 1/4컵을 믹서에 넣어 거칠게 간다.

2 쇠고기는 안심으로 준비해 찬물에 20분 정도 담가 핏물을 뺀 후 얇게 저며 끓는 물에 넣고 3~4분 정도 삶아 0.2cm 크기로 다진다.

3 무는 3분 정도 삶아 0.2cm 크기로 다지고, 마른 표고버섯은 미지근한 물에 20분 이상 불려 밑동을 잘라내고 30초 정도 데쳐서 0.2cm 크기로 다진다.

4 냄비에 ①과 쇠고기, 무, 표고버섯, 나머지 물 3/4컵을 넣고 센 불로 끓인다. 죽이 끓어오르면 약한 불로 줄이고 저어가며 8~10분 더 끓인다.

수수 고구마죽

수수는 나쁜 기운을 물리친다는 토속적인 의미를 지녀 아기의 건강을 바라는 마음으로 예부터 아기 백일상이나 돌상에 꼭 등장하는 식품이죠. 수수는 몸을 따뜻하게 해주고 설사를 멈추게 하며 위장 보호와 소화 촉진에 도움을 줘요. 또 수수에 함유된 타닌과 페놀 성분은 항암 효과가 탁월해요.

요리 시간 25분
재료 불린 멥쌀 10g(2/3큰술, 1밥숟가락)
      불린 수수 5g(1/3큰술, 0.5밥숟가락)
      물(또는 채소 육수) 1컵
      고구마 15g
      아욱(잎 부분) 10g

주하맘's Tip

● 잡곡은 멥쌀과 찹쌀에 비해 거칠고 딱딱해 아기가 먹기에 부담스러울 수 있으니 수수를 넣고 이유식을 만들 때는 조금 더 곱게 갈아주세요.

● 아욱은 잎이 두껍고 질기므로 보통 잎채소보다 더 오래 데치세요. 손질한 잎 그대로 데쳤다가 찬물에 헹궈 물기를 꼭 짜서 다지면 편해요.

1 불린 멥쌀과 불린 수수, 물 1/4컵을 믹서에 넣어 거칠게 간다.

2 고구마는 10분 정도 삶고, 아욱은 잎만 준비해 끓는 물에 넣고 1분 정도 데쳐 찬물에 헹궈 물기를 꼭 짠다.

3 삶은 고구마는 0.2cm 크기로 다지거나 으깨고, 아욱도 0.2cm 크기로 다진다.

4 냄비에 ①과 고구마, 나머지 물 3/4컵을 넣고 센 불로 끓인다. 죽이 끓어오르면 약한 불로 줄이고 저어가며 3분 정도 끓이다가 아욱을 넣고 6~7분 더 끓인다.

닭고기 애호박죽

입이 짧은 아기를 제외하고 아기들은 대부분 쇠고기와 닭고기가 들어간 이유식을 좋아해요. 저는 중기 이유식 이후에 양파를 소량씩 자주 사용했는데요, 양파는 쇠고기, 닭고기의 누린내를 제거하고 단맛을 더해 이유식이 맛있어요. 그런데 의외로 양파의 향을 싫어하는 아기가 많더라고요. 만약 아기가 양파의 향을 싫어한다면 양파를 2g, 3g씩 서서히 양을 늘려 넣으세요.

요리 시간 20분
재료 불린 멥쌀 15g(1큰술, 1.5밥숟가락)
　　　물(또는 닭고기 육수) 1컵
　　　닭고기 안심(또는 가슴살) 15g
　　　애호박 10g
　　　양파 5g

주하맘's Tip

👩 쌀뿐만 아니라 밥으로도 이유식을 만들 수 있어요. 저도 너무 피곤할 때는 가끔 밥으로 죽을 만들어주기도 했어요. 불린 쌀 15g은 밥 30g 정도의 양과 같아요. 밥을 이용해 이유식을 만들 때는 밥을 절구에 넣고 대충 찢이겨서 사용하세요. 육수에 익힌 재료와 밥을 넣고 잘 저어가며 5분 정도 끓이세요. 그런데 쌀로 만든 죽이 더 맛있답니다.

1 불린 멥쌀과 물 1/4컵을 믹서에 넣어 거칠게 간다.

2 닭고기는 안심으로 준비하여 끓는 물에 넣고 3~4분 정도 삶아서 0.2cm 크기로 다진다.

3 애호박과 양파는 닭고기 삶은 물에 넣고 1분 정도 데쳐 0.2 cm 크기로 다진다.

4 냄비에 ①과 닭고기, 애호박, 양파, 나머지 물 3/4컵을 넣고 센 불로 끓인다. 죽이 끓어오르면 약한 불로 줄이고 저어가며 8~10분 더 끓인다.

차조 감자죽

차조 감자죽은 담백하고 위에 부담 없는 이유식이에요. 아기에게 차조 감자죽처럼 곡류와 채소로 만든 이유식을 오전에 먹인다면 오후에는 동물성 단백질 공급원인 쇠고기나 닭고기를 넣은 이유식을 먹이세요. 아기가 하루에 먹는 양보다 어떤 음식을 섭취했는지가 더 중요하답니다.

요리 시간 30분
재료 불린 멥쌀 10g(2/3큰술, 1밥숟가락)
불린 차조 5g(1/3큰술, 0.5밥숟가락)
물(또는 채소 육수) 1컵
감자 15g
양배추(잎 부분) 15g
브로콜리 5g

주하맘's Tip

🔹 브로콜리는 이유식이 끓은 다음 넣으세요. 열에 강한 채소라 익혀도 영양이 쉽게 파괴되지 않아 처음부터 넣고 끓여도 되지만 향과 색감이 떨어지거든요. 그러나 아기가 브로콜리의 향을 싫어하거나 오래 데치지 않았을 경우에는 처음부터 넣고 끓여도 돼요.

1 불린 멥쌀과 불린 차조, 물 1/4컵을 믹서에 넣어 거칠게 간다.

2 감자는 10분 정도 삶고, 양배추는 두꺼운 심을 제거하고 잎만 잘라 끓는 물에 넣고 2분 정도 데친다. 브로콜리는 1분 정도 데쳐서 찬물에 헹궈 물기를 뺀다.

3 삶은 감자는 0.2cm 크기로 다지거나 으깨고, 양배추와 브로콜리는 0.2cm 크기로 다진다.

4 냄비에 ①과 감자, 양배추, 나머지 물 3/4컵을 넣고 센 불로 끓인다. 죽이 끓어오르면 약한 불로 줄이고 저어가며 3분 정도 끓이다가 브로콜리를 넣고 6~7분 더 끓인다.

비트 찹쌀죽

자줏빛 색상이 고운 비트는 천연색소가 필요한 다양한 요리에 활용되는 식재료예요. 우리가 먹는 비트는 비트 뿌리인데요, 비트 잎은 쌈채소 코너에 가면 구입할 수 있어요. 비트는 붉은 색상에 걸맞게 혈액의 적혈구를 만들고 혈액 정화 작용에 도움을 줘 빈혈과 고혈압 예방에 탁월한 효능을 보인답니다.

요리 시간 40분
재료 불린 찹쌀 15g(1큰술, 1.5밥숟가락)
　　　물(또는 쇠고기 육수) 1컵
　　　쇠고기 안심 15g
　　　청경채(잎 부분) 10g
　　　비트 10g

주하맘's Tip
- 비트는 익혀도 조금 단단하고 아삭하므로 되도록 곱게 다지세요. 아기가 부담스러워한다면 믹서에 갈아서 넣어도 좋아요.
- 비트를 구입하기 어렵다면 무나 순무를 사용하세요.

1 불린 찹쌀과 물 1/4컵을 믹서에 넣어 거칠게 간다.

2 쇠고기는 안심으로 준비하여 찬물에 20분 정도 담가 핏물을 뺀 후 얇게 저며 끓는 물에 3~4분 정도 삶아서 0.2cm 크기로 다진다.

3 청경채는 쇠고기 삶은 물에 넣고 30초 정도 살짝 데쳐서 찬물에 헹궈 물기를 꼭 짜고 0.2cm 크기로 다진다. 청경채 데친 물에 비트를 넣고 2분 정도 삶아 잘게 다진다.

4 냄비에 ①과 쇠고기, 비트, 나머지 물 3/4컵을 넣고 센 불로 끓인다. 죽이 끓어오르면 약한 불로 줄이고 저어가며 3분 정도 끓이다가 청경채를 넣고 6~7분 더 끓인다.

검은콩 바나나죽

주하는 8개월 즈음 바나나를 처음 먹었어요. 바나나의 영양적인 측면은 잘 알고 있지만 수입과일이라는 괜한 염려 때문이었어요. 바나나는 당질이 풍부해 에너지원으로 사용이 쉽고 소화 흡수가 빠르며 섬유질인 펙틴이 많아 변비 예방에 도움을 줘요. 칼륨도 풍부해 전해질 보충과 고혈압 예방에 좋고 산 함량이 적어 위장이 약한 아기나 노인이 먹으면 좋아요. 다만 덜 익은 바나나에는 떫은맛을 내는 타닌이 많아 소화불량이나 변비에 걸릴 수 있으니 바나나는 갈색 점이 약간 나 있고 적당히 익은 것을 선택하세요.

요리 시간 30분
재료 불린 멥쌀 15g(1큰술, 1.5밥숟가락)
　　　물 1컵
　　　불린 검은콩 15g(2/3큰술, 1밥숟가락)
　　　바나나 10g

주하맘's Tip

🍴 바나나는 되도록 유기농을 먹이세요. 수입 바나나의 방부제가 염려된다면 농약이 잔류할 수 있는 양 끝을 잘라내고 가운데 부분만 사용하세요.

1 불린 멥쌀과 물 1/4컵을 믹서에 넣어 거칠게 간다.

2 반나절 정도 불린 검은콩은 15분 정도 푹 무르게 삶아 껍질을 벗기고 곱게 으깨 10g을 준비한다.

3 바나나는 양 끝을 잘라 10g을 준비하여 끓는 물에 넣고 20초 정도 살짝 데쳐서 곱게 으깬다.

4 냄비에 ①과 검은콩, 나머지 물 3/4컵을 넣고 센 불로 끓인다. 죽이 끓어오르면 약한 불로 줄이고 저어가며 7~8분 더 끓이다가 바나나를 넣고 2분 정도 끓인다.

연두부 비트수프

저는 이유식을 만들어 아기에게 먼저 보여주고 나서 먹였어요. 비록 말은 못하는 아기지만 연두부 비트 수프를 보고 너무 예쁘다고 생각했을 거예요. 수프류는 아기가 입맛을 잃었거나 아프고 난 직후에 만들어주면 좋아요. 아기에게 항상 똑같은 이유식이 아닌, 재료와 색상을 달리한 다양한 이유식을 소개해주세요.

요리 시간 15분
재료 비트 5g(1/3큰술, 0.5밥숟가락)
　　　콜리플라워 15g
　　　양파 5g
　　　물(또는 채소 육수) 1컵
　　　연두부 40g(2+2/3큰술, 4밥숟가락)
　　　모유(또는 분유를 탄 물) 20g(1+1/3큰술, 2밥숟가락)

주하맘's Tip

🍴 비트는 색상은 곱고 예쁜데 비트를 썬 도마에 물이 들면 쉽게 지워지지 않는다는 단점이 있어요. 비트는 종이포일을 깔고 다지세요.

1 비트, 콜리플라워, 양파는 적당한 크기로 잘라 물 1컵을 붓고 5분 정도 삶는다.

2 재료가 어느 정도 익으면 연두부를 넣고 1분 정도 더 끓인다.

3 ②가 한 김 식으면 믹서에 넣고 곱게 간다.

4 냄비에 ③을 담고 센 불로 끓인다. 죽이 끓어오르면 약한 불로 줄이고 저어가며 5~6분 더 끓이다가 모유 20g을 넣고 1분 정도 끓인다.

밤 아욱죽

밤은 5대 영양소가 풍부해 아기 발육과 성장에 좋은 식품이에요. 특히 비타민 B는 쌀의 4배나 들어 있다고 해요. 소화기관에 이롭게 작용하므로 장기능이 미숙해 변비와 설사, 배탈에 쉽게 걸리는 어린 아기들이 가끔 먹으면 좋아요. 밤은 둥글며 윤기가 있고 알이 굵직한 알밤이 달고 맛있어요.

요리 시간 40분
재료 불린 멥쌀 15g(1큰술, 1.5밥숟가락)
　　　물(또는 채소 육수) 1컵
　　　밤 15g
　　　아욱(잎 부분) 10g
　　　두부 10g

주하맘's **Tip**

🍠 밤은 껍질째 삶으면 25~30분 정도, 껍질을 벗기고 통째 삶으면 20분 정도 삶아야 속까지 잘 익는답니다. 삶아서 껍질을 깐 밤 1개는 15g 정도 되어요.

🍠 힘들게 껍질을 깐 밤을 며칠 후에 먹겠다며 냉장 보관하면 수분이 날아가 퍽퍽하고 질겨져요. 삶아서 먹고 남은 밤은 냉동 보관해야 오래 먹을 수 있어요.

1 불린 멥쌀과 물 1/4컵을 믹서에 넣어 거칠게 간다.

2 밤은 20분 정도 푹 삶고, 아욱은 끓는 물에 넣고 1분 정도 데쳐서 찬물에 헹궈 물기를 꼭 짜고 0.2cm 크기로 다진다.

3 두부는 찬물에 10분 정도 담갔다가 끓는 물에 넣고 30초 정도 살짝 데쳐서 으깬다.

4 냄비에 ①과 밤, 두부, 나머지 물 3/4컵을 넣고 센 불로 끓인다. 죽이 끓어오르면 약한 불로 줄이고 저어가며 3분 정도 끓이다가 아욱을 넣고 6~7분 더 끓인다.

쇠고기 강낭콩죽

중기 이유식에는 아이에게 이틀에 한 번은 꼭 쇠고기를 먹이세요. 하루는 닭고기, 하루는 쇠고기 이렇게 번갈아 먹여도 좋아요. 중요한 것은 동물성 단백질을 매일 섭취해야 한다는 것이에요. 쇠고기의 풍부한 필수아미노산은 성장기 어린이에게 반드시 필요한 질 좋은 영양 공급원이랍니다. 특히 먹는 것을 너무 싫어하는 아기라면 매일 쇠고기를 먹여도 좋아요. 완료기 이유식 즈음에는 쇠고기의 다양한 부위를 먹여도 되지만 돌 이전에는 되도록 부드럽고 연하며 기름기가 없는 안심 부위를 이용하세요.

요리 시간
50분

재료
불린 멥쌀 15g(1큰술, 1.5밥숟가락)
물(또는 쇠고기 육수) 1컵
불린 강낭콩 15g(2/3큰술, 1밥숟가락)
쇠고기 안심 15g
당근 10g

1 불린 멥쌀과 물 1/4컵을 믹서에 넣어 거칠게 간다.

2 반나절 정도 불린 강낭콩은 끓는 물에 넣어 15분 정도 푹 무르게 삶아 껍질을 벗긴다.

3 껍질을 벗긴 강낭콩은 곱게 으깬다.

4 쇠고기는 안심으로 준비하여 20분 정도 찬물에 담가 핏물을 뺀 후 얇게 저며 끓는 물에 넣고 3~4분 정도 삶아서 0.2cm 크기로 다진다. 당근도 3분 정도 삶아서 0.2cm 크기로 다진다.

5 냄비에 ①과 쇠고기, 강낭콩, 당근, 나머지 물 3/4컵을 넣고 센 불로 끓인다. 죽이 끓어오르면 약한 불로 줄이고 저어가며 8~10분 더 끓인다.

주하맘's **Tip**

🍮 중기 이유식에서 당근이나 무처럼 단단한 식품은 삶아서 사용하세요. 푹 익힐 경우 으깨고 살짝만 익힐 경우 다져서 이유식에 넣으세요. 당근은 익지 않으면 소화 흡수가 잘 안 되어 대변으로 그대로 나와요.

쇠고기 미역죽

모유 수유를 하는 엄마들은 정말 미역국을 많이 드셨을 거예요. 이 무렵이면 엄마들은 미역국이 질려 쳐다보기도 싫을 수 있지만 그래도 영양 가득한 미역으로 아기에게 맛있는 이유식을 만들어주세요. 미역은 탄수화물, 단백질, 미네랄, 인, 요오드 그리고 특히 칼슘 함량도 많아 골격과 치아 형성과 신진대사를 원활하게 하는 데 도움을 줘요. 또 산모의 자궁 수축과 지혈 작용, 피를 맑게 해줄 뿐만 아니라 아기 성장에도 도움을 줘 엄마랑 아기가 같이 먹으면 참 좋아요.

주하맘's Tip

- 미역을 물에 불려 물기를 짜면 8~10배 정도 불어나요. 마른미역 2g 정도를 물에 불려서 물기를 짜면 18~20g 정도가 돼요.
- 물에 불린 미역은 여러 번 주물러 씻어 질긴 줄기를 자르고 연한 부분만 사용하세요.
- 미역은 미끄러워서 칼로 잘 다져지지 않아요. 중기 이유식에는 미역을 믹서에 곱게 갈아 사용하세요.

중기 이유식 후반에는 중기 이유식에 먹여도 된다지만 내심 걱정스러웠던 흰살 생선살을 조금씩 시도해보세요. 알레르기나 아토피가 있는 아이라면 생선은 돌 이후부터 먹여야겠지만 아이가 이유식도 잘 먹고 식품 알레르기도 없다면 9개월 무렵부터 시작해도 좋아요. 중기 이유식 후반에는 전반보다 죽을 조금 더 되직하게 만들어 숟가락으로 기울이면 뚝뚝 떨어지는 정도의 농도로 만들고 재료들은 좀 더 크게 다져 사용하세요. 중기 이유식 후반기는 후기 이유식으로 가기 위한 준비를 하는 기간이므로 아이가 후기 이유식에 들어 진밥을 잘 먹을 수 있도록 천천히 변화를 주세요.

요리 시간
40분

재료
불린 멥쌀 20g(1+1/3큰술, 2밥숟가락)
물(또는 쇠고기 육수) 1컵
불린 미역 10g

물 2/3큰술(1밥숟가락)
쇠고기 안심 15g
양파 10g

1 불린 멥쌀과 물 1/4컵을 믹서에 넣어 거칠게 간다.

2 마른미역은 찬물에 10분 정도 불렸다가 끓는 물에 넣고 30초 정도 살짝 데쳐서 물기를 꼭 짠다.

3 믹서에 불린 미역과 물 2/3큰술을 넣고 곱게 간다.

4 쇠고기는 안심으로 준비하여 20분 정도 찬물에 담가 핏물을 뺀 후 얇게 저며 끓는 물에 넣고 3~4분 정도 삶고 양파도 1분 정도 데친다.

5 쇠고기와 양파는 0.2cm 크기로 다진다.

6 냄비에 ①과 쇠고기, 미역, 양파, 나머지 물 3/4컵을 넣고 센 불로 끓인다. 죽이 끓어오르면 약한 불로 줄이고 저어가며 8~10분 더 끓인다.

쇠고기 건포도죽

쇠고기 건포도죽은 담백한 쇠고기와 달콤한 건포도의 궁합이 제법 잘 맞는 이유식이에요. 건포도에는 비타민과 철분이 풍부해 피로 회복과 변비와 빈혈 예방에 도움을 줘요. 건포도는 곱게 다져 이유식이나 간식을 만들 때 넣으세요. 그러나 이가 많이 나지 않았거나 이유식을 너무 안 먹는 아기에게는 건포도만을 간식으로 주지는 마세요.

요리 시간 40분
재료 불린 멥쌀 20g(1+1/3큰술, 2밥숟가락)
　　　물(또는 쇠고기 육수) 1컵
　　　쇠고기 안심 15g
　　　배추(잎 부분) 20g
　　　건포도 10g(2/3큰술, 1밥숟가락)

주하맘's Tip
👩 건포도처럼 껍질을 벗기지 않고 그대로 먹는 식품은 되도록 유기농을 구입하세요. 그래도 위생이 걱정된다면 건포도를 끓는 물에 살짝 데쳐서 먹이세요.

1 불린 멥쌀과 물 1/4컵을 믹서에 넣어 거칠게 간다.

2 쇠고기는 안심으로 준비하여 20분 정도 찬물에 담가 핏물을 뺀 후 얇게 저며 끓는 물에 3~4분 정도 삶아서 0.2cm 크기로 다진다.

3 배추는 잎만 잘라 끓는 물에 넣고 1분 정도 데쳐서 물기를 꼭 짜고 0.3cm 크기로 다진다. 건포도는 끓는 물에 넣고 30초 정도 데쳐서 0.3cm 크기로 다진다.

4 냄비에 ①과 쇠고기, 배추, 나머지 물 3/4컵을 넣고 센 불로 끓인다. 죽이 끓어오르면 약한 불로 줄이고 저어가며 7~8분 더 끓이다가 건포도를 넣고 2분 정도 끓인다.

감자 단호박수프

아기에게 가끔 수프를 만들어주세요. 수프라고 해서 거창할 것은 없어요. 집에 있는 재료를 모아 푹 익혀서 믹서에 갈아 다시 끓이기만 하면 돼요. 감자 단호박수프는 담백한 감자와 달콤한 단호박, 잡내를 없애고 수프에 맛과 향을 더하는 양파가 맛의 조화를 이뤄 아기가 먹어도 맛있지만 어른 입맛에도 잘 맞아요. 아기 이유식 만들면서 재료를 넉넉하게 준비해 아빠를 위해서도 만들어보세요.

요리 시간 15분
재료 감자 40g(2+2/3큰술, 4밥숟가락)
　　　 단호박 20g
　　　 무 10g
　　　 양파 5g
　　　 물(또는 닭고기 육수) 1컵
　　　 모유(또는 분유를 탄 물) 20g(1+1/3큰술, 2밥숟가락)

주하맘's Tip

👩 수프를 만들 때 모유나 분유를 탄 물을 넣으면 맛이 한결 좋아져요. 보통 우유는 돌 이후에 사용해야 하므로 돌 이전에는 모유나 분유를 탄 물로 수프를 만드세요. 모유나 분유를 탄 물은 수프가 거의 완성될 즈음에 넣어 한소끔 끓어오르면 바로 불을 끄세요. 그래야 모유나 분유를 탄 물의 단백질이 열에 의해 변성되는 것을 최소화할 수 있답니다.

1 냄비에 물 1컵을 붓고 감자, 단호박, 무, 양파를 적당한 크기로 잘라 넣고 7분 정도 삶는다.

2 ①이 한 김 식으면 믹서에 넣고 간다.

3 냄비에 ②를 붓고 센 불로 끓인다. 수프가 끓어오르면 약한 불로 줄이고 저어가며 3~4분 더 끓인다.

4 ③에 모유 20g을 넣고 1분 정도 끓이다가 불을 끈다.

가자미 미역죽

중기 이유식 후반부터는 천천히 흰살 생선에 도전해보세요. 붉은살 생선은 돌 이후부터 시작하세요. 아기에게 처음 생선을 먹일 때 생선을 먹여도 된다, 너무 이르다를 두고 의견이 분분해서 고민이 많았어요. 저는 식욕이 왕성하고 소화 흡수 능력이 좋다면 생선을 먹어도 괜찮겠다 싶어 주하에게는 9개월 무렵에 생선을 줬어요. 그렇지만 아기에게 알레르기가 있다면 생선은 돌 이후에 먹이세요. 흰살 생선은 단백질과 비타민, 칼슘이 풍부하고 지방은 적어 담백해요. 처음 먹이는 생선살로는 가자미와 대구가 좋아요. 처음에는 조금 번거롭더라도 싱싱한 생물 생선을 구입해 찜통에 쪄서 살만 곱게 으깬 뒤 사용하세요. 반드시 생선의 소금 간 여부를 확인하세요.

요리 시간
40분

재료
불린 멥쌀 20g(1+1/3큰술, 2밥숟가락)
물 (또는 다시마 육수) 1컵
가자미 1마리(가자미살 15g)
불린 미역 10g
물 2/3큰술(1밥숟가락)
당근 10g

1 불린 멥쌀과 물 1/4컵을 믹서에 넣어 거칠게 간다.

2 가자미 1마리는 김이 오른 찜통에 넣고 20분 정도 찐다.

3 가자미는 살만 발라 15g을 계량하여 곱게 으깬다.

4 마른미역은 찬물에 10분 정도 불렸다가 끓는 물에 30초 정도 살짝 데쳐서 물기를 짠다. 믹서에 불린 미역과 물 2/3큰술을 넣고 곱게 간다.

5 당근은 끓는 물에 넣고 2분 정도 익혀서 0.3cm 크기로 다진다.

6 냄비에 ①과 미역, 당근, 나머지 물 3/4컵을 넣고 센 불로 3분 정도 끓인다. 죽이 끓어오르면 약한 불로 줄이고 가자미살을 넣고 6~7분 더 끓인다.

가자미 양송이버섯죽

양송이버섯은 버섯류 가운데 단백질이 가장 많이 함유되어 있어요. 버섯을 이용한 이유식을 만들 때에는 달콤한 재료를 함께 넣으면 좋아요. 양송이버섯을 이유식 재료로 사용할 때는 기둥을 떼고 갓의 껍질을 아래에서 위로 잡아당기며 벗기세요. 갓 껍질에 불순물이 묻어 있을 수 있고 아기가 먹기에 질기므로 껍질은 반드시 벗겨 사용하세요.

요리 시간
40분

재료
불린 멥쌀 20g(1+1/3큰술, 2밥숟가락)
물(또는 다시마 육수) 1컵
가자미 1마리(가자미살 15g)
비트 10g
양송이버섯 10g
배 10g

1 불린 멥쌀과 물 1/4컵을 믹서에 넣어 거칠게 간다.

2 가자미는 김이 오른 찜통에 넣고 20분 정도 쩌서 가시를 발라 살만 곱게 으깨 15g을 준비한다.

3 비트는 끓는 물에 넣고 2분 정도 데쳐서 0.2cm 크기로 다진다. 양송이버섯은 갓 껍질을 벗기고 기둥을 떼어 10g을 준비해서 끓는 물에 넣고 30초 정도 데쳐 0.3cm 크기로 다진다.

4 배는 끓는 물에 넣고 20초 정도 데쳐서 강판에 간다.

5 냄비에 ①과 비트, 양송이버섯, 나머지 물 3/4컵을 넣고 센 불로 3분 정도 끓인다. 죽이 끓어오르면 가자미를 넣고 약한 불로 줄이고 5분 정도 끓인다.

6 ⑤에 배즙을 넣고 2분 정도 끓인다.

김 달걀노른자죽

중기 이유식부터 현미를 조심스럽게 사용해보세요. 단 현미는 아기가 먹기에 딱딱하고 소화 흡수가 잘되지 않으므로 곱게 갈아 사용하세요. 현미는 백미에 비해 비타민 B군과 식이섬유소, 지방산이 더 많이 함유되어 있어요. 현미는 물에 불리는 시간이 오래 걸리므로 백미를 물에 30분 정도 불렸다면 현미는 1시간 이상 불려서 사용하세요. 중기·후기 이유식에는 아기에게 달걀노른자만 먹이고 달걀흰자는 돌 이후부터 먹이세요. 식품 알레르기나 아토피 증상이 있는 아기라면 달걀노른자와 흰자 모두 두 돌 지나서 시도하는 것이 좋아요.

요리 시간
40분

재료
불린 멥쌀 10g(2/3큰술, 1밥숟가락)
불린 현미 10g(2/3큰술, 1밥숟가락)
물(또는 채소 육수) 1컵
감자 15g
양배추(잎 부분) 20g
달걀노른자 1개분
김 1/4장

1 불린 멥쌀, 불린 현미, 물 1/4컵을 믹서에 넣어 거칠게 간다.

2 감자는 10분 정도 삶아 0.3cm 크기로 다지거나 으깨고, 양배추는 심을 제거하고 잎만 잘라 20g 정도 준비해서 끓는 물에 넣고 2분 정도 데쳐 0.3cm 크기로 다진다.

3 달걀은 10분 정도 완숙으로 삶아 노른자만 체에 내린다.

4 김 1/4장은 불에 살짝 구워 가위로 잘게 자른다.

5 냄비에 ①과 감자, 양배추, 나머지 물 3/4컵을 넣고 센 불로 끓인다. 죽이 끓어오르면 약한 불로 줄이고 6분 정도 끓이다가 체에 내린 달걀노른자를 넣고 2분 정도 끓인다.

6 ⑤에 김을 넣고 1~2분 더 끓인다.

주하맘's **Tip**

🐱 김은 간이 안 된 생김을 구워 사용하세요. 김을 부숴 넣으면 간편하지만 크기가 고르지 않아 아기가 먹기 부담스러울 수 있어요. 가위로 가늘고 작게 잘라 이유식에 넣으세요.

🐱 중기 이유식 후반에는 당근, 비트, 양배추 등의 식재료를 데치거나 삶는 시간을 줄여도 돼요. 초기 이유식에는 모든 재료를 푹 익혀서 사용하고 중기 이유식 초반에는 7부 이상 익혀서 사용했지만 후반에는 2~3분만 데쳐 5부 정도만 익혀서 사용해도 좋아요.

연근 닭고기죽

연근조림을 평소에 자주 해 먹는 편인데 그때마다 아기에게 연근을 이용한 다양한 이유식을 만들어 췄어요. 연근은 비타민 C와 철분, 식이섬유가 풍부해 빈혈과 변비, 감기 예방에 좋아요. 또 소화에도 도움을 줘요. 연근은 굵고 길며 껍질에 흠집이 없고 흙이 묻어 있는 것을 고르세요. 연근은 껍질을 벗기는 즉시 갈변하므로 써는 즉시 식촛물에 담가주세요. 갈변도 방지할 수 있고 연근 특유의 아린 맛도 제거된답니다.

요리 시간
30분

재료
불린 멥쌀 20g(1+1/3큰술, 2밥숟가락)
물(또는 닭고기 육수) 1컵
연근 15g
닭고기 안심 20g
비타민(잎 부분) 10g

1 불린 멥쌀과 물 1/4컵을 믹서에 넣어 거칠게 간다.

2 연근은 식촛물에 담가 갈변을 방지한다.

3 닭고기는 안심으로 준비하여 끓는 물에 넣고 3~4분 정도 삶아서 잘게 다진다.

4 연근은 닭고기를 삶은 물에 넣고 3분 정도 데쳐서 곱게 다진다.

주하맘's **Tip**

● 연근은 조리해도 아삭한 질감이 그대로 남아 있어요. 아기가 딱딱하다고 느낄 수 있으므로 되도록 곱게 다져 사용하세요. 이유식을 잘 먹지 않는 아기라면 연근을 데쳐서 믹서에 갈아 이유식에 넣어주세요.

● 연근 구멍 안에 있는 불순물은 물로 씻어도 쉽게 빠지지 않아요. 이때는 젓가락을 이용해 빼세요.

5 비타민은 잎만 잘라 끓는 물에 넣고 30초 정도 살짝 데쳐서 찬물에 헹궈 물기를 꼭 짜고 0.2cm 크기로 다진다.

6 냄비에 ①과 닭고기, 연근, 나머지 물 3/4컵을 넣고 센 불로 끓인다. 죽이 끓어오르면 약한 불로 줄이고 저어가며 3분 정도 끓이다가 비타민을 넣고 6~7분 더 끓인다.

닭고기 대추죽

달콤한 대추가 입맛을 돋워주는 닭고기 대추죽은 아기가 입맛을 잃었거나 기운 없어할 때 만들어 주면 좋은 보양 이유식이에요. 찹쌀과 닭고기, 대추는 궁합이 잘 맞아요. 대추는 위장기능을 원활하게 하고 속을 편안하게 하며 신경을 안정시키는 효능이 있어요. 또 허약한 기를 보강하고 폐와 기관지에 이롭게 작용하며 몸을 따뜻하게 해 아기가 감기에 걸렸을 때도 도움이 돼요.

요리 시간
25분

재료
불린 멥쌀 10g(2/3큰술, 1밥숟가락)
불린 찹쌀 10g(2/3큰술, 1밥숟가락)
물(또는 닭고기 육수) 1컵
대추 10g(4개 정도)
닭고기 안심 20g
백일송이버섯 15g

1 불린 멥쌀과 불린 찹쌀, 물 1/4컵을
믹서에 넣어 거칠게 간다.

2 대추는 돌려깎아 씨를 제거하고 끓
는 물에 넣고 5분 정도 삶는다.

3 삶은 대추는 체에 내려 껍질을 제
거한다.

4 닭고기는 안심으로 준비하여 끓
는 물에 넣고 3~4분 정도 삶아서
0.2cm 크기로 다진다. 백일송이버섯은 밑
동을 자르고 30초 정도 데쳐서 0.3cm 크
기로 다진다.

5 냄비에 ①과 닭고기, 백일송이버섯,
나머지 물 3/4컵을 넣고 센 불로 끓
인다. 죽이 끓어오르면 약한 불로 줄이고
저어가며 3분 정도 끓이다가 대추를 넣고
6~7분 더 끓인다.

주하맘's Tip

🙎 닭고기 안심이나 가슴살은 통째 삶으면
시간이 오래 걸리니 얇게 썰어 데치세요.
또 대추는 삶아서 체에 내려 껍질을 거르
고 살만 사용하세요. 껍질은 섬유소가 많
고 질겨 아이가 먹기에 부담스러워요. 아
이가 입맛이 예민한 편이라면 처음에는 대
추 5g만 사용하세요.

옥수수 양파죽

여름철 대표간식인 옥수수. 비타민 E가 풍부해 피부 건조를 막고 심혈관계 질환 예방에도 좋다고 해요. 옥수수는 속을 편안하게 하고 변비 예방과 부종을 다스리는 데 탁월하죠. 옥수수 껍질은 섬유질이 많고 질기므로 옥수수는 푹 삶아 체에 내려 껍질을 제거해서 사용하세요. 씨눈 부분에는 뇌세포 발달에 도움을 주는 레시틴이 많으므로 씨눈은 이유식에 꼭 넣어주세요.

요리 시간 30분
재료 불린 멥쌀 20g (1+1/3큰술, 2밥숟가락)
　　　물(또는 채소 육수) 1컵
　　　옥수수알 30g
　　　브로콜리 10g
　　　양파 10g

주하맘's **Tip**
옥수수는 통째 삶거나 쪄서 알갱이만 떼어서 냉동 보관하세요. 싱싱하고 맛있는 옥수수가 많이 나오는 여름철에 손질해두면 겨우내 사용할 수 있답니다.

1 불린 멥쌀과 물 1/4컵을 믹서에 넣어 거칠게 간다.

2 옥수수는 알만 떼어 푹 삶아 체에 내려 껍질을 제거해서 20g을 준비한다.

3 브로콜리와 양파는 끓는 물에 넣고 1분 정도 데쳐서 0.3 cm 크기로 다진다.

4 냄비에 ①과 옥수수, 양파, 나머지 물 3/4컵을 넣고 센 불로 끓인다. 죽이 끓어오르면 약한 불로 줄이고 저어가며 3분 정도 끓이다가 브로콜리를 넣고 6~7분 더 끓인다.

닭고기 옥수수수프

입맛을 잃은 아기에게 별식으로 만들어주면 좋아요. 옥수수가 없다고 대체식품으로 통조림 옥수수는 사용하지 마세요. 통조림 옥수수에는 설탕과 소금이 함유되어 있고 대부분 수입 옥수수로 만든답니다. 옥수수가 없으면 콩류를 사용해도 좋고 집에 있는 다른 식재료를 사용해도 좋아요. 친환경 유기농매장에서 냉동 옥수수도 판매해요.

요리 시간 15분
재료 닭고기 안심 30g
　　　옥수수알 30g(2큰술, 3밥숟가락)
　　　감자 20g
　　　양배추(잎 부분) 10g
　　　물(또는 닭고기 육수) 1컵
　　　모유(또는 분유를 탄 물) 30g(2큰술, 3밥숟가락)

주하맘's **Tip**

🐤 옥수수는 알레르기를 일으킬 수 있어요. 알레르기와 아토피 증세가 있는 아기라면 옥수수는 돌 이후부터 천천히 먹이세요.

1 냄비에 물 1컵을 붓고 닭고기 안심, 옥수수알, 감자, 양배추는 적당한 크기로 잘라 넣고 7~8분 정도 삶는다.

2 재료가 익으면 한 김 식혀서 믹서에 넣고 간다.

3 ②를 냄비에 담고 센 불로 저어가며 끓인다.

4 수프가 끓어오르면 약한 불로 줄이고 저어가며 5분 정도 끓이다가 모유 30g을 넣고 1분 정도 끓인다.

현미 모둠채소죽

엄마가 정성껏 만든 이유식을 아기가 잘 받아먹으면 얼마나 행복한지 몰라요. "오늘은 당근도 먹고 호박도 먹고, 버섯도 먹었네. 고마워"라고 아기에게 말해주세요. 현미 모둠채소죽은 이름 그대로 집에 있는 각종 채소를 이용하면 돼요. 중기 이유식 후반에는 당근을 삶지 않고 데쳐서 넣어도 좋아요. 당근 끝 부분에는 심이 있으므로 이유식에는 되도록 중간 부분을 사용하세요.

요리 시간 20분
재료 불린 멥쌀 10g(2/3큰술, 1밥숟가락)
　　　불린 현미 10g(2/3큰술, 1밥숟가락)
　　　물(또는 채소 육수) 1컵
　　　애호박 10g
　　　콜리플라워 10g
　　　당근 10g

주하맘's Tip

🍚 쌀은 크게 도정 정도에 따라 백미, 5분도미, 7분도미, 현미로 나뉘어요. 도정 과정을 많이 거치지 않은 현미가 영양가는 가장 많지만 아기가 현미 먹는 것을 부담스러워한다면 5분도미, 7분도미를 이용해도 좋아요. 영양가가 많은 쌀은 백미를 제외하고는 모두 붙어 있답니다.

1 불린 멥쌀, 불린 현미, 물 1/4컵을 믹서에 넣어 거칠게 간다.

2 애호박과 콜리플라워는 끓는 물에 넣고 1분 정도, 당근은 2분 정도 데친다.

3 애호박, 콜리플라워, 당근을 0.3cm 크기로 다진다.

4 냄비에 ①과 애호박, 콜리플라워, 당근, 나머지 물 3/4컵을 넣고 센 불로 저어가며 끓인다. 죽이 끓어오르면 약한 불로 줄이고 8~10분 더 끓인다.

찰수수 늙은호박죽

약호박, 맷돌호박, 청둥호박이라고도 불리는 늙은호박은 소화 흡수에 도움을 줘 위장이 약한 아기 이유식 재료로 좋아요. 이뇨 작용과 해독 작용에도 도움을 줘 출산한 여성이나 비만한 사람에게도 좋은 식품이지요. 또 호박의 셀레늄은 독감 예방과 면역력 증진에도 도움을 줘 환절기에 먹으면 좋답니다.

요리 시간 20분
재료 불린 멥쌀 10g(2/3큰술, 1밥숟가락)
　　　불린 찰수수 10g(2/3큰술, 1밥숟가락)
　　　물 (또는 닭고기 육수) 1컵
　　　닭고기 안심 15g
　　　늙은호박 15g
　　　양파 10g

주하맘's **Tip**
　이유식에 자주 등장하는 단호박이 단맛은 더 좋지만 가끔은 영양가 많은 늙은호박으로도 이유식을 만들어주세요.

1 불린 멥쌀, 불린 찰수수, 물 1/4컵을 믹서에 넣고 거칠게 간다.

2 닭고기 안심과 늙은호박은 끓는 물에 넣고 3~4분 정도 삶고, 양파는 1분 정도 데친다.

3 삶은 닭고기는 0.2cm 크기로 다지고, 늙은호박과 양파는 0.3cm 크기로 다진다.

4 냄비에 ①과 닭고기, 늙은호박, 양파, 나머지 물 3/4컵을 넣고 센 불로 끓인다. 죽이 끓어오르면 약한 불로 줄이고 8~10분 더 끓인다.

발아현미
송이버섯죽

왕겨를 벗겨낸 현미에 적정한 수분과 온도, 산소를 공급해 1~5mm 정도의 쌀을 틔운 것을 발아현미라고 해요. 싹이 난 현미에는 비타민, 아미노산, 미량 영양소 등 몸에 이로운 성분들이 새로 생겨나요. 단백질, 칼슘, 인, 비타민, 식이섬유 등 영양 성분이 현미보다 많이 함유되어 있어요. 발아현미는 성인병과 변비 예방, 해독 작용뿐만 아니라 면역력 증진에도 도움을 줘요.

요리 시간 40분
재료 불린 멥쌀 10g(2/3큰술, 1밥숟가락)
　　　불린 발아현미 10g(2/3큰술, 1밥숟가락)
　　　물(또는 쇠고기 육수) 1컵
　　　쇠고기 안심 15g
　　　아욱(잎 부분) 10g
　　　송이버섯 15g

주하맘's Tip

🙎 쇠고기나 닭고기는 채소보다 더 곱게 다져주세요. 이유식을 잘 먹지 않는 아기라면 모든 재료를 더 곱게 다져도 괜찮아요.

1 불린 멥쌀, 불린 발아현미, 물 1/4컵을 믹서에 넣어 거칠게 간다.

2 쇠고기는 안심으로 준비해 찬물에 20분 정도 담가 핏물을 뺀 후 얇게 저며 끓는 물에 3~4분 정도 삶아서 0.2cm 크기로 다진다.

3 아욱은 잎만 잘라 끓는 물에 넣고 1분 정도 데쳐서 찬물에 헹궈 물기를 꼭 짜고, 송이버섯은 30초 정도 데쳐서 0.3cm 크기로 다진다.

4 냄비에 ①과 쇠고기, 송이버섯, 나머지 물 3/4컵을 넣고 센 불로 끓인다. 죽이 끓어오르면 약한 불로 줄이고 저어가며 3분 정도 끓이다가 아욱을 넣고 6~7분 더 끓인다.

대구 감자수프

대구는 이유식에 가장 많이 사용되는 흰살 생선이죠. 대구에는 단백질이 풍부할 뿐만 아니라 비타민 A·B군·E가 풍부해 눈 건강, 원기 회복 및 감기와 염증 예방에 도움이 돼요. 대구는 생물을 구입해 1토막 정도 찜통에 쪄서 살만 사용하세요. 저는 대구 1~2마리를 구입해 가운데 토막은 이유식 재료로 사용하고 나머지는 대구매운탕을 만들어 저녁 식탁에 냈어요. 이유식에 사용하는 재료로 저녁을 만들면 저녁 식단의 고민도 덜 수 있고 식비도 절감되죠.

요리 시간 50분
재료 대구 1토막(대구살 40g)
　　　표고버섯 15g
　　　양파 10g
　　　감자 30g
　　　물(또는 다시마 육수) 3/4컵
　　　모유(또는 분유를 탄 물) 30g(2큰술, 3밥숟가락)

주하맘's **Tip**

● 생물 대구 1토막은 120~150g 정도 돼요. 푹 쪄서 뼈를 바르고 껍질을 벗기면 80~100g 정도 분량의 생선살을 얻을 수 있어요. 사용하고 남은 생선살은 냉동 보관했다가 다음 이유식을 만들 때 활용하세요.

● 잘 먹지 않는 아기라면 감칠맛이 더한 육수를 이용해 이유식을 만들어주세요.

1 대구 1토막은 김이 오른 찜통에 넣고 20분 정도 쪄서 살만 곱게 으깨 40g을 준비한다. 표고버섯과 양파는 끓는 물에 넣고 30초 정도 데쳐서 곱게 다진다.

2 감자는 10분 정도 삶아 뜨거울 때 으깬다.

3 냄비에 표고버섯, 양파, 감자, 물 3/4컵을 넣어 센 불로 끓인다. 죽이 끓어오르면 약한 불로 줄이고 저어가며 3분 정도 끓이다가 대구살을 넣고 6분 정도 끓인다.

4 ③에 모유 30g을 넣고 1분 정도 끓인다.

대구살 배추죽

대구살 배추죽은 아기 속을 편안하게 해주는 이유식이에요. 찹쌀은 허한 기를 보강하며 소화가 잘되고 배추와 옥수수는 변비 예방에 도움을 줘 아기가 변비나 설사로 고생하거나 장에 가스가 찼다면 대구살 배추죽을 만들어 먹이세요. 옥수수에는 쌀에 부족한 몇 가지 필수아미노산이 함유되어 있으므로 가끔씩 옥수수와 쌀을 섞어 죽을 만들어주세요.

요리 시간 50분
재료 **불린 찹쌀 20g**(1+1/3큰술, 2밥숟가락)
　　　물(또는 다시마 육수) **1컵**
　　　대구 1토막(대구살 20g)
　　　배추(잎 부분) **20g**
　　　옥수수알 15g(1큰술, 1.5밥숟가락)

주하맘's Tip
> 🙍 친환경 유기농매장에 가면 이유식용 대구살을 손질해 냉동 상태로 소량씩 판매하기도 해요. 가격은 비싼 편이지만 엄마의 편의를 위해 가끔 이용해보세요.

1 불린 찹쌀과 물 1/4컵을 믹서에 넣고 거칠게 간다.

2 대구 1토막은 김이 오른 찜통에 넣고 20분 정도 쪄서 살만 곱게 으깨 20g을 준비한다. 배추는 잎만 잘라 20g을 준비해 끓는 물에 넣고 1분 정도 데쳐 물기를 꼭 짜고 0.3cm 크기로 다진다.

3 옥수수알은 10분 정도 푹 삶아 체에 내려 껍질을 제거한다.

4 냄비에 ①과 배추, 옥수수, 나머지 물 3/4컵을 넣고 센 불로 끓인다. 죽이 끓어오르면 약한 불로 줄이고 저어가며 3분 정도 끓이다가 대구살을 넣고 6~7분 더 끓인다.

두부 양배추죽

두부 양배추죽은 닭고기와 두부가 들어간 담백하고 속이 든든한 이유식이에요. 주하도 저도 닭고기를 너무 좋아해서 이유식을 만드는 동안 닭고기는 항상 집에 구비되어 있었어요. 이 무렵에는 닭가슴살을 삶아서 가늘게 찢어 아기의 손에 쥐어줘도 좋아요. 뭐든지 혼자 하고 싶고, 혼자 먹고 싶은 의욕이 점점 커지는 시기에 아기의 눈높이에서 아기가 원하는 것을 잘 충족시켜주세요. 단이 시기에 닭고기나 과일을 쥐어줄 때는 반드시 엄마가 지켜보는 가운데 먹을 것을 주세요.

요리 시간 25분
재료 불린 멥쌀 20g(1+1/3큰술, 2밥숟가락)
　　　물(또는 닭고기 육수) 1컵
　　　닭고기 안심 15g
　　　양배추(잎 부분) 20g
　　　두부 20g
　　　배 10g

주하맘's Tip
🔴 양배추에는 황 성분이 많으므로 반드시 끓는 물에 데쳐 양배추 특유의 쌉싸래한 맛과 냄새를 날리세요.

1 불린 멥쌀과 물 1/4컵을 믹서에 넣어 거칠게 간다.

2 닭고기는 안심으로 준비하여 끓는 물에 넣고 3~4분 정도 삶아서 0.2cm 크기로 다지고, 양배추는 잎만 잘라 20g 정도 준비해 2분 정도 데쳐서 물기를 꼭 짜고 0.3cm 크기로 다진다. 두부는 끓는 물에 30초 정도 살짝 데쳐서 으깬다.

3 배는 끓는 물에 30초 정도 살짝 데쳐서 강판에 간다.

4 냄비에 ①과 닭고기, 양배추, 두부, 나머지 물 3/4컵을 넣고 센불로 끓인다. 죽이 끓어오르면 약한불로 줄이고 저어가며 7~8분 더 끓이다가 배즙을 넣고 2분 정도 끓인다.

감자 적양배추죽

적양배추에는 예쁜 보랏빛에 함유된 안토시아닌이 가득해 항산화작용과 혈관 속 노폐물 배설에 탁월한 효능을 보여요. 또 양배추 특유의 영양소인 비타민 U는 위궤양에 좋아요. 그러나 찬 성질이 있어 설사를 자주 하는 아기에게는 먹이지 마세요. 적양배추의 잎을 떼어 굵은 심은 자르고 깨끗하게 씻어서 사용하세요.

요리 시간 25분
재료 불린 멥쌀 20g(1+1/3큰술, 2밥숟가락)
　　　물(또는 채소 육수) 1컵
　　　감자 20g
　　　적양배추(잎 부분) 20g
　　　근대(잎 부분) 20g

주하맘's Tip

👩 감자는 삶고 적양배추는 흐물흐물해질 때까지 데치고 근대는 끓는 물에 살짝 데쳤다가 먼저 건져내세요. 근대와 같은 녹색 채소는 데친 뒤 반드시 찬물에 헹구세요.

1 불린 멥쌀과 물 1/4컵을 믹서에 넣어 거칠게 간다.

2 감자는 10분 정도 무르게 푹 삶고, 적양배추는 끓는 물에 넣고 2분 정도 데친다. 근대는 끓는 물에 넣고 1분 정도 데친다.

3 삶은 감자는 으깨거나 0.3cm 크기로 다지고, 적양배추와 근대도 0.3cm 크기로 다진다.

4 냄비에 ①과 감자, 적양배추 나머지 물 3/4컵을 넣고 센 불로 끓인다. 죽이 끓어오르면 약한 불로 줄이고 저어가며 3분 정도 끓이다가 근대를 넣고 6~7분 더 끓인다.

두부
달걀노른자찜

담백하고 부드러운 두부 달걀노른자찜은 아기 별식으로 가끔 만들어 먹이면 좋아요. 또 아기랑 외출할 때 가지고 나가기도 좋아요. 두부는 표면이 딱딱하므로 잘라내고 사용하세요. 두부와 달걀은 알레르기를 유발할 수 있으므로 알레르기가 있거나 아토피 피부염이 있는 아기라면 돌 이후에 만들어주세요.

요리 시간 30분
재료 두부 20g
　　　시금치(잎 부분) 20g
　　　표고버섯 10g
　　　달걀노른자 1개분
　　　모유(또는 분유를 탄 물) 15g(1큰술, 1.5밥숟가락)

주하맘's **Tip**

🐰 두부 달걀노른자찜을 빨리 만들어야 할 때는 전자레인지를 이용해도 좋아요. 달걀찜을 전자레인지에 넣고 1분 30초~2분 정도 돌리면 돼요. 전자레인지에서 조리하면 시간은 절약되지만 표면이 마르고 딱딱해질 수 있으므로 모유나 분유를 탄 물을 30g 정도 넣으세요.

1 두부는 끓는 물에 넣고 30초 정도 살짝 데쳐 곱게 으깬다.

2 시금치는 잎만 잘라 20g을 준비해 끓는 물에 넣고 30초 정도 데쳐서 찬물에 헹궈 물기를 꼭 짜고 0.3cm 크기로 다진다. 표고버섯은 30초 정도 데쳐서 0.3cm 크기로 다진다.

3 그릇에 ①과 ②, 달걀노른자 1개분, 모유를 넣고 섞는다.

4 찜통에 물이 끓어오르면 ③을 넣고 약한 불에서 20분 정도 찐다.

★ 중기 이유식 간식 01

감자 브로콜리매시

요리 시간 15분
재료 감자 80g, 브로콜리 10g, 모유(또는 분유를 탄 물) 10g(2/3큰술, 1밥숟가락)

1 감자는 10분 정도 푹 삶아 뜨거울 때 곱게 으깬다.

2 브로콜리는 끓는 물에 넣고 2분 정도 데친다. 찬물에 헹궈 물기를 제거하고 곱게 다진다.

3 ①과 ②에 모유 10g을 넣고 섞는다.

 주하맘's Tip 👩 감자가 퍽퍽하면 모유나 분유를 더 넣어도 좋아요.

★ 중기 이유식 간식 02

고구마 연두부매시

요리 시간 15분
재료 고구마 80g, 연두부 30g(2큰술, 3밥숟가락)

1 고구마는 10분 정도 푹 삶아 뜨거울 때 곱게 으깬다.

2 연두부는 끓는 물에 넣고 30초 정도 살짝 데쳐서 으깬다.

3 ①과 ②를 섞는다.

 주하맘's Tip 👩 고구마와 연두부는 수분이 많아 모유나 분유를 넣지 않아도 돼요.

단호박 건포도매시

요리 시간 10분
재료 단호박 80g, 건포도 10g(2/3큰술, 1밥숟가락)

1 단호박은 6~7분 정도 삶아 으깬다.

2 건포도는 끓는 물에 넣고 30초 정도 살짝 데쳐서 곱게 다진다.

3 ①과 ②를 섞는다.

주하맘's **Tip** 단호박과 건포도는 궁합이 잘 맞는 식품이에요. 달콤한 단호박 건포도매시는 아기의 입맛을 돋울 수 있으니 아기가 아프거나 밥을 잘 먹지 않을 때 가끔 만들어주세요.

검은콩 바나나매시

요리 시간 20분
재료 불린 검은콩 30g(1+1/3큰술, 2밥숟가락), 바나나 1개

1 검은콩은 반나절 정도 불려 끓는 물에 넣고 15분 정도 무르게 푹 삶아서 껍질을 벗기고 으깬다.

2 바나나는 양 끝을 잘라내 끓는 물에 넣고 20초 정도 살짝 데쳐서 곱게 으깬다.

3 ①과 ②를 섞는다.

주하맘's **Tip** 검은콩은 푹 삶아서 곱게 으깨어 사용하세요.
바나나는 쉽게 갈변되니 사용하기 직전에 껍질을 벗겨 으깨세요.

단호박소스 연두부

요리 시간 10분
재료 단호박 30g, 모유(또는 분유를 탄 물) 30g(2큰술, 3밥숟가락), 연두부 100g
(6+2/3큰술, 10밥숟가락)

1 단호박은 7분 정도 삶아 믹서에 모유 30g과 함께 넣어 곱게 간다.

2 연두부는 끓는 물에 넣고 30초 정도 살짝 데쳐서 대충 으깨 그릇에 담는다.

3 연두부 위에 ①의 단호박소스를 뿌린다.

주하맘's **Tip** 🔵 영양이 많고 부드러운 연두부는 아기에게 좋은 간식이에요. 연두부에 단호박소스를 더하면 달콤하고 색깔도 예뻐 아기의 호기심을 자극할 수 있답니다.

베이비 두유

요리 시간 10분
재료 두부 50g, 물 1/2컵(100g), 볶은 콩가루 2g(1/2큰술, 1밥숟가락)

1 두부는 끓는 물에 넣고 30초 정도 살짝 데친다.

2 물은 미리 끓여 식혀둔다.

3 믹서에 ①과 ②, 볶은 콩가루를 넣고 곱게 간다.

주하맘's **Tip** 🔵 볶은 콩가루는 친환경 유기농매장에서 구입할 수 있어요. 구입 후 냉장 보관하고 이유식에 다용도로 활용해보세요.

연두부 바나나푸딩

요리 시간 25분
재료 연두부 40g(2+2/3큰술, 4밥숟가락), **바나나 1/2개, 달걀노른자 1개분**

1 연두부와 바나나는 함께 끓는 물에 넣고 30초 정도 살짝 데쳐서 곱게 으깬다.

2 용기에 ①과 달걀노른자 1개를 넣고 섞는다.

3 찜통의 물이 끓어오르면 ③을 넣고 약한 불에서 20분 정도 찐다.

 Tip 😊 연두부 바나나푸딩은 아기가 참 좋아하는 간식이에요. 유리로 만든 작은 밀폐용기에 담아 쪄서 한 김 식힌 뒤 뚜껑을 덮어 외출할 때 가지고 나가면 편리해요.

모둠 채소으깸

요리 시간 15분
재료 감자 100g, 고구마 100g, 단호박 100g, 당근 100g

1 감자와 고구마는 10분, 단호박과 당근은 7분 정도 푹 삶는다.

2 뜨거울 때 곱게 으깨 접시에 골고루 담는다.

 Tip 😊 이 시기에 집에 있는 채소를 푹 쪄서 으깨 접시에 담아 아기가 재미있게 놀면서 먹도록 했어요. 채소 이름을 알려주고 스스로 하나씩 맛보게 하면 엄마가 억지로 입에 넣어주는 것보다 아기들이 더 잘 먹고 즐거워한답니다. 또 손으로 주물럭거리는 놀이는 소근육과 감성 발달에도 도움을 준다네요.

우리 아기가 아장아장 걸음마 연습을 하는 시기가 되었어요.

아기의 활동량이 눈에 띄게 늘어나고 자립심이 생겨 혼자서 모든 것을 하려 하지요.

많은 에너지가 필요한 우리 아기에게 따뜻하고 맛있는 영양 가득한 이유식을 만들어주세요.

또 아기가 혼자 먹도록 아기 손에 숟가락을 쥐어주고 '으싸으싸' 응원해주세요.

Chapter 3

생후 10~12개월
후기 이유식

한눈에 보는

후기 이유식(생후 10~12개월)

이제는 진밥 형태로 밥을 먹을 수 있게 되고 엄마, 아빠처럼 하루 세끼를 먹을 수 있어요. 아이에게 매일 똑같은 음식이 아닌 다양한 식재료를 응용해 눈으로도 맛있는 음식을 만들어주세요. 식사 때마다 아이에게 음식을 먹여주지 말고 아이 스스로 적극적으로 식사를 할 수 있도록 아이의 의견을 존중해주세요. 음식 먹는 일이 즐겁다는 것을 스스로 깨닫게 되면 밥도 맛있게 잘 먹을 수 있어요.

❶ 후기 이유식 횟수
3회(오전 1회, 오후 1회, 저녁 1회)+간식 1~2회

❷ 후기 이유식 양
평균 100~150g

❸ 모유·분유 횟수
3~4회(평균 500~700㎖)

❹ 후기 이유식 안심 식재료

후기 이유식 전반(10~11개월)

녹두, 콩비지, 흰살 생선살(임연수어, 생태, 동태, 병어, 갈치), 파래, 콩나물, 숙주, 가지, 우엉, 참외, 살구, 포도즙, 귤즙, 참기름, 통깨

★ 신맛이 강한 과일이나 섬유질이 많은 연근, 우엉, 향이 강한 채소는 천천히 시도해도 좋아요.

후기 이유식 후반(12개월)

흑미, 찹쌀가루, 녹말가루, 한천가루, 밥새우, 잔멸치, 다시마, 멜론, 들깻가루, 검은깨, 포도씨오일, 올리브오일, 떡, 소면, 쌀국수, 아기용 치즈, 무가당 플레인 요구르트, 육수(멸치 육수, 건새우 육수, 가다랑어 육수)

★ 후기 이유식 식재료는 초기·중기 이유식 단계에서 사용한 식재료에 위의 재료를 하나씩 추가하면 됩니다.

후기 이유식 노하우

① **10개월 이후**부터는 **아침, 점심, 저녁**으로
나눠 하루에 **3회** 이유식을 주세요

후기 이유식에 접어들면 하루 3회식을 시작하세요. 예를 들면
오전 9시, 오후 1시, 오후 6시 정도의 시간 간격이 좋아요. 아기
가 이유식을 먹는 시간대에 온 가족이 함께 모여 식사를 하면
아기의 식습관 형성에 도움이 돼요. 현실적으로 가족이 한자리
에서 식사하기는 어렵지만 시간이 되는 대로, 엄마라도 아기와
함께 밥을 먹도록 하세요.

② 하루에 간식을 **1~2회** 주세요

오전 1회, 오후 1회 하루 2번 간식을 주세요. 간식은 고
구마나 감자를 삶아주거나 과일주스를 만들어주는 등 소박하지
만 엄마표 간식이 제일 좋아요. 시중에서 판매하는 과자나 사탕,
과일주스는 먹이지 마세요.

③ **어른 음식**을 그대로 주지 마세요

이유식의 기본상식은 어른이 먹는 음식을 아기에게 그
대로 주면 안 된다는 것이죠. 적어도 돌까지는 음식에 간을 하지
마세요. 고소한 참기름이나 깨소금으로 후각을 자극하고 예쁜
색상으로 시각을 자극하는 등 아기가 이유식에 흥미를 가질 수
있도록 엄마가 더욱 노력해주세요.

④ **특정 음식만** 먹이지 마세요

전복이나 사골국 등 어른들의 보양 음식으로 알려진
식품만을 골라 먹인다거나 단백질 보충이 중요하다며 시중에 판
매하는 두유를 매일 먹이는 것은 좋지 않아요.

⑤ 아기가 **숟가락**을 쥐고 밥을 먹고 **컵**을 들고
물을 마실 수 있도록 엄마가 도와주세요

후기 이유식 즈음에는 아기가 혼자 앉을 수 있어요. 아기가 혼자
앉아 숟가락을 쥐고 밥을 먹고 컵을 들고 물을 마실 수 있도록
엄마가 옆에서 도와주고 응원해주세요. 비록 실수투성이에 집
안을 엉망진창으로 만들더라도 아기를 다독이고 칭찬해주세요.
아기가 음식을 떠서 입으로 가져가는 것을 어려워하니 숟가락에
음식을 얹어서 손에 쥐어주는 것도 좋은 방법이에요.

⑥ 음식을 가지고 놀면서 **장난칠 때**는
단호히 말하세요

밥을 먹다가 장난을 치면 아기에게 분명하게 안 된다고 알려주
세요. 아기가 계속 밥 먹기를 거부하고 장난을 치려고 하면 밥을
치우고 아기에게 밥을 그만 먹으라고 말하세요.

⑦ 식사 중 **TV**는 보지 마세요

아기는 TV 소리에 온 신경을 빼앗겨 엄마, 아빠의 이야
기에 관심을 가질 수 없게 되고 올바른 식사습관을 갖기 어려워
진답니다. 엄마, 아빠가 먼저 모범을 보이세요.

⑧ 아기가 **먹고 싶어 할 때까지만** 밥을 먹이세요

이유식을 잘 먹는 아기라도 밥 먹기를 꺼려하는 시기가
오기도 해요. 세상에 탐색할 것들이 점점 많아지고 또 키가 확
자랐다가 정체기가 오기도 하며 이가 생겨 잇몸이 간질간질해지
면서 입맛이 떨어지기도 하는 등 여러 상황에 의해 밥 먹기를 거
부할 수 있어요. 아기가 먹기 싫은데 엄마가 억지로 먹을 것을 강
요하면 먹는 것에 대해 거부감이 생겨 아기가 밥을 더 먹지 않게
될 수도 있어요. 우리 아기가 먹는 양을 평균치에 맞추지 말고
아기가 먹고 싶을 때까지만 먹도록 아기에게 결정권을 주세요.

후기 이유식 조리 포인트

1 진밥을 만들어 먹이세요

이유식에 익숙해지고 앞니가 생기는 후기 이유식부터는 아기에게 진밥을 먹여도 좋아요. 그동안 이유식을 차근차근 잘 진행한 아기라면 이 무렵에는 쌀과 밥을 갈지 않아도 돼요. 그러나 아기가 진밥 먹는 것을 아직 부담스러워한다면 쌀을 살짝 갈거나 5배죽 정도의 묽기부터 차츰 진밥으로 진행하세요.
후기 이유식을 잘 연습해야 완료기 이유식에 접어들어 좀 더 딱딱한 음식도 잘 씹을 수 있어요.

2 채소를 모두 데치지 않아도 돼요

중기 이유식에는 모든 식재료를 데쳐서 사용했지만 후기 이유식에는 몇 가지 채소를 제외하고는 모두 데치지 않아도 돼요. 시금치, 브로콜리, 두부는 반드시 데쳐서 사용하고 향이 강한 표고버섯이나 청경채 등은 아기의 입맛에 따라 데치는 여부를 결정하세요. 후기 이유식 후반부터는 쇠고기, 닭고기를 따로 익히지 않고 넣어도 돼요.

3 육수를 만들어 활용하세요

이유식을 만들 때 물 대신 미리 만들어둔 육수를 사용하면 이유식이 훨씬 맛있어져요. 육수를 따로 만들기 어렵다면 쇠고기나 닭고기, 채소 삶은 물을 육수로 이용하세요. 후기 이유식에는 쇠고기, 닭고기, 다시마, 표고버섯, 채소 육수 외에 멸치, 새우, 가다랑어 육수를 사용해도 좋아요.

4 식재료를 0.4cm 정도 크기로 다져 사용하세요

10개월 무렵에는 아기 이가 평균 4개 정도 나와요. 음식을 잇몸이나 혀뿐만 아니라 이로도 으깰 수 있으므로 덩어리 있는 음식을 만들어줘도 아기가 부담 없이 먹을 수 있어요. 식품을 0.4~0.5cm 크기로 다져 넣으세요. 섬유질이 많은 채소나 질긴 고기, 버섯류는 더 곱게 다져도 돼요.

5 식재료를 3~4가지 섞어 먹이세요

쌀과 곡류 외에 3~4가지의 식재료를 섞어 이유식을 만드세요. 영양 조성이나 색깔이 다른 식품끼리 배합하면 더 좋답니다. 후기 이유식에서도 새로운 식재료는 한 번에 한 가지씩만 첨가하고 아기에게 식품 알레르기가 발생하는지 잘 관찰하세요.

6 소량의 기름을 사용할 수 있어요

후기 이유식부터는 참기름이나 통깨, 올리브오일, 포도씨오일 등 식물성 기름을 소량 사용해도 좋아요. 이유식에 고소한 참기름과 통깨를 넣으면 아기가 좋아해요. 그러나 매번 이유식마다 식물성 기름류를 사용하면 지방을 과잉 섭취할 수 있으니 가끔씩 사용하세요.

7 덮밥이나 리조토 등 다양한 요리를 시도해보세요

아기가 진밥에 잘 적응한 후기 이유식 후반에는 덮밥이나 리조토, 완자 등 다양한 요리를 만들어줄 수 있어요. 매일 죽과 진밥만 먹던 아기에게 새로운 요리를 만들어주면 정말 좋아한답니다.
12개월 즈음에는 국수 요리를 만들어줘도 좋아요. 국수는 대부분 아기들이 참 좋아하는 메뉴지만 밀가루는 소화 흡수가 잘되지 않을 수 있으니 일주일에 한 번 정도로 가끔씩만 만들어주세요.

8 하루에 적어도 한 끼는 다른 음식을 주세요

하루 세 끼 매번 다른 이유식을 만들어 먹인다는 것은 현실적으로 힘들어요. 그래도 하루에 한 끼는 다른 음식을 주세요. 아침에 어제 오전에 만들어둔 이유식을 먹였다면 점심에는 이유식을 만들어 먹이고, 저녁에는 점심 때 만든 이유식을 먹이거나 어제 저녁에 만들어둔 이유식을 먹여 똑같은 메뉴를 아침, 점심, 저녁으로 주는 일은 없도록 하세요.

단호박 찹쌀진밥

후기 이유식부터는 이유식 만들기가 조금 수월해져요. 쌀이나 밥을 갈지 않아도 되고 또 식재료를 모두 데치지 않아도 되기 때문이죠. 그래도 아기가 진밥을 부담스러워한다면 밥을 살짝 갈거나 으깨서 사용하세요. 또 아기가 큰 덩어리를 싫어한다면 재료를 조금 더 다져도 좋아요.

후기 이유식 전반
Recipe

중기 이유식을 잘 진행한 아이라면 후기 이유식에는 진밥 형태의 밥을 먹을 수 있어요. 진밥은 죽과 밥의 중간 정도의 농도로 만들면 돼요. 그러나 모든 아이가 똑같이 10개월 무렵부터 후기 이유식을 시작할 수는 없어요. 아이가 진밥 먹기를 부담스러워하고 이가 많이 나지 않고, 밥을 잘 먹지 않는 편이라면 후기 이유식 전반기에 5배죽을 만들어 먹여도 좋아요. 이유식의 기본은 우리 아이에게 초점이 맞춰져야 한다는 것을 잊지 마세요.

요리 시간
20분

재료
단호박 25g
당근 10g
팽이버섯 15g
물(또는 채소 육수) 1/2컵
찹쌀밥 60g(4큰술, 6밥숟가락)

대체 재료
단호박 ▶ 늙은호박, 미니호박

주하맘's **Tip**

🧑 레시피대로 이유식을 만들어도 화력이나
냄비 바닥의 두께 등 상황이 모두 다르기
때문에 원하는 농도의 이유식이 만들어
지지 않을 수도 있어요. 진밥은 질척하고
기울이면 뚝뚝 떨어지는 정도의 농도인데
너무 되직하게 만들어졌다면 물을 조금
더 붓고 저어가며 끓이세요.

1 단호박, 당근, 팽이버섯은 0.4cm 크기로 다진다.

2 냄비에 단호박, 당근, 팽이버섯, 물 1/2컵을 넣고 센 불로 끓인다.

3 물이 끓어오르면 찹쌀밥을 넣고 약한 불로 줄이고 저어가며 끓인다.

4 10분 정도 끓여 재료가 익고 물이 자작해지면 불을 끈다.

닭고기 우엉진밥

독특한 향과 아삭한 질감이 매력적인 우엉에는 당질의 일종인 이눌린이 풍부해 신장에 좋고 식이섬유가 많아 변비 예방에도 좋아요. 껍질을 벗긴 우엉은 표백제를 사용해 색을 더 하얗게 만들기 때문에 되도록 껍질을 벗기지 않고 흙이 묻어 있는 것을 고르세요. 아기가 우엉의 아삭한 질감을 거부할 수도 있으므로 우엉은 되도록 곱게 다져주세요.

요리 시간 25분
재료 우엉 15g
　　　닭고기 안심 30g
　　　가지 10g
　　　물(또는 닭고기 육수) 1/2컵
　　　밥 60g(4큰술, 6밥숟가락)
대체 재료 우엉 ▶ 연근

주하맘's Tip
- 우엉은 칼등으로 껍질을 벗기거나 우엉에 세로로 칼집을 넣어 필러로 껍질을 얇게 밀면 비교적 껍질을 쉽게 벗길 수 있답니다.
- 우엉과 가지를 바로 사용하지 않는다면 우엉은 식촛물에, 가지는 찬물에 담가두어 갈변을 방지하세요.

1 우엉은 식촛물에 담가 갈변을 방지한다.

2 우엉은 끓는 물에 넣고 2분 정도 데친다.

3 닭고기 안심은 끓는 물에 넣고 3~4분 정도 삶아 잘게 찢는다. 우엉은 곱게 다지고 닭고기, 가지는 0.4cm 크기로 다진다.

4 냄비에 닭고기, 우엉, 가지, 물 1/2컵을 넣고 센 불로 끓인다. 물이 끓어오르면 밥을 넣고 약한 불로 줄이고 저어가며 10분 정도 끓인다.

감자 검은콩진밥

후기 이유식부터는 고소한 통깨를 가끔씩 사용해도 좋아요. 통깨에는 뇌와 세포의 구성 요소인 리놀레인산, 리놀렌산 등 불포화지방산이 풍부해 두뇌 발달에 도움을 주고 면역력을 높여 아기에게 좋은 지방 공급원 식품이에요. 요즘 시중에는 수입산 통깨가 대부분이죠. 통깨의 지방은 쉽게 산화되어 변질될 우려가 많으니 아기에게는 안전하고 건강한 국산 통깨를 먹이세요.

요리 시간 30분
재료 불린 검은콩 20g
　　　감자 30g
　　　배추(잎 부분) 10g
　　　통깨 약간
　　　물(또는 채소 육수) 1/2컵
　　　밥 60g(4큰술, 6밥숟가락)
대체 재료 검은콩 ▶ 백태콩, 밤콩, 강낭콩 등 콩류

주하맘's Tip
🙎 참깨는 살짝 볶아서 절구에 곱게 갈아 사용하세요. 참깨 껍질에는 셀룰로오스라는 섬유소가 있어 그냥 섭취하면 소화가 잘 안 된답니다.

1 검은콩은 반나절 이상 찬물에 불려서 20g을 준비해 15분 정도 무르게 푹 삶아 껍질을 벗겨 거칠게 으깬다.

2 감자, 배추는 잎 부분만 0.4cm 크기로 다진다.

3 통깨는 절구에 곱게 갈아 깨소금을 만든다.

4 냄비에 감자, 검은콩, 배추, 물 1/2컵을 넣고 센 불로 끓인다. 물이 끓어오르면 밥을 넣고 약한 불로 줄이고 저어가며 10분 정도 끓이다가 깨소금을 넣고 고루 섞은 뒤 불을 끈다.

닭고기 백태콩진밥

콩국을 만들어 먹으려고 구입한 백태콩으로 이유식을 만들었어요. 메주콩으로도 불리는 백태콩은 된장, 두부, 콩국을 만들 때 주로 사용해요. 콩은 너무 푹 삶으면 메주 냄새가 나고 설익으면 풋내가 나요. 콩은 고소한 냄새가 날 때까지만 적당히 익히는 것이 중요하답니다.

요리 시간 35분
재료 불린 백태콩 20g
　　　닭고기 안심 25g
　　　당근 10g
　　　양파 5g
　　　물(또는 닭고기 육수) 1/2컵
　　　현미밥 60g(4큰술, 6밥숟가락)
대체 재료 백태콩 ▶ 검은콩, 밤콩, 강낭콩 등 콩류

주하맘's Tip

🙍 현미는 소화가 잘 안 되므로 처음부터 현미밥을 주면 아기가 잘 안 먹을 수 있어요. 후기 이유식 초반에는 현미를 물에 불린 뒤 갈아서 쌀에 넣고 밥을 지으세요.

1 백태콩은 반나절 이상 찬물에 불린다.

2 불린 백태콩 20g은 15분 정도 무르게 푹 삶아 껍질을 벗기고 거칠게 으깬다.

3 닭고기 안심은 끓는 물에 넣고 3~4분 정도 삶아 잘게 찢는다. 닭고기, 당근, 양파는 0.4cm 크기로 다진다.

4 냄비에 닭고기, 백태콩, 당근, 양파, 물 1/2컵을 넣고 센 불로 끓인다. 물이 끓어오르면 현미밥을 넣고 약한 불로 줄이고 저어가며 10분 정도 끓인다.

파래 가지진밥

파래에는 칼륨, 요오드, 칼슘, 철분 등 무기질이 풍부해 빈혈과 골다공증 예방에 도움을 줘요. 파래는 빛깔이 검고 윤기가 흐르며 특유의 향이 있는 것이 좋아요. 처음에는 아기가 파래 고유의 향을 좋아하지 않아 거부할 수도 있으므로 아기가 좋아하는 쇠고기를 넣고 진밥을 만들어주세요.

요리 시간 40분
재료 쇠고기 안심 20g
　　파래 15g
　　가지 10g
　　양파 10g
　　물(또는 쇠고기 육수) 1/2컵
　　밥 60g(4큰술, 6밥숟가락)
대체 재료 파래 ▶ 매생이

주하맘's Tip

- 파래는 짠맛이 그대로 묻어 있으므로 찬물을 갈아주며 오래 담가야 짠맛이 제거된답니다.

- 파래, 미역, 다시마는 되도록 곱게 다져 사용하세요. 아기가 해조류의 질감을 싫어한다면 처음에는 믹서에 갈아 이용해도 좋아요.

- 매생이가 맛있는 겨울 무렵에는 파래 대신 매생이를 넣어보세요. 매생이는 파래보다 부드러워 아기들이 먹기에 더 좋고 칼슘이 많아 아이의 골격 형성에 도움을 줘요.

1 쇠고기 안심은 끓는 물에 3~4분 정도 삶아서 0.4cm 크기로 다진다.

2 파래는 물에 여러 번 씻어서 찬물에 20분 정도 담가 짠맛을 뺀다.

3 파래는 곱게 다지고 가지, 양파는 0.4cm 크기로 다진다.

4 냄비에 쇠고기, 가지, 양파, 물 1/2컵을 넣고 센 불로 끓인다. 물이 끓어오르면 밥을 넣고 약한 불로 줄이고 3분 정도 끓이다가 파래를 넣고 저어가며 6~7분 더 끓인다.

미역 콩나물진밥

콩나물의 아스파라긴산은 숙취 해소에 도움을 주는 효소로 알려져 있죠. 콩나물은 숙취 해소뿐만
아니라 감기몸살에 걸렸거나 소화가 잘 안 될 때 먹어도 좋아요. 콩나물은 머리가 가지런하며 깨끗
하고 줄기가 가늘며 뿌리가 긴 것이 좋아요. 통통하고 짧은 콩나물은 농약이나 성장촉진제를 친 것
일 수도 있으니 콩나물을 구입할 때는 신중하게 잘 살펴세요.

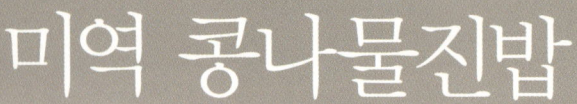

요리 시간
40분

재료
불린 미역 15g(마른미역 2g)
두부 20g
콩나물 15g
당근 10g
물(또는 다시마 육수) 1/2컵
차조밥 60g(4큰술, 6밥숟가락)

대체 재료
콩나물 ▶ 숙주

1 마른미역은 2g 정도 준비해 찬물에 20분 정도 불려 물기를 꼭 짜서 15g을 준비한다.

2 불린 미역과 두부는 끓는 물에 30초 정도 살짝 데친다.

3 콩나물은 15g을 준비해 머리와 꼬리를 떼고 10g을 준비한다.

4 살짝 데친 두부는 으깬다.

주하맘's Tip
👩 콩나물 15g을 준비해 머리와 꼬리를 떼면 10g 정도 얻을 수 있어요.
👩 콩나물의 아스파라긴산과 같은 섬유소는 뿌리 부분에 풍부하게 들어 있어요. 그러나 섬유소는 아기가 소화시키는 데 어려울 수 있으므로 처음 콩나물을 접하는 후기 이유식에서는 콩나물의 머리와 꼬리를 떼고 사용하세요.

5 미역, 당근, 콩나물은 0.4cm 크기로 다진다.

6 냄비에 두부, 미역, 콩나물, 당근, 물 1/2컵을 넣고 센 불로 끓인다. 물이 끓어오르면 차조밥을 넣고 약한 불로 줄이고 저어가며 10분 정도 끓인다.

우엉 완두콩진밥

정성을 다해 열심히 이유식을 만들었는데 아기가 잘 먹지 않으면 엄마는 무척 속상해요. 그런 이유로 어차피 먹지도 않을 이유식을 매일 만드는 것 같아서 아예 포기하고 싶을 때도 있어요. 아기가 하루에 한두 순가락만 먹어도 절대 이유식 만들기를 포기하지 마세요. 밥을 잘 안 먹는 아기가 어느 순간 밥을 잘 먹기도 하고 밥을 너무 잘 먹는 아기가 입맛을 잃기도 하더라고요. 엄마들 파이팅~!

요리 시간 40분
재료 우엉 20g
　　　불린 완두콩 20g
　　　아욱(잎 부분) 10g
　　　물(또는 채소 육수) 1/2컵
　　　밥 60g(4큰술, 6밥숟가락)
대체 재료 아욱 ▶ 근대

주하맘's Tip
👩 우엉은 맛과 향이 강해 처음 우엉을 접하는 아기가 싫어할 수도 있어요. 우엉은 꼭 끓는 물에 데쳐 특유의 아린 맛과 향을 날린 뒤 사용하세요.

1 우엉은 식촛물에 담가 갈변을 방지한다.

2 불린 완두콩은 15분 정도 무르게 푹 삶아 껍질을 벗기고 거칠게 으깬다.

3 우엉은 끓는 물에 넣고 2분 정도 데쳐 곱게 다지고 아욱은 잎 부분만 잘라 0.4cm 크기로 다진다.

4 냄비에 우엉, 완두콩, 물 1/2컵을 넣고 센 불로 끓인다. 물이 끓어오르면 밥을 넣고 약한 불로 줄이고 3분 정도 끓이다가 아욱을 넣고 저어가며 6~7분 더 끓인다.

옥수수 팽이버섯진밥

대뇌의 발달을 도와 '머리가 좋아지는 버섯'
이라고도 하는 팽이버섯은 손질도 간편하고
가격도 저렴해 이유식 재료로 활용하기 좋아
요. 오전에 아기에게 쇠고기나 닭고기로 만든
이유식을 먹였다면 오후에는 채소와 두부 등
담백하고 가벼운 재료로 만든 이유식을 먹이
세요. 후기 이유식에는 옥수수를 굳이 체에
내리지 않아도 되지만 아기의 소화능력이 좋
지 않은 편이라면 푹 삶아 체에 내려 옥수수
껍질을 제거하고 사용하세요.

요리 시간 25분
재료 연두부 20g
　　　옥수수알 20g
　　　팽이버섯 15g
　　　통깨 약간
　　　물(또는 채소 육수) 1/2컵
　　　수수밥 60g(4큰술, 6밥숟가락)
대체 재료 수수 ▶ 차조, 현미

💬 주하맘's **Tip**

👩 육수는 냉장실에서 2~3일, 냉동실에서 5~6일
정도 보관이 가능해요. 육수는 너무 오랜 시간
은 보관할 수 없으니 한꺼번에 많은 양을 만들
었다면 찌개를 끓일 때 활용하세요.

1 연두부는 끓는 물에 넣고 30
초 정도 살짝 데쳐서 으깬다.

2 옥수수는 10분 정도 삶는다.
옥수수, 팽이버섯은 0.4cm 크
기로 다진다.

3 통깨는 절구에 곱게 갈아 깨
소금을 만든다.

4 냄비에 연두부, 옥수수, 팽이
버섯, 물 1/2컵을 넣고 센 불로
끓인다. 물이 끓어오르면 수수밥을
넣고 약한 불로 줄이고 저어가며 10
분 정도 끓이다가 깨소금을 넣고 섞
은 뒤 불을 끈다.

181

두부 양배추진밥

'밭에서 나는 고기'인 두부는 소화흡수율이 무려 95%에 달하는 대표적인 영양식품이죠. 아기 이유식 재료로도 두부만한 식재료가 없다 싶어요. 아기에게 알레르기 증세가 없다면 두부를 자주 먹이세요. 또 두부는 한 번 데쳐서 조리하세요. 조금 번거롭긴 하지만, 표고버섯도 고유의 향이 진하므로 데쳐서 이유식을 만들어야 아기가 잘 먹는답니다.

요리 시간 20분
재료 두부 20g
　　　표고버섯 10g
　　　양배추 15g
　　　비타민(잎 부분) 10g
　　　물(또는 채소 육수) 1/2컵
　　　찹쌀밥 60g(4큰술, 6밥숟가락)
대체 재료 비타민 ▶ 청경채

주하맘's Tip

● 비타민 등 녹색 채소류를 데치지 않고 바로 이유식에 사용하려면 흐르는 물에 오래 씻고 찬물에 10분 정도 담가두어 혹시 모를 잔류 농약과 불순물을 제거하세요.

1 두부는 끓는 물에 30초 정도 살짝 데쳐서 으깬다.

2 표고버섯은 끓는 물에 넣고 30초 정도 살짝 데친다. 양배추, 표고버섯, 비타민은 0.4cm 크기로 다진다.

3 냄비에 두부, 양배추, 표고버섯, 물 1/2컵을 넣고 센 불로 끓인다. 물이 끓어오르면 찹쌀밥을 넣고 약한 불로 줄이고 3분 정도 끓인다.

4 ③에 비타민을 넣고 저어가며 6~7분 더 끓인다.

비트 사과진밥

달콤하고 아삭한 사과진밥은 주하가 컨디션
이 좋지 않을 때 만들어줬어요. 주하는 사과
를 참 좋아하는데 이유식에 사과를 넣으니
아삭하고 달콤했는지 맛있게 잘 먹었어요. 양
파를 소량 넣으면 단맛이 더 강해져요. 평소
에 아기가 잘 먹지 않는 식재료가 있다면 아
기가 좋아하는 음식을 만들 때 숨겨 넣는 센
스를 발휘해보세요.

요리 시간 20분
재료 브로콜리 10g
　　　비트 15g
　　　양파 5g
　　　사과 20g
　　　물(또는 채소 육수) 1/2컵
　　　밥 60g(4큰술, 6밥숟가락)
대체 재료 비트 ▶ 무, 순무

주하맘's **Tip**

- 사과는 이유식 마지막 단계에 넣으세요.
- 사과는 갈아 넣어도 좋아요.

1 브로콜리는 끓는 물에 넣고
30초 정도 데쳐서 찬물에 헹
궈 물기를 뺀다. 비트, 브로콜리, 양
파는 0.4cm 크기로 다진다.

2 사과는 0.4cm 크기로 다져서
찬물에 담가 갈변을 방지한다.

3 냄비에 브로콜리, 비트, 양파,
물 1/2컵을 넣고 센 불로 끓
인다. 물이 끓어오르면 밥을 넣고
약한 불로 줄이고 저어가며 8분 정
도 끓인다.

4 ③에 사과를 넣고 2분 정도
끓인다.

고구마 모듬 버섯진밥

이유식에 버섯을 넣을 때는 고구마나 단호박처럼 달콤한 채소를 함께 넣어 만들면 아기가 버섯도 잘 먹어요. 버섯은 끓는 물에 살짝 데쳐서 사용하고, 아기가 버섯 크기를 부담스러워하면 다른 채소보다 더 곱게 다져주세요. 아기가 버섯을 잘 먹지 않으면 버섯을 잘 먹을 수 있도록 아기에게 맞는 색다른 요리법을 시도해보세요.

요리 시간 20분
재료 고구마 20g
표고버섯 10g
느타리버섯 10g
양송이버섯 10g
물(또는 다시마 육수) 1/2컵
현미밥 60g(4큰술, 6밥숟가락)
대체 재료 고구마 ▶ 감자, 단호박

> 주하맘's **Tip**
>
> 🍲 이유식을 담는 용기로는 깨질 염려는 있지만 열에 안전한 사기나 유리 그릇이 좋아요. 플라스틱 그릇은 유해물질이 배출될 염려가 있으니 뜨겁지 않은 간식을 담아줄 때 사용하세요.

1 고구마는 0.4cm 크기로 다진다.

2 표고버섯, 느타리버섯, 양송이버섯은 끓는 물에 넣고 살짝 데쳐서 0.4cm 크기로 다진다.

3 냄비에 고구마, 표고버섯, 느타리버섯, 양송이버섯, 물 1/2컵을 넣고 센 불로 끓인다.

4 물이 끓어오르면 현미밥을 넣고 약한 불로 줄이고 저어가며 10분 정도 끓인다.

채소 콩가루진밥

평소에 무침이나 찌개를 끓일 때 콩가루를 가끔 넣는 편이라 아기 이유식에도 콩가루를 사용해봤어요. 필수아미노산과 칼슘이 가득한 콩가루는 뼈를 튼튼하게 하고 성장 발육에 도움을 줘 콩이나 두부를 잘 먹지 않는 아기를 위한 대용식품으로 사용하면 좋아요. 또 소화도 잘되고 변비 예방에도 도움을 주므로 이유식에 자주 활용해보세요.

요리 시간 20분
재료 감자 20g
　　　애호박 10g
　　　무 10g
　　　가지 10g
　　　볶은 콩가루 약간
　　　물(또는 채소 육수) 1/2컵
　　　밥 60g(4큰술, 6밥숟가락)
대체 재료 가지 ▶ 오이

주하맘's Tip
🍚 집에서 콩가루를 만드는 게 쉽지 않은데 친환경 유기농매장에서 볶은 콩가루를 판매해요. 콩가루는 반드시 냉동 보관하세요.

1 감자, 애호박, 무, 가지는 0.4cm 크기로 다진다.

2 냄비에 감자, 애호박, 무, 가지, 물 1/2컵을 넣고 센 불로 끓인다.

3 물이 끓어오르면 밥을 넣고 약한 불로 줄이고 8분 정도 끓인다.

4 ③에 볶은 콩가루를 약간만 넣고 2분 정도 끓인다.

쇠고기 아욱진밥

쇠고기를 넣으면 그나마 밥을 잘 먹는 아기가 많아 매일 이유식에 쇠고기를 넣는 엄마들이 의외로 많다고 들었어요. 같은 쇠고기 이유식을 만들더라도 매일 채소는 바꿔서 넣으세요. 쇠고기는 대부분의 채소와 궁합이 잘 맞거든요.

요리 시간 20분
재료 쇠고기 안심 30g
　　　 아욱(잎 부분) 10g
　　　 무 10g
　　　 밥 60g(4큰술, 6밥숟가락)
　　　 물(또는 쇠고기 육수) 1/2컵
대체 재료 아욱 ▶ 근대, 시금치

주하맘's Tip

👩 이유식용 쇠고기는 안심이 가장 좋아요. 고기 전체에 마블링(대리석 형태의 지방)이 끼어 있는 고기는 어른들이 먹기에는 맛있지만 지방이 많아 아기가 먹기에는 좋지 않아요. 부득이하게 쇠고기의 다른 부위를 사용하게 된다면 지방과 힘줄을 제거하고 살코기만 사용하세요.

1 쇠고기 안심은 끓는 물에 넣어 3~4분 정도 삶아 0.4cm 크기로 다진다.

2 아욱, 무는 0.4cm 크기로 다진다.

3 냄비에 쇠고기, 무, 물 1/2컵을 넣고 센 불로 끓인다. 물이 끓어오르면 밥을 넣고 약한 불로 줄이고 3분 정도 끓인다.

4 ③에 아욱을 넣고 저어가며 6~7분 더 끓인다.

쇠고기 연근진밥

후기 이유식에는 대부분의 곡류를 사용할 수 있어요. 백미로 지은 밥이 소화가 잘 되어 아기가 먹기에는 좋지만 아기의 건강을 위해 가끔씩 잡곡밥을 만들어주세요. 시중에 9가지나 13가지의 잡곡을 섞어 판매하는데 아기들한테는 먹기에도 힘들고 소화도 되지 않으니 한 번에 한두 가지 잡곡만 섞는 게 좋아요. 아기가 잡곡류를 싫어하거나 이가 많이 나지 않았다면 처음에는 잡곡을 물에 불려 믹서에 갈아서 밥을 지으세요. 현미가루 등 곡물가루를 사용해도 좋아요.

요리 시간 25분
재료 연근 10g
　　　쇠고기 안심 30g
　　　애호박 10g
　　　물(또는 쇠고기 육수) 1/2컵
　　　현미밥 60g(4큰술, 6밥숟가락)
대체 재료 연근 ▶ 우엉

주하맘's Tip

🙍 후기 이유식 전반에는 쇠고기와 닭고기를 삶아서 사용하세요.

🙍 쇠고기를 삶지 않고 바로 사용할 때는 찬물에 담가 핏물을 빼거나 키친타월에 얹어 핏물을 빼서 사용하세요.

1 연근은 식촛물에 담가 갈변을 방지한다.

2 쇠고기 안심은 끓는 물에 넣고 3~4분 정도 삶아 0.4cm 크기로 다진다.

3 애호박은 0.4cm 크기로 다지고, 연근은 끓는 물에 넣고 2분 정도 데쳐서 곱게 다진다.

4 냄비에 쇠고기, 애호박, 연근, 물 1/2컵을 넣고 센 불로 끓인다. 물이 끓어오르면 현미밥을 넣고 약한 불로 줄이고 저어가며 10분 정도 끓인다.

임연수어 밤진밥

대구, 가자미 등 이유식 대표 생선 외에 제철에 나오는 싱싱한 흰살 생선을 구입해 이유식에 넣어주세요. 생선마다 조금씩 맛도 다르고 영양가도 다르답니다. 임연수어는 단백질, 지방뿐만 아니라 비타민, 타우린도 풍부해 에너지대사, 성장 촉진, 심혈관계 질환 예방에 좋아요.

요리 시간 40분
재료 임연수어 1토막(임연수살 25g)
　　　밤 15g
　　　배추(잎 부분) 10g
　　　통깨 약간
　　　물(또는 다시마 육수) 1/2컵
　　　찹쌀밥 60g(4큰술, 6밥숟가락)
대체 재료 임연수어 ▶ 가자미, 대구, 생태, 도미 등 흰살 생선

╭ 주하맘's **Tip** ╮
👩 임연수어를 먹을 때 참기름, 깨소금을 곁들이면 지용성 비타민 흡수에 도움을 준답니다.

1 임연수어 1토막은 김이 오른 찜통에 넣고 20분 정도 쪄서 살만 25g을 준비해 으깨거나 다진다.

2 밤, 배추는 0.4cm 크기로 다진다.

3 통깨는 절구에 곱게 갈아 깨소금을 만든다.

4 냄비에 밤, 배추, 물 1/2컵을 넣고 센 불로 끓인다. 물이 끓어오르면 임연수어살과 찹쌀밥을 넣고 약한 불로 줄이고 저어가며 10분 정도 끓이다가 깨소금을 넣고 섞은 뒤 불을 끈다.

생태 애호박진밥

생태가 맛있는 겨울철, 저녁 밥상에 생태찌개를 끓이려고 구입한 생태로 아기에게도 맛있는 생태 애호박진밥을 만들어줬어요. 고단백, 저지방, 저열량 생선인 생태에는 비타민 A, 칼슘, 인, 철이 풍부하게 함유되어 있어요. 또 맛이 담백하고 부드러워 소화기능이 약하거나 감기몸살로 입맛을 잃기 쉬운 성장기 아기들이 먹으면 좋아요.

요리 시간 40분
재료 생태 1토막(생태살 30g)
　　　양송이버섯 10g
　　　애호박 15g
　　　물(또는 다시마 육수) 1/2컵
　　　밥 60g(4큰술, 6밥숟가락)
대체 재료 생태 ▶ 가자미, 대구, 도미, 임연수어
　　　　　등 흰살 생선

주하맘's Tip

🧑 생태는 가공과 처리 방법에 따라 그 이름이 다양해요. 갓 잡아 얼리지 않은 것은 생태, 얼린 것은 동태, 건조시켜 수분을 제거한 것은 북어, 꾸들꾸들하게 반쯤 건조시킨 것은 코다리, 얼렸다 녹이는 과정을 반복한 것은 황태라고 부르지요. 이외에도 낚시로 잡은 것은 낚시태, 봄에 잡은 것은 춘태, 알을 낳은 뒤에 잡은 것은 꺾태라고 불러요.

1 생태 1토막은 김이 오른 찜통에 넣고 20분 정도 쪄서 살만 30g을 준비해 으깨거나 다진다.

2 양송이버섯은 기둥과 갓에 붙어 있는 껍질을 떼고 끓는 물에 넣고 30초 정도 살짝 데쳐 10g을 준비한다.

3 애호박, 양송이버섯은 0.4cm 크기로 다진다.

4 냄비에 애호박, 양송이버섯, 물 1/2컵을 넣고 센 불로 끓인다. 물이 끓어오르면 생태살, 밥을 넣고 약한 불로 줄이고 저어가며 10분 정도 끓인다.

병어 김진밥

단백질 외에도 비타민 B_1·B_2가 많고 지방이 적은 병어는 담백하고 소화가 잘되어 이유식 이나 환자식으로 이용하면 좋아요. 아기가 앓은 후나 기운 없어할 때 가끔 먹이면 원기회 복에 도움을 준답니다. 아기가 오이의 아삭한 질감을 싫어한다면 좀 더 잘게 다지거나 강판 에 갈아 넣으세요.

요리 시간 1시간
재료 불린 백태콩 20g
병어 1/2마리(병어살 15g)
오이 10g
김 약간
물(또는 다시마 육수) 1/2컵
현미밥 60g(4큰술, 6밥숟가락)
대체 재료 병어 ▶ 가자미, 대구, 도미, 임연수어 등 흰살 생선

주하맘's Tip

❤ 구운 김을 비닐팩에 넣고 잘게 부숴 사용해도 되지만 크기가 고르지 않을 뿐더러 입자가 크 므로 가위로 잘게 잘라 이유식에 넣으세요.

1 백태콩은 물에 반나절 정도 불려서 20g을 준비해 15분 정 도 삶아 껍질을 벗기고 곱게 으깬다.

2 병어는 김이 오른 찜통에 넣 고 20분 정도 쪄서 살만 15g 을 준비해 으깨거나 다진다. 오이는 씨를 빼고 0.4cm 크기로 다지고, 김 은 달군 팬에 앞뒤로 살짝 구워서 가위로 곱게 자른다.

3 냄비에 백태콩, 물 1/2컵을 넣 고 센 불로 끓인다. 물이 끓어 오르면 병어살과 현미밥을 넣고 약 한 불로 줄이고 3분 정도 끓이다가 오이를 넣고 저어가며 5분 정도 끓 인다.

4 ③에 김을 넣고 2분 정도 끓 인다.

두부 청경채덮밥

11개월 무렵, 주하가 진밥을 물려할 즈음 처음 만들어준 덮밥이에요. 맛은 진밥과 크게 다를 것이 없지만 눈으로도 맛있고 다양한 밥을 만들어 아기의 호기심을 자극해주세요. 덮밥은 참기름을 살짝 두른 팬에서 재료들을 볶은 뒤 육수를 붓고 자작하게 졸여 진밥에 얹으면 완성이죠. 덮밥류에 주로 사용하는 녹말물은 후기 이유식 후반부터 사용하세요.

요리 시간 20분
재료 두부 30g
　　　애호박 10g
　　　청경채(잎 부분) 10g
　　　양파 5g
　　　참기름 약간
　　　물(또는 채소 육수) 2/5컵
　　　진밥 60g(4큰술, 6밥숟가락)
대체 재료 두부 ▶ 연두부, 순두부, 콩비지

주하맘's Tip
👩 아기가 청경채 향을 싫어한다면 끓는 물에 살짝 데쳐서 조리하세요.

1 두부, 애호박, 청경채, 양파는 0.4cm 크기로 다진다.

2 팬에 참기름을 약간 두르고 양파를 넣어 볶는다.

3 ②에 애호박과 두부를 넣고 볶다가 청경채를 넣는다.

4 ③에 물 2/5컵을 붓고 약한 불로 줄이고 물이 자작해질 때까지 5분 정도 끓여 진밥에 끼얹는다.

생태 파래진밥

생태 파래진밥은 성장 발육에 좋은 단백질이 풍부한 담백한 이유식이에요. 후기 이유식 후반기에는
일주일에 적어도 한두 번은 흰살 생선을 먹이는 것이 좋아요. 파래는 바락바락 문질러서 씻은 다음
찬물에 담가둬야 이물질도 제거되고 짠맛도 빠져나가요. 생선이나 해산물을 이유식 재료로 사용할
때는 다시마 육수를 사용하세요.

후기 이유식 후반
Recipe

후기 이유식 후반에는 좀 더 다양한 식품을 먹일 수 있어요. 특히 생선은 일주일에 서너 번 정도 먹이세요. 보통 치즈나 플레인 요구르트는 7개월 무렵부터 먹이는 경우가 많은데 아이가 가리지 않고 이유식을 잘 먹는 편이라면 짭짤한 치즈는 생후 12개월인 이 무렵부터 이유식에 넣으세요. 아이에게 달콤하고 짭짤한 '맛있는 맛'을 알려주기에는 아직 일러요. 주하에게 소면, 쌀국수 등 국수 요리를 해준 것도 이 무렵이었어요. 다음 단계인 완료기로 가서 일반 밥도 잘 먹을 수 있도록 후반에는 초반보다 밥을 좀 더 되직한 농도로 만드세요.

요리 시간
50분

재료
생태 1토막(생태살 30g)
파래 10g
두부 15g
양파 10g
참기름 약간
물(또는 다시마 육수) 3/5컵
밥 80g(5+1/3큰술, 8밥숟가락)

대체 재료
파래 ▶ 매생이

주하맘's Tip
👩 밥 80g 분량의 이유식을 쌀로 만들려면 불린 쌀 40g 정도를 사용하세요. 쌀로 이유식을 만들 때는 물의 양은 200g 전후로 잡아주세요.

1 생태 1토막은 김이 오른 찜통에 넣고 20분 정도 쪄서 살만 30g을 준비해 으깨거나 다진다.

2 파래는 물에 여러 번 씻고 찬물에 20분 정도 담가 짠맛을 제거한다.

3 두부는 끓는 물에 넣고 30초 정도 살짝 데친다. 두부, 파래, 양파는 0.5cm 크기로 다진다.

4 냄비에 파래, 양파, 물 3/5컵을 넣고 센 불로 끓인다. 물이 끓어오르면 생태살, 두부, 밥을 넣고 약한 불로 줄이고 저어가며 10분 정도 끓이다가 참기름을 두르고 불을 끈다.

현미 건포도진밥

후기 이유식 후반부터는 쇠고기나 닭고기를 삶지 않고 사용해도 돼요. 단 찬물에 담가 핏물은 제거하고 사용해야 누린내가 나지 않고 이유식이 깔끔해요. 이가 많이 난 아기라도 쇠고기는 질길 수 있으니 다른 재료보다 조금 더 작게 써는 것이 좋아요.
비타민 C가 많은 건포도는 처음부터 넣으면 영양소가 파괴되므로 이유식을 끓이는 중간에 넣으세요.

요리 시간 40분
재료 쇠고기 안심 25g
　　　건포도 10g
　　　양배추 15g
　　　팽이버섯 10g
　　　물 (또는 쇠고기 육수) 3/5컵
　　　현미밥 80g(5+1/3큰술, 8밥숟가락)
대체 재료 건포도 ▶ 건자두

주하맘's Tip

● 쇠고기나 닭고기, 생선을 넣고 이유식을 만들 때 중간에 떠오르는 불순물이나 거품은 반드시 걷어내세요.

● 건포도 대신 건자두를 사용해도 좋아요. 단 마른 과일을 구입할 때는 설탕이 함유되어 있는지를 반드시 확인하세요.

1 쇠고기 안심은 찬물에 20분 정도 담가 핏물을 빼서 0.4cm 크기로 다진다.

2 건포도는 따뜻한 물에 10분 정도 불린다.

3 양배추, 팽이버섯, 건포도는 0.5cm 크기로 다진다.

4 냄비에 쇠고기, 양배추, 팽이버섯, 물 3/5컵을 넣고 센 불로 끓인다. 물이 끓어오르면 현미밥을 넣고 약한 불로 줄이고 3분 정도 끓이다가 건포도를 넣고 저어가며 6~7분 더 끓인다.

대구 흑미진밥

흑미는 소화를 촉진하고 빈혈과 성인병 예방, 노화 방지에 효과가 있어요. 흑미는 밥을 지어도 조금 딱딱한 편이라서 아기가 먹기에 다소 부담스러울 수도 있어요. 아기에게 흑미를 처음 먹일 때는 믹서에 갈아 사용하세요. 근대는 억센 편이지만 시금치보다 철분이 더 많이 함유되어 있어 빈혈 예방에 도움을 줘요.

요리 시간 40분
재료 대구 1토막(대구살 30g)
　　　느타리버섯 15g
　　　콜리플라워 10g
　　　근대(잎 부분) 10g
　　　물(또는 다시마 육수) 3/5컵
　　　흑미밥 80g(5+1/3큰술, 8밥숟가락)
대체 재료 콜리플라워 ▶ 브로콜리

주하맘's Tip
👩 아기가 흑미밥을 먹으면 검은 변을 볼 수도 있어요. 아기의 장이 아직 미숙해 다양한 식품을 소화 흡수시키기 위해 적응하는 단계이니 엄마들은 너무 놀라지 마시고 흑미도 자주 먹이세요.

1 대구 1토막은 김이 오른 찜통에 넣고 20분 정도 쪄서 살만 30g을 준비하여 으깨거나 다진다.

2 느타리버섯, 콜리플라워는 끓는 물에 넣고 30초 정도 데친다. 느타리버섯, 콜리플라워, 근대는 0.5cm 크기로 다진다.

3 냄비에 느타리버섯, 콜리플라워, 물 3/5컵을 넣고 센 불로 끓인다. 물이 끓어오르면 대구살과 흑미밥을 넣고 약한 불로 줄이고 3분 정도 끓인다.

4 ③에 근대를 넣고 저어가며 6~7분 더 끓인다.

닭고기 사과덮밥

닭고기 사과덮밥은 주하가 너무 좋아했던 메뉴예요. 담백한 닭고기와 아삭하고 달콤한 사과의 궁합이 제법 잘 맞는답니다. 아기가 잘 먹고 좋아하는 이유식을 만들 때는 평소에 잘 먹지 않던 식재료를 살짝 넣어주세요. 덮밥을 만들 때는 팬에 참기름을 약간만 두르고 재료를 볶다가 육수를 부어 속까지 잘 익히세요. 진밥을 따로 만들기 번거롭다면 냄비에 만들어 둔 밥을 덜어 물을 약간 붓고 조금 끓여 밥을 질게 지어서 사용하세요.

요리 시간
20분

재료
콩나물 20g
닭고기 안심 30g
당근 5g
사과 15g
참기름 약간
녹말물 1/3큰술(0.5밥숟가락)
물(또는 닭고기 육수) 2/5컵
진밥 80g(5+1/3큰술, 8밥숟가락)

대체 재료
콩나물 ▶ 숙주

1 콩나물은 20g을 준비해 머리와 꼬리를 떼어 10g을 준비한다.

2 닭고기 안심은 0.4cm 크기로 다지고, 콩나물, 당근, 사과는 0.5cm 크기로 다진다.

3 사과는 찬물에 담가 갈변을 방지한다.

4 달군 팬에 참기름을 약간 두르고 닭고기를 볶다가 당근, 콩나물을 넣고 볶는다.

주하맘's **T i p**

● 시중에 판매하는 녹말가루가 대부분 수입산인 거 아세요? 게다가 감자나 고구마 전분을 80~95%만 사용한 경우도 대다수랍니다. 녹말가루는 감자전분 100%를 사용한 친환경 국산 녹말가루를 구입하세요.

● 녹말물은 물과 녹말가루를 1:1 비율(물 3g, 녹말가루 3g)로 만들어 5g 정도 사용하세요.

● 녹말물은 이유식 완성 단계에서 넣고 약간 걸쭉해졌다 싶을 때 불을 끄세요. 계속 가열하면 녹말이 엉겨 붙고 덩어리가 진답니다.

5 ④에 물 2/5컵을 붓고 약한 불로 줄이고 3분 정도 끓이다가 사과를 넣고 2분 정도 끓인다.

6 재료가 다 익으면 녹말물 1/3큰술을 두르고 섞은 뒤 약간 걸쭉해지면 불을 끈다. 다 만들어지면 진밥에 올린다.

흑미 단호박진밥

우엉, 연근 같은 뿌리채소는 몸속 독소를 배출하는 데 탁월한 효과가 있는 식재료예요. 이뇨 작용과 쾌변에도 효능이 있어 변비 예방을 위해 아기 이유식에 가끔 우엉을 넣으면 좋아요. 들깻가루에는 불포화지방산인 리놀렌산이 풍부해 성장기 어린이 두뇌 발달과 기억력 향상에 도움을 줘요. 후기 이유식 후반부터는 참깨, 들깨, 올리브오일 등 몸에 이로운 식물성 지방을 가끔씩 사용하세요.

요리 시간 20분
재료 우엉 20g
　　　닭고기 안심 20g
　　　단호박 20g
　　　들깻가루 약간
　　　물(또는 닭고기 육수) 3/5컵
　　　흑미밥 80g(5+1/3큰술, 8밥숟가락)
대체 재료 흑미 ▶ 현미, 발아현미

주하맘's Tip
❏ 집에서 들깻가루를 만들 때는 들깨를 씻어 물기를 빼고 약한 불에서 타지 않게 볶아서 믹서에 갈아 체에 내리세요. 집에서 만들기 번거로울 때는 친환경 유기농매장에서 구입해서 사용하세요.

1 우엉은 식촛물에 담가 갈변을 방지한 뒤 끓는 물에 넣어 2분 정도 데친다.

2 닭고기 안심은 0.4cm 크기로 다지고, 우엉은 곱게 다진다. 단호박은 0.5cm 크기로 다진다.

3 냄비에 닭고기 안심, 우엉, 단호박, 물 3/5컵을 넣고 센 불로 끓인다. 물이 끓어오르면 밥을 넣고 약한 불로 줄이고 저어가며 10분 정도 끓인다.

4 ③에 들깻가루를 넣고 섞은 뒤 불을 끈다.

대구 표고버섯찜

부드럽고 담백한 대구 표고버섯찜은 별식으로 만들어주면 아기가 참 좋아해요. 아기가 입맛 없거나 급하게 외출을 해야 될 때 만들어보세요. 표고버섯과 브로콜리는 그냥 사용하면 향이 강하고 떫을 수 있으니 데쳐서 사용하세요. 찜을 부드럽게 하고 재료들을 엉기게 하는 달걀노른자는 넣으면 좋지만 아기가 아토피나 알레르기가 있다면 달걀은 돌 이후에 천천히 사용하세요. 달걀노른자를 체에 내려 사용하면 더 부드러운 찜을 만들 수 있답니다.

요리 시간 50분
재료 대구 1토막(대구살 30g)
　　　표고버섯 10g
　　　브로콜리 10g
　　　연두부 30g
　　　달걀노른자 1개
대체 재료 브로콜리 ▶ 콜리플라워

주하맘's Tip

👩 대구 표고버섯찜을 전자레인지로 조리할 때는 1분 30초~2분 정도 돌리세요. 단 전자레인지를 사용하면 찜통에서 중탕으로 익힌 것처럼 부드럽지 않게 부풀며 퍽퍽해지므로 이때는 모유나 분유를 탄 물을 10g 정도 넣으세요.

1 대구 1토막은 김이 오른 찜통에 20분 정도 쪄서 살만 30g을 준비해 곱게 으갠다.

2 표고버섯, 브로콜리는 끓는 물에 넣고 30초 정도 살짝 데친 뒤 브로콜리는 찬물에 헹궈 물기를 뺀다. 표고버섯은 0.4cm 크기로 다지고 브로콜리는 곱게 다진다.

3 연두부는 끓는 물에 넣고 30초 정도 살짝 데친다. 용기에 ①과 ②, 연두부, 달걀노른자를 넣고 잘 섞는다.

4 김이 오른 찜통에 ③을 넣고 20분 정도 찐다.

밥 생선수프

매일 다양한 재료로 이유식을 만들다 보면 냉장고가 자투리 채소들로 가득 차게 되지요. 집에 있는 재료를 응용해 나만의 독창적인 이유식을 만들어보세요. 밥 생선수프도 남은 가자미살을 활용하고 몇 가지 채소를 조합해 만든 수프랍니다. 모유는 수프 마지막 단계에 넣고 후루룩 끓어오르면 바로 불을 끄세요.

요리 시간 30분
재료 감자 30g
가자미살 50g
콜리플라워 20g
양파 10g
물(또는 다시마 육수) 1+1/4컵
모유(또는 분유를 탄 물) 1/4컵
밥 30g(2큰술, 3밥숟가락)
대체 재료 가자미 ▶ 대구, 도미 등 흰살 생선

주하맘's Tip
재료를 끓여서 반드시 한 김 식으면 믹서에 넣고 갈아주세요. 뜨거울 때 갈면 갑자기 뚜껑이 열려 화상을 입을 수도 있어요.

1 냄비에 감자와 물 1+1/4컵을 넣어 삶다가 가자미살, 콜리플라워, 양파를 넣어 5분 정도 익힌다.

2 ①의 재료가 적당히 익으면 불을 끄고 식혀서 믹서에 넣고 간다.

3 ②를 냄비에 넣고 센 불로 끓인다. 끓어오르면 밥을 넣고 약한 불로 줄이고 8분 정도 끓인다.

4 ③에 모유 1/4컵을 넣고 1~2분 더 끓인다.

밥 채소수프

밥 채소수프는 각종 채소의 영양분이 담뿍 담긴 건강한 수프예요. 아기가 오전이나 오후에 육류를 섭취했다면 저녁 한 끼는 채소로만 우린 가벼운 밥 채소수프를 만들어주세요. 각종 채소를 익힌 물까지 육수로 활용하는 것이 포인트랍니다. 뭉근한 불에서 푹 익혀야 하므로 열에 오래 조리하면 영양소 파괴가 많은 녹색 잎채소는 되도록 사용하지 마세요.

요리 시간 30분
재료 당근 30g
　　　애호박 20g
　　　가지 20g
　　　양파 10g
　　　물(또는 채소 육수) 1+1/2컵
　　　밥 30g(2큰술, 3밥숟가락)
대체 재료 당근 ▶ 고구마

주하맘's Tip
👩 당근은 다른 채소보다 익는 시간이 오래 걸리므로 당근을 먼저 익히다가 다른 채소들을 넣으세요.

1 당근, 애호박, 가지, 양파는 작게 썬다. 냄비에 당근과 물 1+1/2컵을 넣고 삶다가 애호박, 가지, 양파를 넣어 5분 정도 익힌다.

2 ①의 재료가 적당히 익으면 불을 끄고 식혀서 믹서에 넣고 간다.

3 ②를 냄비에 넣고 센 불로 끓인다.

4 물이 끓어오르면 밥을 넣고 약한 불로 줄이고 10분 정도 끓인다.

들깨 가지진밥

요즘 시장에 가면 다양한 종류의 버섯을 볼 수 있어요. 이름이 생소한 백일송이버섯은 흰색과 갈색으로 생산되는데 보통 버섯보다 재배 기간이 두 배나 걸린다고 해요. 조직이 치밀하고 단단해 조리 후에도 쉽게 숨이 죽지 않아 쫄깃한 것이 특징이죠. 일반 버섯에 함유된 영양소 외에도 베타글루칸이 풍부해 면역력 증강에도 좋은 식품이니 아기에게 백일송이버섯을 많이 먹이세요.

요리 시간 20분
재료 닭고기 안심 30g
　　　 백일송이버섯 10g
　　　 가지 20g
　　　 들깻가루 약간
　　　 물(또는 닭고기 육수) 3/5컵
　　　 밥 80g(5+1/3큰술, 8밥숟가락)
대체 재료 백일송이버섯 ▶ 송이버섯

주하맘's **Tip**
🧑 들깨는 가루를 내어 먹으면 소화가 더 잘돼요. 들깻가루는 냉동 보관하고 이유식뿐만 아니라 어른들 국이나 탕, 반찬을 만들 때 자주 활용하세요.

1 닭고기 안심은 0.4cm 크기로 다진다.

2 백일송이버섯은 끓는 물에 30초 정도 데친다. 가지, 백일송이버섯은 0.5cm 크기로 다지고 다진 가지는 찬물에 담가 변색을 방지한다.

3 냄비에 닭고기, 백일송이버섯, 가지, 물 3/5컵을 넣고 센 불로 끓인다.

4 물이 끓어오르면 밥을 넣고 약한 불로 줄여 저어가며 10분 정도 끓이다가 들깻가루를 약간 넣고 섞은 뒤 불을 끈다.

삼색 감자전

이맘때 아기들은 숟가락을 쥐고 스스로 음식을 먹는 것뿐만 아니라 손으로 집어 먹는 핑거푸드 형태의 요리를 참 좋아해요. 저는 외출할 때 각종 전을 많이 만들어 나갔어요. 아기가 먹기도 편하고 엄마도 아기한테 밥 먹이느라 신경을 덜 쓰게 되어 편하거든요. 감자전에 당근, 브로콜리 외에 각종 채소를 갈아 넣어도 좋아요. 감자는 금방 색이 변하므로 모든 재료의 손질을 마친 다음 부치기 직전에 갈아주세요.

요리 시간 30분
재료(5cm 크기 15개)
  당근 20g
  브로콜리 20g
  감자(중간 것) 2개(300g)
  올리브오일 약간
  물 적당량
대체 재료 브로콜리 ▶시금치

주하맘's Tip
- 기름을 많이 사용하게 될까 걱정된다면 팬에 기름을 약간만 발라 감자전을 앞뒤만 노릇하게 구운 뒤 물을 약간 부어 속까지 익히세요.
- 브로콜리가 없으면 시금치를 데쳐 믹서에 갈아 시금치즙을 만들어 사용하세요.

1 당근은 끓는 물에 넣고 5분 정도 익히고 브로콜리는 끓는 물에 넣고 1분 정도 데쳐 찬물에 헹군다. 믹서에 물 10g 정도씩 넣고 각각 곱게 갈아 즙을 만든다.

2 감자 2개는 강판에 간다.

3 갈아둔 감자를 3등분해서 하나는 그대로 두고 하나는 당근즙, 하나는 브로콜리즙을 각각 섞는다.

4 달군 팬에 올리브오일을 약간 두르고 반죽을 5cm 크기로 떠 넣고 노릇하게 감자전을 지진다.

가자미 단호박 리조토

가자미 단호박 리조토는 모유와 치즈를 더한 이유식이에요. 치즈의 칼슘은 우유보다 소화 흡수가 더 잘된다고 해요. 아기들은 고소하고 짭짤한 치즈를 참 좋아해요. 치즈에는 염분이 많이 함유되어 있어 많이 먹으면 짠맛에 익숙해질 수 있으니 너무 일찍 먹이지 마세요. 처음에 치즈를 줄 때는 그냥 주지 말고 이유식에 넣어 먹이세요.

요리 시간 40분
재료 브로콜리 10g
　　　가자미 1마리(가자미살 30g)
　　　단호박 30g
　　　슬라이스 치즈(유아용) 1/2장
　　　물(또는 다시마 육수) 1/2컵
　　　모유(또는 분유를 탄 물) 1+1/3큰술(2밥숟가락)
　　　밥 80g(5+1/3큰술, 8밥숟가락)
대체 재료 단호박 ▶ 늙은호박, 고구마

주하맘's Tip
👩 일반 치즈와 유아 치즈는 염분의 함량이 다르므로 아기에게는 어른들이 먹는 일반 치즈를 먹이지 마세요.

1 브로콜리는 끓는 물에 30초 정도 데쳐서 찬물에 헹군다. 가자미 1마리는 20분 정도 찐 뒤 살만 30g을 준비해 곱게 으깬다. 단호박, 브로콜리는 0.5cm 크기로 다진다.

2 냄비에 단호박, 물 1/2컵을 넣고 센 불로 저어가며 끓이다가 물이 끓어오르면 가자미살, 브로콜리, 밥을 넣고 약한 불로 줄이고 7~8분 더 끓인다.

3 물이 자작해지면 모유를 넣고 1분 정도 끓인다.

4 ③에 치즈를 넣고 잘 섞은 뒤 불을 끈다.

느타리버섯 리조토

12개월 이후부터는 아기에게 만들어줄 수 있는 이유식의 폭이 넓어져서 음식 만들기가 너무 즐거워졌어요. 느타리버섯 리조토는 제가 좋아하는 요리라서 제 음식을 만들면서 아기용 리조토를 만들었어요. 아기가 밥을 잘 먹지 않는다면 이유식에 쇠고기와 치즈를 넣으세요.

요리 시간 40분
재료 브로콜리 10g
　　　쇠고기 안심 20g
　　　느타리버섯 20
　　　양파 10g
　　　슬라이스 치즈(유아용) 1/2장
　　　모유(또는 분유를 탄 물) 1+1/3큰술(2밥숟가락)
　　　물(또는 쇠고기 육수) 1/2컵
　　　차조밥 80g(5+1/3큰술, 8밥숟가락)
대체 재료 차조 ▶ 현미, 수수

주하맘's **Tip**
　● 치즈는 미리 넣으면 맛과 향이 떨어지니 이유식 완성 단계에 넣고 저어주고 바로 불을 끄세요.

1 브로콜리는 30초 정도 데쳐서 찬물에 헹군다. 쇠고기 안심은 찬물에 20분 정도 담갔다가 0.4cm 크기로 다진다. 느타리버섯, 브로콜리, 양파는 0.5cm 크기로 다진다.

2 냄비에 쇠고기, 브로콜리, 느타리버섯, 양파, 물 1/2컵을 넣고 끓인다.

3 물이 끓으면 차조밥을 넣고 약한 불로 줄이고 7~8분 더 끓이다가 모유 1+1/3큰술을 넣고 1분 정도 끓인다.

4 ③에 치즈를 넣고 잘 섞은 뒤 불을 끈다.

밥새우 두부진밥

밥새우는 일반 새우처럼 딱딱하지 않고 부드러워 이유식 재료로 활용하기 좋은 초미니 새우예요.
밥새우는 바다에서 잡은 작은 새우를 바로 건조시킨 것으로 단백질, 칼슘, 칼륨이 풍부해 아기의
성장 발육에 도움을 줘요. 그러나 아기가 밥새우를 싫어하면 기름을 두르지 않은 팬에 밥새우를 살
짝 볶은 뒤 믹서에 갈아 새우가루를 만들어 이유식에 넣으세요. 알레르기나 아토피가 있는 아기라
면 새우는 되도록 늦게 먹이세요.

요리 시간
40분

재료
밥새우 3g
두부 30g
청경채(잎 부분) 20g
검은깨 약간
물(또는 다시마 육수) 3/5컵
밥 80g(5+1/3큰술, 8밥숟가락)

대체 재료
밥새우 ▶ 잔멸치

1 밥새우는 찬물에 20분 정도 담가 짠맛을 제거한 뒤 체에 밭쳐 물기를 뺀다.

2 두부는 끓는 물에 30초 정도 살짝 데친다. 두부, 청경채는 0.5cm 크기로 다진다.

3 검은깨는 절구에 곱게 간다.

4 냄비에 밥새우, 두부, 물 3/5컵을 넣고 센 불로 끓인다.

주하맘's Tip
밥새우를 구할 수 없다면 보리새우 등 마른 새우를 구입하세요. 마른 새우는 크기도 크고 거칠어 아기가 그냥 먹을 수 없으므로 물에 담가 짠맛을 제거하고 마른 팬에 볶아 믹서에 갈아 이유식에 넣으세요.

5 물이 끓어오르면 밥을 넣고 약한 불로 줄이고 3분 정도 끓이다가 청경채를 넣고 저어가며 6~7분 더 끓인다.

6 ⑤에 갈아둔 검은깨를 넣고 섞은 뒤 불을 끈다.

쇠고기 밥동그랑땡

아기 접시에 쇠고기 동그랑땡을 서너 개 잘라 담아주면 게 눈 감추듯 먹어 치우고는 엄마한테 아장 아장 걸어와 또 달라며 접시를 건네던 주하의 모습이 지금도 눈앞에 생생하네요. 아기들은 전이나 동그랑땡을 참 좋아하죠. 쇠고기 밥동그랑땡은 밥, 쇠고기, 두부, 각종 채소가 골고루 배합된 영양가 많고 속이 든든한 이유식이에요. 뚝딱 만들어 외출할 때 가지고 나가도 좋아요. 냉장고 속에 처치 곤란인 자투리 채소를 응용해 다양한 동그랑땡을 만들어보세요.

재료(5cm 크기 11개)
쇠고기 안심 60g
두부 40g
표고버섯 10g
당근 10g
가지 10g
포도씨오일 약간
물 1/2컵
밥 50g(3+1/3큰술, 5밥숟가락)

대체 재료
표고버섯 ▶ 느타리버섯, 양송이버섯 등
버섯류

1 쇠고기 안심은 찬물에 20분 정도 담가 핏물을 빼서 곱게 다진다.

2 두부, 표고버섯, 당근, 가지는 끓는 물에 넣고 두부, 표고버섯, 가지는 30초, 당근은 3분 정도 데친다. 두부는 곱게 으깨고, 표고버섯, 당근, 가지는 곱게 다진다.

3 볼에 밥, 쇠고기, 두부, 표고버섯, 당근, 가지를 넣고 섞어 잘 치댄다.

4 반죽을 5cm 크기로 동그랗게 빚어 달군 팬에 포도씨오일을 약간 두르고 앞뒤로 노릇하게 굽는다.

5 동그랑땡의 겉면이 적당히 익으면 팬에 물을 1/2컵 정도 붓고 뚜껑을 덮어 속까지 익힌다.

주하맘's **Tip**

팬에 기름을 약간 두르고 반죽을 넣어 겉면만 노릇하게 익힌 다음 동그랑땡의 1/3 높이 정도 물을 붓고 속까지 익히세요. 이렇게 해야 동그랑땡이 속까지 잘 익고 기름을 적게 사용할 수 있답니다. 가끔 섭취하는 소량의 식물성 지방은 몸에 이롭겠지만 기름을 너무 많이 섭취하면 소아비만이 될 우려가 있으니 기름을 사용할 때는 항상 주의하세요. 그리고 적어도 두 돌까지는 튀긴 음식을 아기에게 주지 마세요.

사과소스 닭고기완자

사과소스 닭고기완자는 아이에게 완자만 먹이기에는 조금 퍽퍽할 것 같아 사과소스를 만들어 버무린 요리예요. 달콤한 사과소스는 여러 재료로 만든 찜 요리에 끼얹어도 맛있어요. 닭고기완자를 만들 때 녹말가루를 약간 더해서 오래 치대야 끈기가 생기고 차진 완자가 만들어져요. 또 완자에 들어가는 재료는 잘게 다져야 완자가 부서지지 않고 잘 빚어진답니다. 반죽을 많이 만들었다면 동그랗게 빚어서 바로 냉동 보관하고 마땅한 이유식거리가 없을 때 사용하세요.

요리 시간
50분

재료(2cm 크기 13개)
당근 15g
닭고기 안심 100g
양파 10g
사과 50g
녹말가루 약간
참기름 약간
물 2큰술(3밥숟가락)

대체 재료
닭고기 안심 ▶ 닭가슴살

1 당근은 끓는 물에 2분 정도 데친다. 닭고기 안심, 당근, 양파는 잘게 다진다.

2 ①에 녹말가루와 참기름을 약간 넣고 오래 치대어 반죽한다.

3 사과는 강판에 간다.

4 냄비에 사과와 물 2큰술을 섞어 약한 불에서 자작하게 졸인다.

5 반죽을 2cm 크기로 동그랗게 빚어 김이 오른 찜통에 넣고 20분 정도 찐다.

6 닭고기완자에 ④의 사과소스를 넣어 버무린다.

생태 완자찜을 곁들인
동글이밥

생태 완자찜과 동글이밥은 외출할 때 만들곤 했던 이유식이에요. 동글이밥은 메인 메뉴인 밥의 개념
이고 생태 완자찜은 사이드 메뉴인 반찬의 개념으로 만든 세트 요리죠. 맛도 맛이지만 일단 모양이
예뻐 주하가 호기심을 갖고 즐거워하며 맛있게 먹곤 했어요. 아기에게 색도 모양도 예쁜 요리를 많이
만들어주세요. 음식 먹는 일은 참 행복하고 즐겁다는 것을 스스로 체득하게 된답니다.

요리 시간
1시간

생태 완자찜 재료(2cm 크기 9개)
생태살 50g
당근 10g
청경채(잎 부분) 10g
녹말가루 약간
참기름 약간

동글이밥 재료
표고버섯 15g
애호박 10g
쇠고기 안심 30g
검은깨 약간
참기름 약간
물(또는 쇠고기 육수) 1+1/3큰술(2밥숟가락)
진밥 80g(5+1/3큰술, 8밥숟가락)

대체 재료
생태 ▶ 가자미, 대구, 도미, 임연수어 등
흰살 생선

1 생태 완자찜을 만든다. 생태살 50g 은 곱게 다지고 당근, 청경채는 끓 는 물에 넣고 각각 30초 정도 살짝 데친 다. 당근은 잘게 다지고 청경채는 물기를 꼭 짜서 잘게 다진다.

2 ①에 녹말가루와 참기름을 약간씩 넣고 치대어 반죽한다.

3 ②를 2cm 크기로 동그랗게 빚어 김 이 오른 찜통에 넣고 20분 정도 찐다.

4 동글이밥을 만든다. 표고버섯, 애호 박, 쇠고기 안심은 잘게 다진다.

5 달군 팬에 참기름을 약간 두르고 쇠고기를 넣어 볶는다. 쇠고기가 익 으면 표고버섯, 애호박을 넣고 볶다가 물 1+1/3큰술을 넣고 재료를 익힌다.

6 볼에 진밥, 쇠고기, 표고버섯, 애호 박, 갈아둔 검은깨를 넣고 골고루 섞은 뒤 2cm 크기로 동그랗게 빚는다.

쇠고기 완자탕

아기가 12개월이 지나면 모방심리가 생겨요. 갈수록 더하겠지만 엄마, 아빠가 하는 것을 따라하려 하고 엄마, 아빠가 먹는 것을 먹고 싶어 하죠. 엄마가 먹는 국물을 먹고 싶어 하는 주하를 위해 쇠 고기 완자탕을 만들어줬어요. 주하에게 처음 만들어준 국물 요리인데, 주하는 쇠고기 완자도 맛있 게 먹었지만 그보다 국물 떠먹는 것이 더 재미있었나 봐요. 쇠고기 완자처럼 아기가 좋아하고 잘 먹 는 음식을 만들 때에는 아기가 평소에 잘 먹지 않는 재료를 곱게 다져 몰래 섞어주세요.

요리 시간
50분

재료
표고버섯 5g
양배추 5g
당근 5g
두부 20g
브로콜리 10g
쇠고기 안심 80g
양파즙 약간
녹말가루 약간
참기름 약간
물 (또는 쇠고기 육수) 2컵

대체 재료
양배추 ▶ 배추

1 표고버섯, 양배추, 당근은 1cm 크기로 잘게 썬다.

2 두부, 브로콜리는 끓는 물에 30초 정도 살짝 데친다. 쇠고기 안심은 잘게 다져 양파즙을 넣어 10분 정도 밑간하고, 두부는 물기를 짜서 으깨고, 브로콜리는 잘게 다진다.

3 쇠고기 안심, 두부, 브로콜리, 녹말가루, 참기름을 섞어 잘 치대 2cm 크기로 동그랗게 빚는다.

4 냄비에 표고버섯, 양배추, 당근, 물 2컵을 넣고 끓인다.

주하맘's Tip
- 쇠고기에 양파즙을 넣어 밑간하면 누린내와 잡내가 사라진답니다.
- 양파즙은 양파를 강판에 갈거나 믹서에 물을 조금 넣고 갈아주세요.
- 양파가 없으면 배를 갈아 넣어도 좋아요.
- 끓이면서 생기는 거품은 걷어내야 맑은 국물을 만들 수 있어요.

5 표고버섯, 양배추, 당근이 익으면 건지고 쇠고기 완자를 넣어 5분 정도 익힌다. 끓이는 중간 떠오르는 거품과 불순물은 건어낸다.

6 쇠고기 완자가 익으면 익힌 표고버섯, 양배추, 당근을 넣고 살짝 끓인다.

베이비 잔치국수

주하는 12개월 무렵에 처음으로 국수를 먹었답니다. 주하 아빠가 잔치국수를 너무 좋아해서 해장용 잔치국수를 만들면서 아기 국수도 만들어줬어요. 아기용 잔치국수에도 각종 고명을 예쁘게 담아 눈으로도 맛있는 국수를 만들어주세요. 국수는 우리밀가루로 만든 소면을 사용하세요. 만일 아기에게 알레르기나 아토피가 있다면 소면 대신 쌀국수로 대체하면 좋답니다. 그러나 밀가루는 아무래도 소화가 잘되지 않으니 국수를 너무 자주 먹이지는 마세요.

요리 시간
40분

재료
쇠고기 안심 10g
당근 5g
애호박 5g
표고버섯 5g
김 약간
달걀노른자 1개분
참기름 약간
통깨 약간
소면 30g
다시마 육수 1컵
(200g, 4x4cm 다시마 1장+물 4컵)

대체 재료
소면 ▶ 쌀국수

1 쇠고기 안심, 당근, 애호박, 표고버
섯은 1cm 크기로 채 썰고, 김은 가
위로 잘게 자른다.

2 달걀노른자는 지단을 부쳐 식힌 뒤
1cm 크기로 채 썬다.

3 달군 팬에 참기름을 약간 두르고
애호박, 표고버섯, 당근, 쇠고기 순
으로 각각 볶는다.

4 소면은 7cm 길이로 잘라 3분 정도
삶는다. 물이 끓어오르면 찬물 1/2컵
을 붓는 과정을 두어 번 반복하며 익힌 뒤
찬물에 비벼 씻고 체에 밭쳐 물기를 뺀다.

5 냄비에 다시마 1장과 물 4컵을 붓고
10분 이상 우린 다음 끓인다. 물이 끓
어오르면 불순물을 건어내고 다시마를 건
진 다음 좀 더 끓여 육수를 1컵 준비한다.

6 그릇에 소면을 담고 육수를 붓고
예쁘게 고명을 얹고 통깨를 뿌린다.

잔멸치 채소진밥

멸치는 단백질, 칼슘 외에도 철분, 인, 불포화지방산이 가득해 성장기 어린이의 성장 발육과 두뇌 발달에 참 좋은 식품이에요. 좋은 멸치는 색이 희고 맑은 색이 돌아요. 이유식에 잔멸치를 그대로 넣으면 단단해서 아기가 잘 안 먹을 수도 있어요. 처음에는 아기가 멸치 맛에 적응할 수 있도록 가루를 내어 이유식에 넣으세요. 멸치가루를 만들어 냉동 보관하고 이유식 만들 때 다양하게 활용해 보세요. 아기의 건강도 챙기고 맛도 더할 수 있어요.

요리 시간
50분

재료
잔멸치가루 3g
브로콜리 10g
느타리버섯 20g
당근 10g
물 (또는 다시마 육수) 3/5컵
현미밥 80g (5+1/3큰술, 8밥숟가락)

대체 재료
잔멸치 ▶ 마른 새우, 밥새우

1 잔멸치는 찬물에 20분 정도 담가 짠맛을 제거한 뒤 체에 밭쳐 물기를 뺀다.

2 달군 팬에 잔멸치를 넣고 바삭하게 볶는다.

3 바삭하게 볶은 잔멸치를 믹서에 넣고 갈아 가루를 만든다.

4 브로콜리는 끓는 물에 30초 정도 데쳐 찬물에 헹궈 물기를 뺀다. 느타리버섯, 당근, 브로콜리는 0.5cm 크기로 다진다.

주하맘's Tip

🧑 멸치는 그대로 이유식에 넣으면 아기가 먹기에 너무 짜요. 아기가 짠맛에 길들여질 수 있으니 반드시 멸치를 찬물에 오래 담가 짠맛을 제거해서 사용하세요.

🧑 물에 불린 멸치는 체에 밭쳐 물기를 빼고 기름을 두르지 않은 마른 팬에 바삭하게 볶은 뒤 믹서에 갈아 가루를 내어 사용하세요. 가루는 많은 양을 만들어서 냉동 보관하고 필요할 때마다 이유식에 조금씩 넣으세요.

5 냄비에 잔멸치가루, 브로콜리, 느타리버섯, 당근, 물 3/5컵을 넣고 센 불에서 끓인다.

6 물이 끓어오르면 현미밥을 넣고 약한 불로 줄이고 10분 정도 끓인다.

시중에 다양한 종류의 과자와 먹을거리들로 넘쳐 이 시기에 엄마들은 어떤 간식을 먹여야 할지 많은 고민을 하게 되죠. 하지만 상황에 따라 아기에게 좋은 것만 골라 먹이지 못할 때도 있어요. 아기와 외출을 할 때는 더 그렇죠. 그러니 집에 있을 때만이라도 정성이 담긴 간식을 직접 만들어주세요. 간식을 주는 원칙은 오전 1회, 오후 1회. 오전에는 간단하게 과일이나 고구마, 감자 등을 쪄줬다면 오후에는 엄마표 간식을 만들어주세요.

★ **후기 이유식 간식 01**

당근 사과주스

요리 시간 15분
재료 당근 20g, 사과 30g, 물 1/2컵
대체 재료 사과 ▶ 배, 바나나

1 당근은 끓는 물에 7~8분 정도 푹 익히고, 사과는 끓는 물에 30초 정도 살짝 데친다.
2 물은 미리 끓여 식힌다.
3 믹서에 당근, 사과, 물을 넣고 곱게 간다.

Tip
● 당근 사과주스는 변비에 좋아요.
● 당근은 푹 익혀서 갈아야 소화가 잘돼요.

★ **후기 이유식 간식 02**

두부 요구르트

요리 시간 5분
재료 생식용 두부 30g, 배 10g, 무가당 플레인 요구르트 1/4컵(50g)
대체 재료 생식용 두부 ▶ 연두부

1 생식용 두부는 끓는 물에 30초 정도 살짝 데쳐서 곱게 으깬다.
2 배는 강판에 갈아 10g을 준비한다.
3 두부와 배즙, 무가당 플레인 요구르트를 한데 넣고 잘 섞는다.

Tip
● 생식용 두부를 끓는 물에 넣고 데치기 어렵다면 두부를 체에 올려놓고 끓는 물을 끼얹어요.
● 플레인 요구르트를 먹일 때는 아기용인지, 무가당인지, 어떤 첨가물이 들어 있는지 꼼꼼히 확인하고 구입하세요.

모둠 채소찜

요리 시간 20분
재료 감자 100g, 고구마 100g, 무 100g, 당근 100g
대체 재료 채소 ▶ 사과, 배, 바나나, 멜론, 참외 등 과일

1 감자, 고구마, 무, 당근은 1cm 두께의 막대 모양으로 썰어 모서리를 예쁘게 둥글려 깎는다.
2 ②를 끓는 물에 넣고 10분 정도 무르게 푹 삶는다.

주화맘's Tip 🔵 무엇이든 입으로 가져가는 이 시기에 각종 채소를 막대기 모양으로 썰어 푹 삶아서 손에 쥐어주면 미각 경험에 도움이 돼요. 단 덩어리가 목에 걸릴 수 있으니 아기가 간식을 먹는 내내 옆에서 엄마가 지켜보세요.

멜론과 떡

요리 시간 10분
재료 멜론 · 떡볶이떡 적당량씩
대체 재료 떡볶이떡 ▶ 떡국떡

1 멜론과 떡볶이떡은 적당량을 준비하여 0.5cm 두께로 썰어 모양틀로 찍는다.
2 멜론은 끓는 물에 넣고 30초 정도 살짝 데치고, 떡은 기름을 두르지 않은 팬에 굽는다.
3 멜론에 모양 떡을 예쁘게 얹는다.

주화맘's Tip 🔵 멜론과 떡은 아기에게 시각적으로 예쁜 것을 보여주고 싶어 만든 간식이에요. 멜론은 끓는 물에 살짝 데쳐서 아기에게 먹이세요.
🔵 떡은 데치면 너무 풀어져 틀로 찍은 모양이 예쁘게 나오지 않으니 팬에 살짝 구우세요.

감자 대추버무리

요리 시간 15분
재료 감자 60g, 당근 30g, 애호박 20g, 대추 1개, 슬라이스 치즈(유아용)
1/2장
대체 재료 대추 ▶ 건포도

1 감자, 당근은 끓는 물에 8~10분 푹 삶고 애호박은 끓는 물에 5분 정도
삶아 뜨거울 때 곱게 으깬다.
2 대추는 껍질만 돌려깎기해서 뜨거운 물에 넣고 익히듯 데쳐 곱게 다진다.
3 ①과 ②, 치즈를 넣고 골고루 섞는다.

> **주하맘's Tip** 아기가 편식한다면 각종 채소를 푹 삶아 모두 으깬 뒤 치즈를 넣
> 고 섞어주세요. 달콤한 대추와 짭조름한 치즈 맛 때문에 아기가
> 잘 먹는답니다.

늙은호박범벅

요리 시간 30분
재료 늙은호박 50g, 찹쌀가루 30g, 물 2큰술(3밥숟가락)
대체 재료 늙은호박 ▶ 단호박

1 늙은호박은 0.5cm 크기로 다진다.
2 다진 늙은호박에 찹쌀가루와 끓여서 식힌 물을 넣고 잘 섞는다.
3 찜통의 물이 끓어오르면 ②를 넣고 20분 정도 찐다.

> **주하맘's Tip** 달콤한 늙은호박범벅은 주하가 너무 좋아하는 간식이에요. 찹쌀
> 가루는 국산인지, 수입산인지 꼭 확인하고 구입하세요.

고구마양갱

요리 시간 2시간 30분
재료 고구마 100g, 한천가루 5g, 모유(또는 분유를 탄 물) 1/4컵, 물 3/4컵
대체 재료 고구마 ▶ 단호박, 완두콩

1 고구마는 10분 정도 삶아 뜨거울 때 곱게 으깬다.

2 냄비에 물, 한천가루를 넣어 주걱으로 저어가며 약한 불로 녹인다. 한천이 거의 다 녹으면 고구마를 넣고 섞은 뒤 모유를 넣는다.

3 ②가 한 김 식으면 틀에 붓고 냉장실에서 2시간 정도 굳힌다.

주하맘's Tip 👩 우뭇가사리로 만드는 한천은 양갱이나 젤리를 만들 때 주재료로 사용돼요. 젤라틴보다는 한천을 이용하길 권해요.

밤 치즈스틱

요리 시간 1시간
재료(7cm 길이 13개) 껍질 벗긴 밤 140g(10개 정도), 우리쌀가루 30g, 슬라이스 치즈(유아용) 1장, 모유(또는 분유를 탄 물) 2큰술(3밥숟가락)
대체 재료 밤 ▶ 고구마

1 밤은 20분 정도 삶아 으깬 뒤 체에 내린다.

2 볼에 밤, 우리쌀가루, 치즈, 모유를 넣고 섞는다.

3 ②를 지름 1cm, 길이 7cm 크기로 빚어 170℃로 예열한 오븐에서 30분 정도 노릇하게 굽는다.

주하맘's Tip 👩 밤 치즈스틱은 외출용으로 만든 간식이에요. 우리쌀가루를 넣고 만들어 알레르기 염려가 없고 소화도 잘된답니다. 아기에게 시중에서 판매하는 과자 대신 엄마표 과자를 손에 쥐어주세요.
👩 12개월 이후에는 모유 대신 우유와 두유를 넣고 만들어주세요.

벌써 이유식 마지막 단계에 접어들었어요.

본격적으로 걷고 뛰게 되면서 주변의 환경과 사물을 탐색하는 재미에 푹 빠진 우리 아이는

예전보다 밥을 잘 안 먹기도 하고 편식을 하기도 해요.

이유식 완료기는 식습관이 형성되는 매우 중요한 시기이므로 골고루, 싱겁게 먹이세요.

아이가 걷게 되면 자립심이 강해지고 자신감도 생긴다고 해요.

하고 싶은 것, 보고 싶은 것, 만지고 싶은 것도 많은 우리 아이에게 잘한다는 칭찬을 많이 해주세요.

칭찬과 긍정의 힘은 아이를 잘 자라게 하는 원동력이 된답니다.

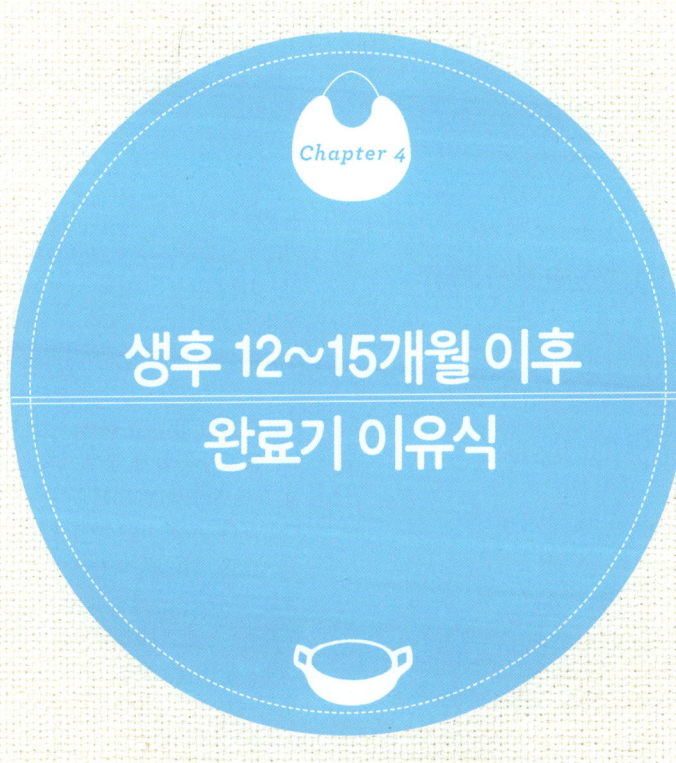

Chapter 4

생후 12~15개월 이후
완료기 이유식

완료기 이유식(생후 12~15개월 이후)

이제 아이는 엄마, 아빠가 먹는 대부분의 식품을 먹을 수 있어요. 그래도 알레르기나 아토피가 있는 아이라면 고위험군 식품은 주의해야 해요. 어른들이 먹는 다양한 음식을 만들어 먹일 수는 있으나 어른 음식처럼 달고 짜게 만들어 먹이면 절대 안 돼요. 이 무렵에는 외출도 많아지고 아이가 친구들도 사귀게 되어 어쩔 수 없이 가끔 바깥 음식이나 인스턴트 음식을 먹게 될 수도 있어요. 그래도 집에서만큼은 항상 따뜻하고 정성 어린 집밥을 꼭 만들어 먹이세요. 이때의 식습관이 평생의 입맛과 건강을 좌우한답니다.

❶ 완료기 이유식 횟수

3회(오전 1회, 오후 1회, 저녁 1회)+간식 2회

❷ 초기 이유식 양

평균 120~200g

❸ 모유·분유 횟수

2~3회(500ml 전후)

❹ 완료기 이유식 안심 식재료

완료기 전반(12~14개월)

육류 : 쇠고기 여러 부위(양지, 우둔살 등 살코기), 닭고기(다리살, 닭봉), 돼지고기(등심, 안심)

해산물 : 등푸른 생선(고등어, 삼치, 꽁치 등), 메로, 오징어, 뱅어포, 북어포

채소 : 껍질콩, 고사리, 쑥갓, 참나물, 취나물, 파프리카, 피망, 치커리, 깻잎, 어린잎순, 무순, 새싹채소, 돌나물, 파, 마늘, 토마토

과일 : 블루베리, 귤, 오렌지, 단감, 홍시, 딸기, 키위, 레몬, 파인애플

난류 : 달걀(전란), 메추리알

견과류 : 호두, 잣, 해바라기씨, 호박씨

기타 : 도토리묵, 청포묵, 밀가루, 빵가루, 우유, 무염버터, 마아가린, 생과일주스, 백김치, 대부분 면류(우동, 파스타, 메밀국수 등), 식빵

양념류 : 아가베시럽, 간장, 식초, 다시마가루, 후리카케

완료기 후반(15개월 이후)

해산물 : 연어, 참치, 장어, 낙지, 게살, 새우, 조개류(바지락, 대합, 관자, 홍합, 맛조개, 모시조개 등), 전복, 굴, 소라, 날치알, 명란젓, 톳

채소 : 마, 부추, 아스파라거스, 토란대, 냉이, 도라지, 달래, 마늘종, 우거지, 미나리, 파슬리

과일 : 아보카도, 복숭아, 망고

견과류 : 은행, 아몬드

기타 : 유부, 팥, 율무, 생크림, 크림치즈, 베이킹파우더, 판젤라틴, 사골 국물, 라이스페이퍼, 당면

양념류 : 천일염, 된장, 일본된장, 청국장, 카레가루

★ 완료기 이유식 식재료는 초기·중기·후기 이유식 단계에서 사용한 식재료에 위의 재료를 하나씩 추가하면 됩니다.

★ 천일염, 된장, 청국장, 카레가루, 베이킹파우더는 완료기 이유식 후반 이후부터 꼭 필요한 요리에 가끔씩 극소량만 사용하세요. 양념류는 세 돌까지는 굳이 먹이지 않아도 돼요.

★ 시기별 안전 식재료는 알레르기 위험이 있거나 되도록 이 시기에 아이에게 먹이면 좋을 것 같은 식품을 정리한 참고 자료예요. 아이의 반응과 체질에 따라 그 시기를 좀 더 당기거나 늦추세요.

완료기 이유식 노하우

① **우유**를 먹을 수 있어요

　돌이 지나면서부터 아이는 우유를 먹을 수 있어요. 모유(분유)를 우유로 대체할 수 있으나 모유는 두 돌까지 먹여도 좋아요. 우유는 하루에 최대 500ml 정도만 주세요. 그러나 우유를 너무 많이 먹으면 밥을 잘 먹지 않을 수도 있으니 주의하세요.

비만한 아이로 키우지 않겠다며 저지방우유나 무지방우유를 먹이는 것은 좋지 않아요. 이 시기에는 질 좋은 지방 섭취가 중요하므로 일반 아이용 우유를 먹이세요. 밥을 잘 먹는 아이라면 두 돌 이후부터는 저지방우유를 먹여도 좋아요.

② **젖병**은 끊으세요

　돌이 지난 아이의 주식은 하루 세끼 이유식이 되어야 해요. 아이가 젖병에 의존하면 밥을 잘 안 먹는 경우가 많아요. 돌 이전에 서서히 젖병 끊는 연습을 하고 돌 이후에는 젖병을 끊으세요. 아이에게 분유나 우유를 줄 때는 컵에 담아주세요.

③ **아침, 점심, 저녁**으로 나눠
　하루에 이유식을 **3회** 주세요

그동안 모유(분유)가 주식이었다면 돌 이후부터는 이유식과 간식이 주식이 되어야 해요. 식사 양도 늘어나 많이 먹는 아이는 한 끼에 어른밥의 2/3까지도 먹을 수 있어요. 되도록 시간을 정해 그 시간에 식사를 하도록 하면 아침, 점심, 저녁의 식사 개념이 생기고 신체리듬도 일정하게 유지된답니다. 다섯 가지 식품군을 골고루 섭취할 수 있도록 다양한 식재료를 응용해 식단을 준비하세요.

④ 하루에 **간식을 1~2회** 주세요

　아침과 점심 사이, 점심과 저녁 사이 하루에 2회 간식을 꼭 챙겨주세요. 이유식 완료기에는 많은 열량이 필요하므로 하루 한두 번의 간식은 꼭 필요해요. 아이가 밥을 잘 먹지 않더라도 간식은 꼭 챙겨주세요. 열량이 높은 음식이나 기름진 음식, 시판 과일주스나 과자는 간식으로 주지 마세요.

⑤ **밥과 반찬, 국**을 만들어주세요

　후기 이유식까지 한 그릇 이유식이었다면 완료기부터는 밥에 반찬, 국을 곁들여도 좋아요. 단 처음부터 반찬과 국을 만들어주지 말고 진밥에서 덮밥, 볶음밥을 만들어주다가 반찬과 국이 있는 식단으로 진행하세요. 그러나 국에 밥을 말아주지는 마세요. 아이가 밥을 씹지 않고 그냥 마시거나 삼켜 소화·흡수도 잘 안 되고 올바른 식습관 형성에도 좋지 않답니다.

6 부득이하게 **간을** 해야 한다면
싱겁게 만드세요

이유식 완료기는 어른 음식을 먹을 준비가 되어 있는 단계이지 어른들이 먹는 음식을 먹는 시기는 아니에요. 아이 음식은 절대 짜거나 달게 만들지 마세요. 사실 두 돌까지는 소금, 간장, 설탕을 사용하지 않는다는 것이 이유식 이론이죠. 그러나 현실적으로 간을 하지 않고 아이에게 밥을 먹인다는 것이 쉽지는 않아요. 그래서 엄마들은 이맘때 간을 해서는 안 되지만 어쩔 수 없이 간을 할 수밖에 없는 딜레마에 빠지게 되고 때로는 죄책감도 갖게 되지요.

저는 아이가 14개월 무렵부터 가끔씩 이유식에 간장을 아주 조금씩 사용했어요. 부득이하게 간을 해야 한다면 어른이 먹기에는 너무 싱거워 거의 맛이 나지 않는다고 생각될 정도로만 간을 하세요.

7 **고위험군 식품**을 먹일 수 있지만
그래도 **조심**하세요

이유식 완료기에 접어들면 알레르기 반응을 일으킬 수 있어 그동안 미뤄왔던 여러 음식을 아이에게 먹일 수 있어요. 달걀흰자, 돼지고기, 고등어, 삼치 등의 등푸른 생선, 조개류, 토마토, 딸기, 생우유, 견과류 등의 식품을 아이에게 먹일 수 있게 되어 엄마들은 이유식 만들기가 한층 수월해지죠. 그러나 돌이 지났어도 아이마다 특정 식품에 알레르기 반응을 일으킬 수 있으니 고위험군 식품을 먹인 후에는 아이의 반응을 잘 살피고 한 번에 너무 많은 양을 먹이지 마세요.

이유식 완료기에도 새로운 식품을 먹일 때는 한 번에 하나씩 추가하는 것이 원칙이에요. 특히 아이가 아토피가 있으면 몇 가지 특정 식품은 두 돌이 지나서 먹이는 것이 좋답니다.

8 **주스는 최대 200ml만** 주세요

아이들은 주스를 좋아하죠. 이유식은 안 먹어도 주스는 너무 잘 먹는 아이들이 참 많아요. 시중에서 판매하는 아이용 무가당 주스를 먹일 경우 하루 최대 200*ml*를 넘기지 마세요. 주스를 너무 많이 먹으면 아이가 제때 식사를 하지 않아 영양 불균형으로 이어질 수 있어요. 또 단맛에 익숙해지면 밥 대신 주스만 찾게 되는 악순환이 반복되기도 해요.

9 억지로 밥을 먹이지 마세요

돌이 지나면 밥을 잘 먹던 아이가 잘 안 먹기도 하고 밥을 잘 먹지 않던 아이가 잘 먹기도 해요. 아이마다 성장 패턴이 달라서 먹는 양이나 시기가 제각각이랍니다. 아이가 밥을 잘 먹지 않는다고 아이 뒤를 따라다니면서 밥을 먹이지는 마세요. 밥을 잘 먹던 주하도 15개월이 지나니 먹는 양이 현저히 줄더라고요.

저는 아이가 밥을 먹기 싫다고 하면 그냥 밥을 치웠어요. 아이에게 억지로 먹을 것을 강요하면 장기적으로 볼 때 아이가 식사에 대한 흥미를 잃어 오히려 밥을 더 안 먹을 수 있어요. 밥 먹는 양은 아이에게 맡기세요.

10 혼자 음식을 먹도록 해주세요

돌이 지나면 혼자 능숙하게 음식을 집어 먹을 수 있고 숟가락 사용도 제법 잘해요. 아직 먹는 양보다 흘리는 양이 더 많지만 아이가 스스로 혼자 밥을 먹도록 해주세요. 자꾸 도와주면 스스로 하고 싶다는 열의와 자립심이 떨어지고 커서도 엄마가 계속 밥을 먹여줘야 한답니다. 식사 후 집 안이 엉망진창이 되더라도 인내심을 갖고 아이를 응원해주세요.

11 아이에게 식사예절을 가르치세요

두 돌까지의 식사습관이 평생을 좌우한다고 해요. 엄마, 아빠는 시간이 되는 대로 되도록 아이와 함께 식사를 하고 식사 중 아이가 하는 나쁜 행동은 부드럽지만 단호하게 지적하세요. 밥은 꼭 지정된 자리에 앉아 먹게끔 하고 아이가 밥을 먹다가 일어나거나 계속 장난을 친다면 밥을 치우고 식사가 끝난 것임을 알리세요.

12 외식할 때 주의하세요

아이랑 외식할 때마다 난감할 때가 참 많아요. 저는 외출할 때마다 매번 이유식을 만들어 들고 다녔는데 너무 당연한 것임에도 불구하고 때로는 유별난 엄마처럼 인식되더라고요. 또 또래집단이 생겨 친구들이 먹는 음식을 공유하다 보면 아이가 평소 집에서 맛보지 못하던 달콤한 음식들도 접하게 되지요. 아이가 클수록 집에서는 잘 먹는 이유식을 바깥에서는 안 먹겠다고 반항하기도 해요. 그래도 외식할 때 어쩔 수 없는 상황에서도 저만의 철칙이 있었어요. 집 밖에서 아이에게 허용한 몇 가지 음식은 집에서는 절대 주지 말 것, 튀긴 음식은 아직 먹이지 말 것, 아이에게 국수류를 먹일 때는 물에 헹궈줄 것 등이에요. 아이가 자극적인 바깥 음식에 자주 맛을 들이면 점점 더 집밥을 거부하게 되니 주의하세요. 외식을 하더라도 엄마만의 확고한 철칙을 세우고 집에서만큼은 건강하고 맛있는 밥을 만들어주세요.

완료기 이유식 조리 포인트

1 완료기 이유식 밥의 묽기는
진밥과 어른밥의
중간 정도가 좋아요

완료기 이유식 초반에는 후기 이유식에 만들던 진밥과 어른밥의 중간 정도의 묽기로 만들어주세요. 완료기 이유식 후반에는 어른이 먹는 밥을 그대로 먹을 수 있어요. 초반부터 갑자기 어른밥을 먹으면 소화·흡수가 잘 안 되므로 우리 아이가 밥을 잘 먹는다고 해서 어른밥을 그대로 주지는 마세요.

2 식재료는 0.7cm 전후 크기로
썰어주세요

완료기 이유식의 모든 식재료는 0.7~1cm 크기가 적당해요. 그러나 쇠고기나 닭고기, 버섯 등 질긴 음식은 0.5~0.7cm 크기로 썰어 사용하세요. 12개월 즈음에는 아이 이가 평균 6개 정도 나므로 이제는 제법 이로도 음식을 잘 씹어 먹을 수 있어요. 주하는 12개월 무렵에 이가 무려 12개 정도 나서 이 정도 크기의 음식도 잘 씹고 밥도 잘 먹었어요. 아이 이가 늦게 나거나 평소에 밥을 잘 먹지 않는 아이라면 식재료를 이보다 더 작게 썰어도 좋아요.

3 재료를 부드럽게 익히세요

완료기 이유식에서는 시금치, 브로콜리 등 꼭 데쳐서 사용해야 하는 몇 가지 채소를 제외하고 모든 채소를 데치지 않고 바로 사용할 수 있어 엄마들이 조금 편해져요. 그래도 재료는 잘 익히고 부드럽게 조리해서 먹여야 해요. 재료가 설익거나 부드럽지 않으면 아이가 잘 먹지도 않고 소화도 잘되지 않는답니다.

4 완료기 후반에 소금을
사용해야 한다면 천일염을
사용하세요

이유식을 만들기 시작할 무렵, 모든 엄마들은 우리 아이에게 좋은 유기농 재료를 사용해 모든 음식을 손수 만들어주겠다는 대단한 결심을 하게 되죠. 그러나 현실적으로 육아를 하다 보면 그 생각을 실천하기가 쉽지만은 않아요. 완료기 이유식 후반부터 이유식을 만들 때 가끔 소금을 사용하게 된다면 가공하지 않은 자연소금인 질 좋은 천일염을 사용하세요. 좋은 천일염은 미네랄 함량이 풍부하고 단맛이 살짝 나요.
소금은 계량저울로 측정되지 않을 정도의 극소량만 넣으세요. 그리고 되도록 소금 대신 짭조름하고 감칠맛 나는 멸치가루나 새우가루 등 천연조미료를 사용하면 더 좋아요.

5 간장, 된장은 꼼꼼하게
고르세요

이유식에 간장, 된장을 사용할 때는 극소량만 넣으세요. 간장, 된장은 반드시 저염인지 확인하고 우리 콩으로 만든 유기농 제품인지, 첨가물이 없는지 등을 꼼꼼하게 확인하고 구입하세요. 된장과 김치에는 유산균이 풍부해 몸에 이롭지만 짠맛이 강해 아직은 자주 먹이지 않는 것이 좋아요. 아이에게 김치를 먹인다면 간이 덜 밴 백김치를 물에 담갔다가 짠맛을 제거해서 사용하세요.

6 단맛을 낼 때는 아가베시럽, 비정제 설탕, 배농축액을 사용하세요

언제인가부터 엄마들 사이에서는 아가베시럽이 입소문을 탔지요. 처음에는 설탕 대용 다이어트 식품으로 제가 먹으려고 구입했다가 아이가 15개월 무렵부터 이유식을 만들 때 가끔씩 사용했어요. 아가베시럽은 멕시코 아가베 선인장에서 추출한 액으로 설탕 및 꿀 대용으로 단맛을 내는 천연 유기농 감미료예요. 정제 설탕보다 당도가 1.5배 높고 혈당 상승 지수는 낮으며 맛이 은은해 아이뿐만 아니라 어른이 먹어도 좋아요.

설탕을 사용하게 된다면 유기농 비정제 설탕을 사용하세요. 비정제 설탕은 일반 설탕과 달리 화학적 정제 과정을 거치지 않아 미네랄 성분이 남아 있고 사탕수수 본래의 풍미를 지니고 있는 것이 특징이에요. 열량이 낮고 식이섬유소가 많은 올리고당은 아이의 장에 자극을 줄 수 있으므로 아직은 먹이지 마세요.

일부 유기농 매장에서 판매하는 100% 배농축액도 단맛을 내는 요리에 소량씩 사용하면 좋아요.

꿀에는 보툴리즘이라는 독소가 있어 돌 전후의 아이가 잘못 먹게 되면 근육마비를 일으킬 수 있으므로 사용하지 마세요.

단맛은 천천히 길들여도 좋아요. 아이에게 군이 일찍부터 단맛을 소개하지 않아도 된답니다.

7 매일매일 새롭고 다양한 음식을 만들어주세요

완료기 이유식에는 아이에게 다양한 음식을 접하게 할 수 있어요. 진밥과 죽은 계속 만들어 먹여도 좋고 김밥, 떡국, 만두, 파스타, 볶음밥 등 어른이 먹는 음식보다 크기는 작게, 간은 싱겁게, 모양은 예쁘게 만들어주세요. 특히 엄마, 아빠와 똑같은 음식을 만들어주면 아이는 본인도 엄마, 아빠가 먹는 음식과 똑같은 음식을 먹고 있다는 사실에, 눈으로도 맛있는 아기자기한 예쁜 밥상을 받았다는 사실에 너무 좋아할 거예요.

8 반찬이나 국은 싱겁게 만드세요

반찬이나 국은 아이에게 우리의 밥, 반찬, 국 문화를 소개하는 데 의의가 있어요. 또 영양소를 골고루 먹일 수도 있고요. 반찬이나 국은 싱겁고 자극적이지 않게 만드세요. 아이는 본인이 좋아하는 음식을 먼저 다 먹은 후에 다른 음식은 먹는 둥 마는 둥 하기 때문에 먼저 손을 대기 쉬운 반찬이나 국에는 되도록 간을 하지 않거나 약하게 하는 것이 좋아요. 아이가 반찬만 골라 먹는다면 밥을 어느 정도 먹은 후에 반찬을 내놓으세요.

9 튀김이나 고열량 식품은 절대 주지 마세요

이 무렵에는 아이에게 다양한 요리를 줄 수 있지만 튀김 요리는 만들어주지 마세요. 고소하고 바삭한 튀김은 아이가 좋아하며 맛있게 먹을 수 있겠지만 튀김을 먹으면 정량보다 훨씬 많은 기름을 섭취하게 돼요. 튀김은 고칼로리일 뿐만 아니라 소화·흡수도 잘되지 않아 아직은 아이가 먹지 않는 것이 좋아요. 아이가 밥을 잘 먹지 않아 고민이 되더라도 튀김류나 케이크, 인스턴트 식품 등 고열량 식품은 주지 마세요.

가자미 바나나진밥

매번 생선을 이용해 이유식을 만들 때마다 손질이 어렵고 귀찮다면 친환경 유기농매장에서 판매하는 냉동 흰살 생선살을 구입해 사용하세요. 일부 매장에서는 아이 이유식용으로 생선살을 조금씩 포장해서 판매하기도 해요. 아이가 12개월 즈음 되면 한 번에 먹는 양도 늘어나므로 밥은 100g 정도 넣으세요. 모든 재료는 후기 이유식보다 좀 더 크게 썰어도 되지만 아이가 이유식을 잘 먹는 편이 아니라면 전반에는 재료를 작게 썰어도 좋아요.

완료기 이유식에는 다양한 음식을 만들어 먹일 수 있지만 처음에는 후기 이유식보다는 좀 더 되직한 진밥부터 시작해 밥으로 진행하세요. 아이가 돌이 지나면 그동안 금기했던 알레르기 고위험 식품을 먹일 수 있지만 한 번에 새로운 식품을 몇 가지씩 섞지는 마세요. 아이에게 새로운 식재료를 먹일 때에는 한 번에 한 가지 재료만 넣고 아이의 반응을 꼭 살피세요. 그리고 그중에서도 새우, 조개, 복숭아 등 알레르기 가능성이 특히 높은 식품은 15개월 이후부터 먹이는 것이 안전해요.

요리 시간
40분

재료
가자미 1토막(가자미살 30g)
애호박 15g
양파 10g
바나나 1/2개
물(또는 다시마 육수) 3/4컵
밥 100g

대체 재료
가자미 ▶ 대구, 도미, 생태, 임연수어 등
흰살 생선

주하맘's **T i p**

🐟 가자미 1마리는 크기에 따라 다르지만 250~300g 정도예요. 가자미를 찜통에 쪄서 가시를 바르면 살이 150~200g 정도 돼요. 가자미는 대구나 생태처럼 살이 많지 않은 생선이므로 한 번 사용할 때 1마리를 쪄서 사용하고 남은 분량을 30~50g씩 나눠 냉동 보관하세요.

👩 완료기 이유식에는 생선살을 굳이 찌거나 삶지 않고 생물 생선살을 사용해도 좋아요.

1 가자미는 김이 오른 찜통에 20분 정도 쪄서 살만 30g을 준비해 곱게 다진다. 애호박과 양파는 0.7cm 크기로 썬다.

2 바나나는 끝 부분을 잘라 버리고 곱게 으깬다.

3 냄비에 애호박, 양파, 물 3/4컵을 넣고 센 불로 끓인다. 물이 끓어오르면 가자미살과 밥을 넣고 약한 불로 줄이고 8분 정도 끓인다.

4 ③에 바나나를 넣고 2분 정도 끓인다.

밤수프

밤수프는 달콤하고 고소해요. 밤은 간식으로도 좋지만 가끔 밤수프 같은 별식을 만들어주면 아이가 잘 먹어요. 밤에는 5대 영양소가 풍부해 아이의 성장과 발육에 도움을 주는데 특히 아이가 배탈이나 설사가 났을 때 밤을 먹으면 속이 편안해져요. 아이가 12개월이 지났으니 수프를 만들 때 우유를 넣으세요. 수프 맛이 담백하고 고소해져요.

요리 시간
40분

재료
밤 100g
양파 25g
우리밀 식빵 1/2장
물(또는 채소 육수) 2+1/4컵
우유 1/4컵(50g)

대체 재료
밤 ▶ 고구마

1 밤은 겉과 속 껍질을 벗겨 큼직하게 썰고, 양파는 채 썬다.

2 우리밀 식빵 1/2장은 가장자리를 잘라내고 달군 팬에 앞뒤로 노릇하게 구워 1cm 크기의 정사각형으로 썬다.

3 냄비에 밤, 양파, 물 2+1/4컵을 넣고 끓인다. 물이 끓으면 약한 불로 줄이고 밤이 익을 때까지 15분 이상 끓인다.

4 밤이 익으면 불을 끄고 한 김 식힌 후 믹서에 넣고 간다.

주하맘's Tip

😊 아이에게 밤을 먹일 때는 삶거나 쪄서 주세요. 생밤을 많이 먹으면 기운이 빠질 수 있으므로 아이에게는 되도록 생밤을 먹이지 마세요.

😊 식빵을 구워 작게 잘라 수프 위에 띄우는 것을 '크루통'이라고 해요. 먹고 남은 식빵이 두어 장 남았다면 구워 작게 잘라 냉동 보관했다가 수프를 만들 때 수프 위에 띄우세요. 바삭한 빵조각을 건져 먹으려고 아이가 집중해서 숟가락질을 더 열심히 하더라고요.

5 ④를 냄비에 넣고 5~6분 정도 끓인다.

6 ⑤에 우유 1/4컵을 붓고 2분 정도 끓이다가 수프를 먹기 직전에 구운 식빵을 얹는다.

옥수수
양파수프

옥수수는 알이 작기 때문에 아이가 씹지 않고 그냥 삼키는 경우가 많아 소화가 잘 안 돼요. 또 식이섬유소가 많아 아이가 옥수수알을 통째로 먹기에는 아직 부담스러울 수도 있어요. 아이가 또래보다 이가 많이 자랐거나 소화력이 좋은 편이라면 옥수수알을 먹어도 괜찮지만 아직까지 이유식에 옥수수를 넣을 때는 한 번 으깨서 주면 좋아요. 옥수수 양파수프 같은 수프를 만들 때는 옥수수알을 믹서에 갈아 넣으세요.

요리 시간 30분
재료 양파 20g
　　　브로콜리 20g
　　　옥수수알 80g
　　　물(또는 채소 육수) 1+1/2컵
　　　우유 1/4컵(50g)
　　　녹말물 1/3큰술(0.5밥숟가락)
대체 재료 옥수수 ▶ 완두콩

> **주하맘's Tip**
>
> 🥄 녹말물 1/3큰술은 5g 정도 되는데 물 3g에 녹말가루 3g을 넣어 잘 저으면 돼요. 녹말물은 만들어서 그냥 두면 녹말이 가라앉아 앙금이 되므로 사용하기 전에 한번 저으세요.

1 양파는 적당한 크기로 썰고, 브로콜리는 꽃송이만 따서 준비한다. 냄비에 옥수수알, 양파, 브로콜리, 물 1+1/2컵을 넣고 10분 정도 끓인다.

2 재료가 어느 정도 익으면 불을 끄고 한 김 식힌 후 믹서에 넣고 거칠게 간다.

3 ②를 냄비에 넣고 약한 불에서 5~6분 끓이다가 우유를 붓고 2분 정도 끓인다.

4 ③에 녹말물 1/3큰술을 둘러 넣고 저어준 뒤 불을 끈다.

오색 달걀찜밥

오색 달걀찜밥은 각종 채소가 한두 조각씩 남아 있을 때 이것저것 조합해서 만든 요리예요. 5대 영양소가 풍부한 영양식이고 또 만들기도 간편해 재료는 다르지만 지금도 아이에게 자주 만들어준답니다. 굳이 레시피에 있는 식재료가 아니더라도 집에 있는 재료를 사용해도 좋아요. 밥 대신 두부로 만든 두부 달걀찜도 부드럽고 담백해 아이가 잘 먹더라고요.

요리 시간 40분
재료 브로콜리 5g
　　　표고버섯 5g
　　　당근 5g
　　　양파 5g
　　　빨강 파프리카 5g
　　　달걀 1개
　　　우유 30g
　　　밥 30g
대체 재료 브로콜리 ▶ 시금치

주하맘's Tip

● 찜통에 찌면 시간이 많이 걸리지만 요리가 부드러워져요. 찜통에 찔 시간이 없다면 전자레인지에 넣고 3분 정도 돌리세요. 단 전자레인지에서 조리할 때는 요리 시간이 짧아 당근이 잘 안 익을 수도 있으니 한 번 데쳐 넣으면 좋아요.

1 브로콜리, 표고버섯은 끓는 물에 30초 정도 데쳐 브로콜리는 찬물에 헹궈 물기를 뺀다. 당근, 브로콜리, 양파, 빨강 파프리카, 표고버섯은 잘게 다진다.

2 달걀은 알끈을 제거하고 풀어서 우유를 넣어 섞는다.

3 ②에 ①의 재료와 밥을 넣고 섞는다.

4 김이 오른 찜통에 ③을 넣어 30분 정도 찐다.

잔멸치
호두진밥

견과류에는 알레르기를 유발하는 성분이 있어 되도록 돌 이후에 먹일 것을 권장해요. 알레르기나 아토피가 있는 아이라면 그 시기를 좀 더 늦춰도 되고요. 불포화지방산이 풍부한 호두는 두뇌 발달에 도움을 주고 뼈를 튼튼하게 해 생후 12개월 이후에는 일주일에 두어 번씩 먹이면 좋아요. 호두는 지방이 많아 쉽게 산패되므로 껍데기를 깐 호두를 구입했다면 되도록 빨리 먹는 것이 좋고 밀폐용기에 담아 공기를 차단해서 냉동 보관하세요.

요리 시간 40분
재료 잔멸치 10g
　　　치커리 10g
　　　호두 8g
　　　연두부 50g
　　　물(또는 다시마 육수) 3/4컵
　　　찹쌀밥 100g
대체 재료 호두 ▶ 잣

주하맘's Tip

👩 호두는 뜨거운 물에 담갔다가 이쑤시개를 이용해 속껍질을 벗기세요. 속껍질은 자칫 아이가 먹다가 목에 걸릴 수도 있으니 반드시 벗기세요.

1 잔멸치는 찬물에 20분 정도 담가 짠맛을 제거하고 치커리는 잘게 다진다.

2 호두는 뜨거운 물에 10분 정도 불려 이쑤시개로 껍질을 벗기고 곱게 다진다. 연두부는 찬물에 10분 정도 담가둔다.

3 냄비에 잔멸치, 물 3/4컵을 넣고 끓이다 끓어오르면 연두부, 찹쌀밥을 넣고 약한 불로 줄이고 5분 정도 끓인다.

4 ③에 다진 호두와 치커리를 넣고 5분 정도 끓인다.

닭고기 고사리진밥

'산에서 나는 쇠고기'라고도 불리는 고사리는 단백질과 무기질이 풍부한 산나물이에요. 면역력을 높이고 열을 내려 감기에 좋고 식이섬유소도 풍부해 아이가 변비에 걸렸을 때 먹어도 도움이 돼요. 고사리는 알레르기를 유발할 수도 있으므로 아이에게 먹인 후에는 아이의 상태를 잘 살피세요.

요리 시간 40분
재료 고사리 20g
　　　닭가슴살 40g
　　　표고버섯 10g
　　　애호박 10g
　　　들깻가루 3g
　　　물 (또는 닭고기 육수) 3/4컵
　　　현미밥 100g
대체 재료 들깻가루 ▶ 깨소금

주하맘's Tip

시중에 손질해서 삶은 고사리를 판매하지만 이유식에 넣을 때는 한 번 더 데쳐서 사용하세요. 그래야 더 부드럽고 특유의 떫은맛도 사라진답니다.

1 고사리는 찬물에 20분 정도 담갔다가 끓는 물에 넣고 1분 정도 데친다.

2 닭가슴살은 잘게 다지고, 고사리는 억세고 딱딱한 부분은 자르고 연한 부분으로 준비해 잘게 다진다. 표고버섯과 애호박은 0.7cm 크기로 썬다.

3 냄비에 고사리, 닭고기, 표고버섯, 애호박, 물 3/4컵을 넣고 끓이다 끓어오르면 현미밥을 넣고 약한 불로 줄인다.

4 ③을 10분 정도 끓이다 들깻가루를 넣는다.

버섯 달걀수프

담백하고 고소한 버섯 달걀수프는 아이가 입맛을 잃었을 때 만들면 좋아요. 완료기 이유식에는 달걀흰자도 먹일 수 있어요. 완전식품인 달걀을 그동안 먹이지 못했기에 아이에게 많이 먹이고 싶은 것이 엄마 마음이겠지만 아무리 좋은 음식도 많이 먹으면 탈이 나겠죠. 달걀은 일주일에 두어 번만 먹이세요.

요리 시간
30분

재료
양송이버섯 20g
느타리버섯 20g
무 20g
달걀 1개
김 약간
참기름 약간
물(또는 채소 육수) 1+1/2컵
우유 1/4컵(50g)

대체 재료
양송이버섯 ▶ 송이버섯

1 양송이버섯은 갓 껍질을 벗기고 느타리버섯은 밑동을 자르고, 무는 적당한 크기로 썬다. 달걀은 알끈을 제거해서 풀고, 김은 가위로 잘게 자른다.

2 냄비에 양송이버섯, 느타리버섯, 무, 물 1+1/2컵을 넣고 7분 정도 끓인다.

3 재료가 어느 정도 익으면 불을 끄고 한 김 식힌 뒤 믹서에 넣고 거칠게 간다.

4 ③을 냄비에 넣고 약한 불에서 5~6분 정도 끓인다.

5 우유 1/4컵을 붓고 2분 정도 끓여 불을 끄고 달걀을 넣고 휘저은 다음 불을 켜고 2분 정도 끓인다.

6 ⑤에 김가루와 참기름을 넣고 섞은 뒤 불을 끈다.

주하맘's Tip

● 수프 등의 요리에는 모든 재료를 잘게 다지거나 갈아서 사용하므로 양송이버섯의 기둥을 넣어도 돼요. 단 껍질은 벗기세요. 중간 크기의 양송이버섯 1개의 갓 껍질을 벗기면 15g 정도 분량이 나와요.

● 달걀은 유정란, 무정란이 있어요. 유정란은 암컷과 수컷이 교미해서 암탉이 품어 낳은 알이고 무정란은 수컷과의 교미 없이 기계적으로 낳은 알이에요. 달걀 수요는 많은데 공급량이 적어 요즘은 무정란이 많이 유통되고 있어요. 유정란과 무정란은 영양학적으로는 차이가 별반 없다고 하지만 스트레스를 받지 않고 자란 닭이 낳은, 항생제와 성장촉진제로부터 안전한 유정란을 아이에게 먹이세요.

쇠고기 참나물 동그랑땡, 애호박전

이유식을 만들어 먹이면서 대부분의 아이들이 전이나 완자, 국수류를 참 좋아한다는 것을 알았어요. 주하도 전을 너무 좋아해 12개월 이후부터 여러 가지 전을 많이 만들어주었어요. 특히 외출할 때 이유식용 먹을거리로 챙겨 나가면 엄마가 참 편해요. 동그랑땡을 만들 때의 포인트는 기름을 많이 사용하지 않아야 한다는 거예요. 저는 완자나 동그랑땡을 구울 때 기름을 아주 조금만 두르고 겉만 노릇하게 익힌 뒤 물을 붓고 속까지 익혔어요. 아이에게 여러 가지 음식을 만들어 먹이되 필요 없는 칼로리는 낮추는 나름의 비법이랍니다.

Petit bois

요리 시간
1시간

쇠고기 참나물 동그랑땡 재료
(5cm 크기 10개)
쇠고기 안심 50g
당근 15g
참나물(잎 부분) 10g
두부 30g
우리밀가루 30g
우유 1+1/3큰술(2밥숟가락)
물 1/4컵(50g)
포도씨오일 약간

애호박전 재료
애호박 1/2개(150g)
밀가루 적당량
달걀 1개
포도씨오일 약간

대체 재료
우리밀가루 ▶ 쌀가루
참나물 ▶ 취나물

1 쇠고기 안심은 찬물에 20분 정도 담가 핏물을 빼서 다지고, 당근과 참나물도 잘게 다진다.

2 두부는 찬물에 10분 정도 담갔다가 물기를 짜서 곱게 으깬다.

3 볼에 쇠고기 당근, 참나물, 두부, 우리밀가루, 우유, 물 1/4컵을 넣고 섞는다.

4 달군 팬에 포도씨오일을 약간 두르고 반죽을 5cm 크기로 떠 넣고 앞뒤로 노릇하게 굽는다. 겉이 익으면 물을 붓고 물이 바닥에 자작해질 때까지 익힌다.

5 애호박은 0.5cm 두께로 썰어 밀가루, 달걀물 순으로 입힌다.

6 달군 팬에 포도씨오일을 약간 두르고 애호박을 넣어 앞뒤로 노릇하게 굽는다.

주하맘's Tip

- 밀가루는 소화가 잘되지 않고 알레르기를 유발할 우려가 있으므로 가끔만 사용하세요. 밀가루는 되도록 우리밀가루를 사용하고, 밀가루 대신 쌀가루를 사용하거나 밀가루와 쌀가루를 반반씩 섞어 사용해도 좋아요. 아이가 알레르기나 아토피가 있다면 밀가루로 만든 음식은 많이 먹지 마세요.

- 아이가 좋아하는 전이나 완자를 만든 때 참나물처럼 향이 있는 잎채소나 당근 등 평소에 잘 먹지 않는 식재료를 잘게 다져 꼭꼭 숨겨주세요. 어떤 식재료가 들어 있는지 모르고 맛있게 잘 먹는답니다.

볶음 쌀국수

밥을 잘 먹든, 잘 먹지 않든 국수는 아이들의 베스트 메뉴인 것 같아요. 아이가 밥을 잘 먹지 않는데 국수를 좋아한다면 다양한 국수 요리를 만들어주세요. 여러 가지 채소를 채 썰어 함께 섞어주면 국수 먹는 재미에 평소에는 잘 먹지 않는 재료를 함께 먹기도 한답니다. 어떤 아이는 국수를 해주면 국수 외의 것들을 다 골라내고 뭘 해줘도 잘 먹지 않아 엄마를 속상하게 하지만 아이한테 밥 차려주는 행복을 포기하지 말고 좀 더 기운을 내세요.

Petit bois

요리 시간
30분

재료
닭가슴살 20g
노랑 파프리카 15g
빨강 파프리카 15g
청경채 10g
팽이버섯 10g
우리쌀국수 50g
간장 약간
참기름 약간
물 2큰술(3밥숟가락)

대체 재료
파프리카 ▶ 피망

1 닭가슴살은 끓는 물에 넣고 5분 정도 삶아 잘게 찢는다.

2 파프리카, 청경채, 팽이버섯은 1cm 크기로 채 썬다.

3 우리쌀국수는 끓는 물에 넣고 5분 정도 삶아 찬물에 헹군 뒤 체에 밭쳐 물기를 뺀다.

4 물 2큰술에 간장을 약간 섞어 소스를 만든다.

주하맘's Tip
- 파프리카는 그대로 썰면 너무 두꺼워서 아이가 안 먹을 수 있으니 얇게 포를 떠서 채 썰어요.
- 레시피에 간장, 참기름 '약간'으로 표기한 것은 1g도 되지 않는 아주 소량을 뜻해요. 간장은 넣었나 싶을 정도의 소량만, 참기름은 향이 난다 싶을 정도의 소량만 사용하세요. 완료기 이유식에는 간장을 약간 사용해도 좋지만 아이가 밥을 잘 먹는다면 굳이 간장을 넣지 않아도 돼요.

5 달군 팬에 참기름을 약간 두르고 파프리카, 닭고기, 팽이버섯을 넣고 2분 정도 볶다가 청경채를 넣고 1분 정도 볶는다.

6 ⑤에 쌀국수와 소스를 넣어 버무린다.

두부 사과진밥, 대구전

두부 사과진밥은 새콤하고 색이 참 예쁜 이유식이죠. 요리에 비트를 자주 사용했는데 비트가 없다면 무를 사용하세요. 완료기부터는 이유식에 파를 조금씩 다져 넣어도 좋아요. 쪽파를 사용하면 그냥 송송 썰면 되므로 더 편해요. 대구포는 냉동 대구포를 구입해 하루 전에 냉장실로 옮겨 해동해서 사용하세요. 대구포는 아이가 잡고 먹기 편한 크기로 잘라 밀가루와 달걀물을 묻혀 노릇하게 지지면 잘 먹어요.

요리 시간
40분

두부 사과진밥 재료
두부 30g
비트 10g
파 5g
사과 30g
물(또는 채소 육수) 3/5컵
밥 100g

대구전 재료
대구포 100g
밀가루 적당량
달걀 1개
포도씨오일 약간

대체 재료
비트 ▶ 무
대구포 ▶ 동태포

1 두부는 찬물에 10분 정도 담갔다가 0.7cm 크기로 썰고, 비트와 파는 잘게 다진다.

2 사과는 강판에 간다.

3 냄비에 비트와 물 3/5컵을 넣어 센 불에서 끓이다가 끓어오르면 밥과 두부를 넣고 약한 불로 줄인다.

4 ③을 6~7분 정도 끓이다가 다진 파와 사과를 넣고 2분 정도 끓인다.

주하맘's Tip

🍃 비트는 조리를 해도 단단할 수 있으므로 되도록 잘게 다져 사용하세요.

🍃 냉동 대구포는 적어도 반나절 전에 냉장고로 옮겨 해동해서 사용하세요. 몇 시간 후에 사용하려면 대구포를 밀폐 비닐팩에 담아 찬물에 담가 해동하세요. 냉동 대구포를 바로 뜨거운 물에 담그거나 전자레인지에서 급해동을 할 경우 세균이 번식할 우려가 있어요. 한 번 해동한 식품은 재냉동할 경우 세균이 많이 번식되므로 절대 냉동하지 마세요.

5 대구포는 3~4cm 크기로 썰어 밀가루, 달걀물 순으로 입힌다.

6 달군 팬에 포도씨오일을 약간 두르고 대구포를 앞뒤로 노릇하게 굽는다.

쇠고기 얼갈이배추 덮밥

시장에서 얼갈이배추 한 단을 구입하면 된장국을 끓이고 겉절이를 만드세요. 그리고 속대 한두 잎을 따서 아이 이유식에 넣으세요. 얼갈이배추는 비타민 C가 풍부해 감기 예방에 탁월해요.

요리 시간 50분
재료 배 10g
    쇠고기 안심 30g
    얼갈이배추 10g
    무 10g
    팽이버섯 10g
    참기름 약간
    물(또는 쇠고기 육수) 2/5컵
    녹말물 1/3큰술(0.5밥숟가락)
    밥 100g
대체 재료 얼갈이배추 ▶ 배추
    배즙 ▶ 양파즙

주하맘's Tip

- 녹말물 1/3큰술은 5g 정도로 녹말가루 3g과 물 3g을 섞어 만드세요.
- 레시피에는 무를 0.7cm 정사각형 모양으로 썰도록 소개했는데 크기가 커서 아이가 먹기 부담스러워한다면 끓는 물에 3~4분 데쳐서 만드세요.

1 배는 즙을 낸다. 쇠고기 안심은 찬물에 20분 정도 담갔다가 잘게 다져 배즙을 넣어 10분 정도 밑간한다. 팽이버섯, 얼갈이배추, 무는 0.7cm 크기로 썬다.

2 달군 팬에 참기름을 약간 두르고 쇠고기를 넣어 볶다가 무, 배추, 팽이버섯 순으로 넣고 1~2분 정도 볶는다.

3 ②에 물 2/5컵을 붓고 7~8분 정도 끓인다.

4 물이 자작해지면 녹말물을 두르고 저어준 뒤 불을 끈다. 먹기 직전에 밥 위에 얹는다.

블루베리소스를 얹은 두부

점심을 과하게 먹은 아이에게 저녁으로는 간단하게 두부나 먹여야겠다고 생각하다가 집에 있는 재료를 응용해 즉석에서 만든 요리예요. 아침에 삶아둔 단호박과 친환경 유기농매장에서 구입한 신선한 블루베리 한 통이 있었거든요. 새콤달콤한 맛도 좋지만 무엇보다 색이 예뻐서 아이의 호기심을 자극했던 요리였어요.

요리 시간 20분
재료 연두부 120g
　　블루베리 20g
　　무가당 플레인 요구르트 1/4컵
　　단호박 60g
　　건포도 10g
대체 재료 블루베리 ▶ 딸기

주하맘's **Tip**

● 요리에는 생블루베리를 사용했지만 냉동 블루베리를 사용해도 좋아요.

● 적어도 완료기까지는 무가당 요구르트를 먹이세요. 단맛이 있는 요구르트에는 생각보다 과당이 많이 함유되어 있어요. 그리고 마시는 액상 요구르트는 영양가도 많지 않으면서 아이에게 단맛만 길들게 하니 되도록 간식으로 주지 마세요. 아이가 무가당 요구르트를 잘 먹지 않으면 달콤한 과일과 함께 갈아주세요.

1 연두부는 찬물에 10분 이상 담가두거나 끓는 물에 30초 정도 데친다.

2 블루베리, 무가당 플레인 요구르트를 믹서에 넣고 곱게 간다.

3 단호박은 10분 정도 무르게 푹 삶아 으깨고, 건포도는 끓는 물에 30초 정도 데쳐서 거칠게 다져 단호박과 섞는다.

4 연두부에 블루베리소스를 얹고 단호박과 건포도 섞은 것을 올린다.

토마토 스크램블 에그덮밥

"토마토가 빨갛게 익으면 의사 얼굴이 파랗게 된다"는 서양 속담이 있죠. 12개월이 지나서야 아이에게 몸에 좋은 토마토를 먹일 수 있게 되어 참 좋았어요. 토마토 하나만 있으면 토마토소스를 만들어 아이에게 파스타, 그라탱 등 맛있는 요리도 많이 만들어줄 수 있잖아요.
토마토의 카로틴은 지용성 비타민이라 그냥 먹을 때보다 식물성 기름과 함께 조리할 때 소화와 흡수가 더 잘되니 참고하세요.

요리 시간
20분

재료
토마토 1개
느타리버섯 10g
양파 10g
달걀 1개
우유 1+1/3큰술(2밥숟가락)
포도씨오일 약간
밥 100g

대체 재료
포도씨 오일 ▶ 각종 식물성 오일

1 토마토는 끓는 물에 20초 정도 데쳐 찬물에 헹궈 껍질을 벗기고 반을 갈라 씨를 빼서 30g을 준비한다.

2 토마토, 느타리버섯, 양파는 0.7cm 크기로 썬다.

3 달걀은 알끈을 제거한 뒤 잘 풀어 우유를 넣고 섞는다.

4 달군 팬에 포도씨오일을 약간 두르고 양파를 넣어 볶다가 토마토, 느타리버섯을 넣고 2~3분 정도 볶는다.

5 ③의 달걀물을 붓고 젓가락으로 재빨리 저어 달걀을 익힌다.

6 밥 위에 토마토 스크램블 에그를 올린다.

녹두죽

녹두로는 떡을 만들어도, 죽을 끓여도, 전을 부쳐도 참 맛있지요. 녹두는 노폐물 해독과 피로 회복, 감기 예방에 탁월해요. 또 류신, 라이신 등 필수아미노산이 풍부해 아이의 성장과 발육에 도움을 주고 빈혈과 어지러움증을 개선하는 데에도 효능이 있다고 해요. 단 녹두는 성질이 찬 음식이므로 냉증이 있는 사람은 자주 먹지 않는 것이 좋아요.
녹두 껍질을 벗기는 조리과정이 힘들다면 가격은 비싸지만 껍질을 깐 거피녹두를 구입하세요. 그러나 조금 번거롭기는 하지만 일반 녹두가 더 맛있답니다.

요리 시간 2시간

재료 녹두 100g
　　잣 5g
　　물 6컵
　　불린 쌀 70g

대체 재료 잣 ▶ 호두

1 녹두는 반나절 정도 찬물에 불린다. 쌀은 1시간 정도 불려 70g을 준비한다.

2 불린 녹두는 물에 담가 손으로 주물러가며 껍질을 벗겨서 껍질이 뜨는 물을 버리는 과정을 반복한다.

3 냄비에 불린 녹두와 물 4+1/2컵을 넣고 약한 불에서 저어가며 30분 정도 끓인다. 중간에 생기는 거품은 걷어낸다.

4 녹두가 한 김 식으면 믹서에 넣어 곱게 간다.

5 냄비에 불린 쌀과 나머지 물 1+1/2 컵을 넣고 센 불에서 끓이다가 끓어오르면 약한 불로 줄이고 저어가며 10분 정도 끓인다.

6 쌀이 퍼지면 간 녹두를 넣고 약한 불에서 저어가며 3~4분 더 끓인다.

7 잣은 고깔을 떼고 곱게 다진다. 녹두죽이 완성되면 잣을 뿌린다.

주하맘's Tip

- 녹두 100g을 반나절 정도 물에 불려서 껍질을 벗기면 200g 정도 분량이 나와요.
- 녹두죽은 만드는 시간이 제법 걸리므로 많은 양을 만들어 온 식구들이 함께 드세요. 이 분량으로 만들면 아이가 3~5번 정도 먹을 수 있어요.
- 녹두죽의 농도는 물을 가감해 조절하세요.
- 녹두죽에 잣을 넣어 고소한 맛을 더하세요.
- 입맛이 까다롭고 잘 먹지 않는 아이라면 천일염을 아주 약간만 넣으세요.
- 수입산 녹두는 매끈하며 광택이 있고 낟알이 국산보다 크고 고소한 맛이 덜해요. 반드시 국산인지 수입산인지 확인하고 구입하세요.

돼지고기 무순진밥

돼지고기는 소화하기 어렵고 알레르기를 유발할 수 있는 가능성이 커서 되도록 늦게 먹이기를 권장하는데 완료기 이유식부터는 시작할 수 있어요. 돼지고기도 안심이나 등심 등 기름이 적고 담백한 부위만 사용하세요. 삼겹살 등 기름이 많은 부위는 지방이 많고 칼로리가 높으므로 유아식에서도 되도록 먹이지 마세요.

돼지고기는 질 좋은 단백질과 비타민 B군이 풍부해 체력 보강과 피로 회복에 도움을 줘요. 그러나 성질이 차서 소화기관이 약하거나 몸이 차고 설사를 자주 하는 사람에게는 이롭지 않으니 돼지고기를 너무 자주 먹이지 마세요.

요리 시간
20분

재료
무순(잎 부분) 1g
돼지고기 등심(또는 안심) 40g
송이버섯 15g
애호박 15g
양파 10g
볶은 콩가루 3g
물(또는 채소 육수) 3/4컵
밥 100g

대체 재료
무순잎 ▶ 어린잎순, 새싹잎

1 무순은 찬물에 담근다.

2 돼지고기 등심은 곱게 다지고, 애호박, 송이버섯, 양파는 0.7cm 크기로 썬다.

3 무순은 잎만 따서 준비한다.

4 냄비에 돼지고기, 송이버섯, 애호박, 양파, 물 3/4컵을 넣고 끓이다 끓어 오르면 밥을 넣고 약한 불로 줄이고 7분 정도 끓인다.

5 무순을 넣고 2분 정도 끓인다.

6 볶은 콩가루를 넣고 1분 정도 끓인다.

주하맘's Tip

🙂 콩은 아이가 잘 안 먹을 수 있으므로 볶은 콩가루를 구입해 다양한 요리에 활용하세요.

🙂 무순이나 어린잎순 등 생채소는 되도록 가열하지 않고 생으로 먹는 것이 영양 손실이 적지만 아이가 생채소를 먹기에는 아직 준비가 안 되었어요. 완료기 이유식 전반에는 되도록 생채소도 요리 마지막 단계에 넣고 살짝 익혀서 먹이세요. 후반부터는 부드러운 생채소를 골라 깨끗하게 씻어서 조금씩 먹여도 좋아요.

베이비 삼계탕

어른용 삼계탕을 만들면서 재료를 조금씩 덜어 아이용 삼계탕도 만들었어요. 아이들은 엄마, 아빠
가 먹는 것과 똑같은 음식을 먹고 싶어 하는 모방심리가 강하거든요. 엄마 음식을 달라고 계속 칭
얼거리는 아이에게 어쩔 수 없이 어른 음식을 한 숟가락 덜어 먹이지 말고 아예 처음부터 같은 재
료로 아이용 음식을 따로 만들어주세요. 육수를 낼 때는 지방이 있는 닭다리살을 이용하세요. 닭
고기 안심이나 가슴살로 육수를 낸 것보다 부드럽고 맛있답니다.

요리 시간
1시간 40분

재료
불린 찹쌀 30g
무 30g
양파 20g
파 약간
마늘 1쪽
닭다리 1개
물 3컵

대체 재료
찹쌀 ▶ 쌀

1 찹쌀은 1시간 정도 불려 30g을 준비한다. 무와 양파는 0.7cm 크기로 썰고, 파는 잘게 다지고, 마늘은 얇게 저민다.

2 냄비에 닭다리, 무, 양파, 마늘, 물 3컵을 넣고 약한 불로 10분 이상 끓인다.

3 닭이 익으면 건져 껍질을 벗기고 뼈를 발라 살만 잘게 찢는다.

4 육수에서 마늘만 건져낸 뒤 불린 찹쌀을 넣고 약한 불로 10분 정도 끓인다.

5 찢어둔 닭고기를 넣고 1~2분 더 끓인다.

6 ⑤에 다진 파를 넣는다.

닭고기 채소 김말이

아이들이 김을 좋아하는 것에서 착안한 요리예요. 이맘때 엄마들은 김에 밥을 싸서 아이를 따라다니며 하나씩 먹이고는 하죠. 미니 김밥을 만들어주면서도 다양한 채소를 먹이지 못해 안타깝다는 생각이 든다면 닭고기 채소 김말이를 만들어보세요. 굳이 닭고기가 아닌 돼지고기를 넣어도 되고 집에 있는 채소를 활용해도 좋아요. 반죽에 감칠맛이 나는 다시마가루를 약간 넣으면 더 맛있어요.

요리 시간
1시간 20분

재료
닭가슴살 120g
우유 1/4컵
양배추 30g
당근 20g
팽이버섯 20g
빨강 파프리카 15g
노랑 파프리카 15g
다시마가루 약간
녹말가루 약간
참기름 약간
김 1+1/2장

대체 재료
닭가슴살 ▶ 돼지고기 안심(또는 등심)

주하맘's Tip
- 양배추는 가장 바깥쪽 잎은 떼어내고 사용하세요.
- 김말이는 뜨거울 때 썰면 모양이 흐트러져요. 시간을 들여 예쁘게 만들었는데 썰다가 모양이 망가지면 속상하잖아요. 김말이가 한 김 식으면 썰어주세요. 이때 칼에 기름을 약간 묻혀서 썰면 잘 썰어져요.
- 이유식에 소금이나 간장 대신 요리에 감칠맛과 짭조름한 맛을 더해주는 다시마가루, 멸치가루 등 천연조미료를 활용하세요.

1 닭가슴살은 우유에 20분 정도 담가 누린내를 제거한 뒤 곱게 다진다.

2 당근, 팽이버섯, 양배추는 잘게 다지고, 파프리카는 채 썬다.

3 볼에 닭고기, 양배추, 당근, 팽이버섯, 다시마가루, 녹말가루, 참기름을 넣고 치대어 차지게 반죽한다. *다시마가루 만드는 법은 50쪽 참고.

4 김은 1장을 4등분해 총 6장을 준비한다. 김에 반죽을 얹어 잘 펴고 가운데 빨강 파프리카와 노랑 파프리카를 넣고 돌돌 만다.

5 ④를 김이 오른 찜통에 넣어 30분 정도 찐다.

6 김말이가 한 김 식으면 한입 크기로 썬다.

모둠 채소소스
마카로니 파스타

아이에게 보다 많은 채소를 먹이고 싶은 욕심에 만든 요리예요. 아이가 채소를 잘 먹지 않는다면 모둠 채소소스를 만들어 면이나 밥에 넣고 비벼주세요. 파스타의 일종인 마카로니를 넣고 만들면 아이가 한입에 먹기에 크기도 적당하고 포크로 찍어 먹을 수 있어요. 스파게티를 넣고 만든다면 스 파게티를 6등분 정도로 작게 자른 뒤 삶으세요.

요리 시간
40분

재료
감자 30g
양송이버섯 20g
당근 15g
애호박 15g
양파 15g
물(또는 채소 육수) 1+1/2컵
마카로니 30g
슬라이스 치즈(유아용) 1/2장

대체 재료
마카로니 ▶ 기타 파스타류

1 감자, 양송이버섯, 당근, 애호박, 양파는 적당한 크기로 썬다.

2 냄비에 감자, 양송이버섯, 당근, 애호박, 양파, 물 1+1/2컵을 넣고 약한 불에서 10분 이상 끓인다.

3 ②가 한 김 식으면 믹서에 넣고 거칠게 간다.

4 마카로니는 끓는 물에 넣고 5분 정도 약간 덜 익혀서 삶는다.

주하맘's Tip

👩 각종 채소는 삶아 믹서에 갈기 때문에 대충 큼직하게 썰어도 돼요.

👩 마카로니는 소스에 넣고 버무리면서 한 번 더 익히므로 삶을 때 약간 덜 익히세요. 삶는 시간은 마카로니 포장지에 표기되어 있어요.

👩 모둠 채소 소스가 아닌 수프로 먹이고 싶다면 채소를 삶을 때 물을 1컵 정도 더 넣으세요.

5 ③을 냄비에 넣고 2분 정도 끓이다 마카로니를 넣고 2~3분 더 끓인다.

6 ⑤에 치즈를 넣고 섞은 뒤 불을 끈다.

감자 양송이버섯 크림수프

이 크림수프는 담백하고 고소해 어른이 먹어도 맛있어요. 완료기부터는 무염버터를 사용할 수 있는데 수프나 그라탱 등의 요리를 만들 때에 맛과 향을 살리기 위해 소량만 넣으세요. 또 양송이버섯의 기둥은 갓보다 질기므로 잘게 다지거나 갈아서 사용하세요. 일반 이유식에 양송이버섯을 사용할 때는 갓 부분만 사용하세요.

요리 시간 40분

재료 감자 80g
      양송이버섯 50g
      양파 20g
      무염버터 1g
      우리밀 식빵 1/2장

물(또는 채소 육수) 1+1/2컵
우유 1/4컵

대체 재료 무염버터 ▶ 올리브오일

1 식빵은 가장자리를 자르고 달군 팬에 넣어 앞뒤로 노릇하게 구운 뒤 1cm 크기의 정사각형으로 썬다.

2 감자는 적당한 크기로 썰고, 양송이버섯은 갓 껍질을 벗겨 적당한 크기로 썰고, 양파는 굵게 채 썬다.

3 달군 팬에 무염버터를 두르고 양파를 넣어 1분 정도 볶다가 물 1+1/2컵을 붓는다.

4 ③에 감자, 양송이버섯을 넣고 끓이다 끓어오르면 약한 불로 줄이고 10분 정도 끓인다.

5 재료가 어느 정도 익으면 불을 끄고 한 김 식힌 뒤 믹서에 넣고 거칠게 간다.

6 ⑤를 냄비에 넣고 2~3분 더 끓이다가 우유를 붓고 2분 정도 끓인다.

7 그릇에 수프를 담고 구운 식빵을 얹는다.

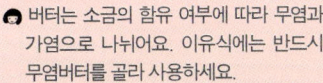

주하맘's **Tip**

● 버터는 소금의 함유 여부에 따라 무염과 가염으로 나뉘어요. 이유식에는 반드시 무염버터를 골라 사용하세요.

● 우유는 생우유 그대로 마시는 것이 영양 섭취에 가장 좋지만 고소한 맛을 내기 위해 사용한다면 요리 마지막 단계에 넣으세요.

● 아이가 아직 우유를 마시지 않는다면 모유나 분유를 사용하세요.

미네스트로네

미네스트로네는 여러 가지 채소와 파스타를 넣고 만든 이탈리아 전통 요리예요. 주하 아빠가 토마토수프를 좋아해서 아빠용 미네스트로네를 만들면서 주하 것도 만들었어요. 아빠 요리에는 재료를 좀 더 풍성하게 넣고 새우 등 일부 재료를 추가하면 더 맛있어요. 셀러리, 월계수 잎 등 향을 내는 채소가 들어가야 제맛이지만 아이가 먹기에는 아직 이르므로 어른 요리에만 넣으세요. 아이가 입맛을 잃었을 때 새콤하고 담백한 미네스트로네를 한 그릇 만들어주세요. 토마토를 싫어하고 잘 먹지 않는 아이라면 토마토 양을 줄이고 채소를 좀 더 작게 썰어주세요.

요리 시간
40분

재료
토마토 80g
감자 20g
양배추 10g
무 10g
당근 10g
양파 10g
불린 완두콩 15g
스파게티면 5g
무염버터 5g
물(또는 채소 육수) 1+1/2컵

대체 재료
토마토 ▶ 방울토마토

수하맘's **Tip**

😊 토마토 대신 방울토마토를 사용한다면
토마토와 똑같은 방법으로 손질하세요.
토마토 껍질과 씨는 소화가 잘 안 되므로
반드시 제거하세요.

😊 레시피에 있는 재료를 전부 넣지 않아
도 되며 집에 있는 채소를 적절히 활용
하세요.

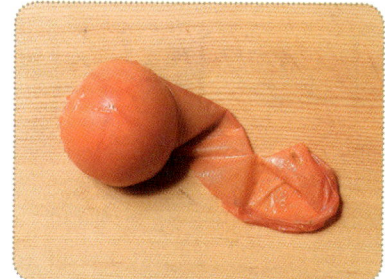

1 토마토는 끓는 물에 20초 정도 살
짝 데쳐서 찬물에 헹궈 껍질을 벗
긴다.

2 감자, 양배추, 무, 당근, 양파는
0.7cm 크기로 납작하게 썰고, 토마
토는 씨를 제거한 뒤 80g을 준비해 곱게
다진다.

3 반나절 정도 불린 완두콩은 끓는
물에 넣고 15분 정도 삶아 껍질을
벗기고 반으로 자른다. 스파게티면은 완
두콩 삶는 물에 넣고 약간 덜 익게 6분
정도만 삶아 1cm 크기로 자른다.

4 달군 냄비에 무염버터를 넣어 녹
인 후 양파, 당근, 무, 양배추, 감자
를 넣고 볶다가 물 1+1/2컵을 붓고 5~6
분 더 끓인다.

5 ④에 토마토와 완두콩을 넣고 5분
정도 끓인다.

6 ⑤에 파스타를 넣고 2분 정도 끓인다.

굴소스 쇠고기완자

아이에게 그냥 완자만 주면 입이 텁텁하고 심심할 것 같아 굴즙과 오렌지주스를 섞어서 졸인 소스에 완자를 굴려서 만든 요리예요. 아이가 좋아하는 쇠고기 완자에 새콤달콤한 맛을 더해서인지 아이가 참 맛있게 먹었어요. 쇠고기 100%로 만드는 방법을 소개했지만 쇠고기와 돼지고기를 반반씩 섞어서 만들면 더 고소해요. 쇠고기 요리는 자칫 잘못하면 누린내가 날 수 있는데 특히 갖은 양념과 간을 하지 않는 이유식 쇠고기 요리는 더 그렇죠. 쇠고기를 찬물에 담가 핏물을 뺀 뒤 양파즙이나 배즙을 약간 넣고 밑간하면 잡내와 누린내가 사라지니 참고하세요.

요리 시간
1시간 40분

재료(2cm 크기 14개)
표고버섯 10g
당근 10g
양파 10g
쇠고기 안심(또는 살코기) 100g
녹말가루 약간
참기름 약간
귤 1개
오렌지주스 30g

대체 재료
녹말가루 ▶ 찹쌀가루

1 당근은 잘게 다지고, 표고버섯은 끓는 물에 20초 정도 데쳐 물기를 뺀 뒤 잘게 다진다.

2 양파는 강판에 갈아 양파즙을 만든다. 쇠고기 안심은 찬물에 20분 정도 담가 핏물을 뺀 뒤 곱게 다져 양파즙을 넣어 10분 정도 밑간한다.

3 볼에 다진 쇠고기, 당근, 표고버섯, 녹말가루, 참기름을 넣고 잘 치대어 반죽한 뒤 실온에서 20분 정도 숙성시킨다.

4 반죽은 2cm 크기로 동글게 빚어 김오른 찜통에 넣고 30분 정도 찐다.

주하맘's **Tip**
- 반죽에 녹말가루를 넣으면 수분을 잡아주고 반죽을 더 차지게 만들어요.
- 집에 오렌지주스가 없다면 귤 2개로 즙을 내어 사용하세요. 귤 알맹이가 씹히게 만들어도 좋지만 즙만 사용하고 싶다면 귤을 체에 얹어 숟가락으로 눌러가며 즙을 내리세요.

5 귤은 껍질을 벗겨 알맹이만 준비해서 곱게 으깨 즙을 낸다.

6 냄비에 귤즙과 오렌지주스를 넣고 끓이다 끓어오르면 완자를 넣고 굴려가며 소스가 자작해질 때까지 졸인다.

쇠고기 채소 꼬마김밥

아이가 걷기 시작할 즈음이면 외출이 잦아져요. 그때마다 엄마들은 나가서 아이에게 무엇을 먹여야
할지 고민이 많아지죠. 외출을 할 때는 되도록 간단한 이유식이라도 가지고 나가세요. 엄마도 모르
는 사이에 빵이나 볶음밥 등을 먹이게 되거든요. 적어도 15개월까지는 바깥 음식을 먹이지 않는 것
이 좋아요. 꼬마김밥도 외출할 때 자주 가지고 나간 음식이에요. 각종 채소와 고기를 손질해서 볶
아 냉장고에 넣어두면 다음 날 사용하기 편리해요.

요리 시간
50분

주재료
쇠고기 안심(또는 살코기) 10g
당근 10g
달걀 1/2개
유기농 식용유 적당량
시금치 20g
참기름 약간
밥 80g
김 1장

밥 양념 재료
참기름 약간
깨소금 약간

대체 재료
쇠고기 ▶ 닭고기

1 당근은 채 썰고, 쇠고기 안심은 찬
물에 20분 정도 담가 핏물을 뺀 뒤
채 썬다.

2 달걀은 흰자와 노른자를 분리해 알
끈을 제거하고 곱게 풀어 달군 팬
에 식용유를 살짝 바르고 각각 지단을 부
친다. 지단이 식으면 5cm 길이로 채 썬다.

3 시금치는 끓는 물에 20초 정도 데
친 뒤 찬물에 헹궈 물기를 꼭 짜서
10g을 준비하여 참기름을 약간 넣고 밑
간한다.

4 밥에 참기름과 깨소금을 약간씩 넣
고 잘 섞는다.

5 달군 팬에 식용유를 약간 두르고
당근과 쇠고기를 각각 볶는다.

6 김은 1/4등분해서 4장을 준비하여
밥과 쇠고기, 당근, 시금치, 달걀지
단을 얹고 돌돌 말아 아이 한입 크기로
작게 썬다.

불고기 덮밥

아이에게도 가끔씩 담백한 불고기덮밥을 만들어주세요. 아이용 불고기 덮밥에는 간장을 한두 방울만 넣되 어른용처럼 짜게 만들지는 마세요. 불고기는 달달한 맛이 포인트이니 배즙을 충분히 넣어 달콤한 맛을 더하세요. 또 배즙을 덜어서 고기를 재울 때 사용하면 고기가 연해져요. 양파나 키위, 파인애플로 고기를 재워도 고기가 연해지고 누린내가 제거돼요.

요리 시간 50분
재료 배 30g
　　　쇠고기 안심 80g
　　　간장 약간
　　　표고버섯 15g
　　　양파 10g
　　　물(또는 쇠고기 육수) 1/4컵
　　　통깨 약간
　　　차조밥 100g
대체 재료 쇠고기 안심 ▶ 우둔살 등 살코기

주하맘's Tip
- 아이가 질긴 표고버섯을 싫어한다면 팽이버섯을 1cm 크기로 썰어 넣으세요.
- 요즘은 유기농 매장에서 100% 배 농축액도 판매하는데 직접 간 배보다 소화효소는 적겠지만 요리 누린내를 제거하거나 단맛을 낼 때 소량씩 사용하면 좋아요.

1 배는 강판에 갈아 2큰술 정도 배즙을 만든다. 쇠고기 안심은 찬물에 20분 정도 담가 핏물을 뺀 뒤 1cm 크기로 채 썰어 배즙 2/3큰술과 간장을 약간 넣어 10분 정도 밑간한다.

2 표고버섯과 양파는 0.7cm 크기로 썬다.

3 달군 팬에 쇠고기와 물 1큰술을 넣고 볶는다. 쇠고기가 어느 정도 익으면 표고버섯, 양파를 넣고 볶다가 나머지 물을 넣고 약한 불로 5분 이상 익힌다.

4 물이 자작해지면 나머지 배즙 1+1/3큰술과 통깨를 약간 넣고 뒤적거리다 차조밥 위에 올린다.

알밥과 단호박 콩샐러드

외출 전에 요리할 시간은 없고 아이 밥은 가지고 나가야 할 때 후리카케 알밥을 만들면 편해요. 마트나 백화점에서 아이용 후리카케를 많이 판매해요. 믿을 만한 재료로 만들었다면 구입해도 좋겠지만 집에서 만들기도 어렵지 않으니 한번 만들어보세요.

요리 시간 30분
알밥 재료 밥 100g
　　　　　참기름 약간
　　　　　새우 가다랑어 후리카케 2g
　　　　　멸치 다시마 후리카케 2g
단호박 콩샐러드 재료 단호박 100g
　　　　　불린 강낭콩 20g
대체 재료 단호박 ▶ 고구마

주하밤's **Tip**
- 후리카케는 짭조름하므로 너무 많은 양을 넣지 마세요.
- 아이가 콩을 안 먹는다면 콩은 곱게 으깬 뒤 단호박과 섞으세요.

1 밥은 반으로 나눠 참기름을 약간 넣고 새우 가다랑어 후리카케와 멸치 다시마 후리카케를 각각 넣고 섞는다. *후리카케 만드는 법은 51쪽 참고.

2 알밥은 2cm 크기로 빚는다.

3 단호박은 작게 썰어 10분 정도 무르게 푹 삶아 뜨거울 때 으깬다. 강낭콩은 반나절 정도 불려서 20g을 준비해 끓는 물에 넣고 10분 이상 푹 삶아 껍질을 벗기고 거칠게 다진다.

4 단호박과 강낭콩을 잘 섞는다.

볶은 콩가루를 묻힌 닭봉조림

손님 초대 요리에 빠지지 않는 저의 야심 메뉴가 데리야키 닭봉이에요. 거기에 착안해 아이에게도 닭봉조림을 만들어줬어요. 아이를 낳기 전부터 미니 닭다리처럼 생긴 닭봉을 볼 때마다 나중에 아이에게 닭봉 요리를 만들어주면 좋겠다는 생각을 자주 했었거든요. 닭봉은 닭날개의 일부로 관절에서 날갯죽지에 이르는 부위를 말해요.

아이용 닭봉조림을 만들 때는 간장을 2~3g 정도만 사용해 짭짤하지 않게 만드세요. 끝 부분에 볶은 콩가루나 호두가루 등을 묻히면 고소한 맛을 더해요. 외식을 할 때 아이 손에 닭봉조림 하나 쥐어주면 뜯어 먹는 재미에 푹 빠져 엄마 식사 시간이 조금은 자유로워질 수 있답니다.

요리 시간
1시간

재료
닭봉 10개
우유 1컵
양파 15g
간장 2g
아가베시럽 5g
물(또는 닭고기 육수) 3/4컵
볶은 콩가루 10g

대체 재료
아가베시럽 ▶ 유기농 비정제 설탕,
유기농 배농축액

주하맘's Tip

● 닭봉을 손질할 때 두꺼운 기름은 자르
세요. 아이가 소화력이 좋지 않은 편이
라면 닭봉 껍질을 모두 벗겨서 요리해도
좋아요.

● 닭봉 손잡이 부분을 냅킨이나 종이포일
로 감싸면 아이 손이 지저분해지는 것을
막을 수 있어요.

● 완료기에는 되도록 설탕을 사용하지 않
는 것이 좋지만 아이 요리에 단맛을 내기
위해 설탕을 사용하고 싶다면 유기농 비
정제 설탕을 사용해보세요. 비정제 설탕
은 일반 설탕과 달리 화학적 정제 과정을
거치지 않아 미네랄 성분이 남아 있고 사
탕수수 본래의 풍미를 갖고 있는 것이 특
징이죠. 그래도 아직까지는 되도록 설탕
을 사용하지 않는 것이 좋아요. 가끔 꼭
필요할 때만 소량씩 넣으세요.

● 어른용 닭봉조림을 만들 때는 간장, 설탕
을 더 넣고 짭짤하게 졸여 만드세요. 콩
가루 대신 견과류를 살짝 볶아 다져서 묻
혀도 고소해요.

1 닭봉은 깨끗하게 씻어 우유에 30분
정도 담가 누런내를 제거한다.

2 닭봉은 기름기와 두꺼운 껍질 부분
을 잘라낸다.

3 양파 15g은 강판에 갈아 양파즙
10g을 준비한다. 양파즙, 간장, 아가
베시럽, 물 3/4컵을 잘 섞어 소스를 준비
한다.

4 팬에 닭봉과 소스를 넣고 약한 불
로 5분 정도 끓인다.

5 닭봉의 한 면이 어느 정도 익으면
뒤집는다. 뚜껑을 덮고 소스가 졸
아들 때까지 약한 불로 익힌다.

6 소스가 졸아들고 닭이 다 익으면
닭봉 끝 부분에 볶은 콩가루를 약
간씩 묻힌다.

궁중떡볶이

주하가 떡을 너무 좋아해요. 집에서 설기류를 가끔씩 만들어 먹었는데 그보다는 쫄깃한 떡볶이떡,
떡국떡을 더 좋아하더라고요. 주하는 소화력이 좋고 이가 또래보다 빨리 자라 14개월 무렵 이가 15
개 정도 나서 떡을 조금 일찍 먹여도 되었지만 소화력이 좋지 않고 이가 몇 개 나지 않은 아이라면
떡은 완료기 이유식 후반부터 먹이세요. 궁중떡볶이는 간장으로 간을 하고 고기와 채소가 들어간
떡볶이예요. 아이가 매일 먹던 밥에 질려할 즈음 궁중떡볶이 한 그릇 만들어서 혼자 먹도록 포크
하나 쥐어주세요.

요리 시간
40분

재료
떡볶이떡 8개(100g)
참기름 약간
배 30g
쇠고기 안심(또는 살코기) 30g
당근 7g
표고버섯 5g
오이 5g
김 약간
간장 1g
통깨 약간
물(또는 쇠고기 육수) 1/4컵

대체 재료
떡볶이떡 ▶ 떡국떡

1 떡볶이떡은 0.5cm 두께로 썰어 끓는 물에 1분 정도 데친 뒤 참기름을 약간 넣어 조물조물 무친다.

2 배는 강판에 갈아 배즙을 만든다. 쇠고기 안심은 찬물에 20분 정도 담가 핏물을 뺀 뒤 곱게 다져 배즙 1/3큰술을 넣고 밑간한다.

3 당근, 표고버섯, 오이, 김은 1cm 크기로 채 썬다.

4 달군 팬에 참기름을 약간 두르고 쇠고기를 넣어 볶다가 당근, 표고버섯, 오이 순으로 넣고 볶은 뒤 물 1/4컵을 붓고 약한 불에서 3분 정도 끓여 채소를 익힌다.

5 ④에 떡을 넣고 3~4분 더 익힌다.

6 물이 자작해지면 나머지 배즙 1+2/3큰술과 간장을 넣고 1~2분 더 볶는다. 마지막에 김을 넣고 통깨를 뿌린 뒤 불을 끈다.

녹두 채소전

담백하니 고소한 녹두 채소전은 영양도 가득해요. 전을 만들 때 삶은 녹두만 갈아 넣으면 너무 질척할 수 있으니 쌀가루나 밀가루를 넣어 농도를 조절하세요. 녹두는 물에 충분히 불려야 껍질이 잘 벗겨져요. 최소 12시간 이상은 불려야만 손으로 주물럭거리면 쉽게 껍질이 벗겨진답니다. 그리고 녹두 불렸던 물을 계속 체에 밭쳐 껍질을 제거하면서 재사용하는 것이 껍질을 벗길 때마다 물을 갈아주는 것보다 더 맛있다고 해요. 녹두의 껍질을 벗기는 것이 번거롭다면 껍질을 벗긴 거피녹두를 사용하세요.

요리 시간
1시간

재료(5cm 크기 13개)
녹두 50g
물 1+1/2컵
애호박 15g
당근 15g
우리쌀가루 30g
물 2+2/3큰술
포도씨오일 약간

대체 재료
우리쌀가루 ▶ 우리밀가루
포도씨오일 ▶ 올리브오일, 유기농 식용유

수하맘's Tip

- 불린 녹두 100g에 물 1+1/2컵을 넣고 약한 불에서 30분 정도 끓이면 물이 거의 없이 졸아들어요.

- 녹두 50g을 물에 불리면 100g을 얻을 수 있어요. 껍질을 벗긴 거피녹두를 사용해도 녹두 분량과 똑같이 잡으면 돼요.

- 보통 녹두부침개를 만들 때는 불린 녹두를 믹서에 갈아 바로 사용해요. 아이용 녹두 채소전을 만들 때는 녹두를 푹 익혀서 믹서에 갈아 사용하세요.

- 녹두를 불리는 김에 어른용 녹두빈대떡도 만들어보세요. 불린 녹두를 건져 믹서에 갈아 김치, 돼지고기, 데친 고사리, 데친 숙주 등을 넣고 간한 뒤 달군 팬에 기름을 두르고 두툼하게 부치면 돼요.

1 녹두는 반나절 이상 불린다. 불린 녹두는 물에 담가 손으로 주물러가며 껍질을 벗겨서 껍질이 뜨는 물을 버린다. 이 과정을 반복해서 완전히 껍질을 벗긴다.

2 냄비에 녹두와 물 1+1/2컵을 넣고 약한 불에서 저어가며 30분 정도 끓인다. 중간에 생기는 거품은 걷어낸다.

3 녹두가 한 김 식으면 믹서에 삶은 녹두를 넣고 곱게 간다.

4 애호박과 당근은 잘게 다진다.

5 볼에 녹두 간 것, 애호박, 당근, 우리쌀가루, 물 2+2/3큰술을 넣고 섞는다.

6 달군 팬에 포도씨오일을 약간 두르고 반죽을 5cm 크기로 떠 넣어 앞뒤로 노릇하게 지진다.

미니 햄버그스테이크

햄버그스테이크풍의 핑거 푸드는 참 자주 만들어 먹었어요. 주하는 맨밥을 좋아해서 이유식을 먹고 나서도 맨밥을 찾곤 했는데 탄수화물 섭취가 조금 많았다 싶은 날, 한 끼 정도는 밥을 제외한 고기와 채소 위주로 식단을 짰어요. 햄버그스테이크는 쇠고기로만 만드는 것보다 돼지고기를 섞어 만드는 것이 더 부드럽고 맛있어요. 또 빵가루를 넣으면 반죽이 질퍽해지지 않고 하나로 단단하게 잘 뭉쳐지며 맛이 고소해요. 조금 많은 양을 만들어 5cm 크기로 빚어서 냉동 보관하면 간편해요.

요리 시간
2시간

재료(5cm 크기 7개)
브로콜리 10g
양송이버섯 15g
양파 15g
당근 10g
쇠고기 안심(또는 살코기) 50g
돼지고기 등심(또는 안심) 100g
빵가루 20g
달걀물 15g
간장 약간
올리브오일 약간
물 1/2컵

대체 재료
식빵가루 ▶ 우리쌀가루, 우리밀가루
올리브오일 ▶ 포도씨오일, 유기농 식용유

주하맘's Tip

● 달걀 1개는 대략 50g이에요. 15g을 사용하려면 달걀 1/3개 분량 정도 돼요. 달걀을 너무 많이 넣으면 반죽이 질척해지므로 달걀을 더 넣게 되었다면 빵가루나 쌀가루 등을 넣어 농도를 조절하세요.

● 빵가루는 식빵을 하루 정도 실온에서 말리거나 오븐에서 낮은 온도로 40분~1시간 정도 딱딱하게 구운 뒤 비닐팩에 넣고 절구공이로 부숴 사용하세요. 좀 더 곱게 가루를 내고 싶다면 믹서에 넣고 갈아도 돼요. 남은 빵가루는 냉동 보관하세요.

● 햄버그스테이크를 속까지 익히려면 기름을 많이 사용하게 돼요. 아이가 밥을 잘 먹지 않거나 몸무게가 표준보다 적게 나가더라도 기름을 많이 먹는 것은 좋지 않아요. 기름을 두른 팬에 겉면만 노릇하게 익힌 뒤 물을 붓고 속까지 익히세요.

1 브로콜리는 끓는 물에 30초 정도 데친 뒤 찬물에 헹궈 물기를 빼고 잘게 다진다. 양파, 당근은 잘게 다지고 양송이버섯은 갓의 껍질을 벗기고 잘게 다진다.

2 쇠고기 안심은 찬물에 20분 정도 담가 핏물을 뺀다. 돼지고기 등심과 쇠고기는 곱게 다진다.

3 식빵은 하루 정도 전에 실온에서 딱딱하게 말린 뒤 곱게 부수어 빵가루 20g을 만든다.

4 볼에 ①과 ②를 담고 달걀물, 빵가루, 간장을 넣고 섞은 뒤 10분 이상 치대어 냉장고에서 1시간 정도 숙성시킨다.

5 숙성시킨 반죽은 지름 5cm 크기로 동글납작하게 빚어 달군 팬에 올리브오일을 약간 두르고 노릇하게 굽는다.

6 앞뒤 겉면이 적당히 익으면 물 1/2컵을 붓고 속까지 익힌다.

베이비 브런치

주말 브런치로 주하 아빠에게 스테이크를 만들면서 아이용 브런치도 만들었어요. 아이가 고기를 참 좋아하는데 색다른 쇠고기 요리를 만들어주니 얼마나 좋아하던지요.
베이비 브런치는 아이 이가 많이 나서 고기를 잘 씹어 먹을 수 있을 때 만드세요. 귤즙에 스테이크를 졸이면 달콤해서 아이가 잘 먹어요. 미니 스테이크와 감자 브로콜리매시, 익힌 당근을 만들어 접시에 예쁘게 담아주세요.

요리 시간 1시간 10분
미니 스테이크 재료 쇠고기 안심 80g, 빨강 파프리카 15g, 노랑 파프리카 15g, 양파 15g, 귤 1개, 올리브오일 약간

곁들임 재료
감자 100g, 브로콜리 20g, 슬라이스 치즈(유아용) 1/2장, 당근 100g, 물 1+1/3큰술(2밥숟가락), 아가베시럽 약간

대체 재료
감자 ▶ 고구마
귤 ▶ 오렌지주스
아가베시럽 ▶ 유기농 비정제 설탕

1 쇠고기는 찬물에 20분 정도 담가 핏물을 뺀 뒤 0.5cm 크기로 썬다. 파프리카와 양파는 0.7cm 크기로 썬다.

2 귤은 껍질을 벗겨 알맹이만 준비해서 숟가락으로 눌러 즙을 낸다.

3 달군 팬에 올리브오일을 약간 두르고 쇠고기, 양파, 파프리카 순으로 볶는다.

4 ③에 귤즙을 넣고 귤즙이 자작해질 때까지 약한 불로 졸인다.

5 감자는 10분 정도 푹 삶아 뜨거울 때 으깨고, 브로콜리는 30초 정도 데친 뒤 찬물에 헹궈 물기를 빼서 잘게 다진다.

6 감자, 브로콜리, 치즈를 섞어 감자 브로콜리매시를 만든다.

7 당근은 가로 1cm, 세로 5cm의 막대 모양으로 썰어 양 모서리를 둥글게 다듬은 뒤 끓는 물에 넣고 10분 정도 푹 삶는다.

8 팬에 당근, 물 1+1/3큰술, 아가베시럽을 넣고 물이 자작해질 때까지 졸인다.

주하맘's Tip
- 귤이 없다면 오렌지주스를 1/4컵 정도 넣으세요.
- 감자 브로콜리매시는 뜨거울 때 치즈를 넣고 섞어야 치즈가 잘 녹아요.
- 당근은 푹 삶아서 물과 아가베시럽을 약간 섞은 시럽을 넣고 졸이세요. 달콤한 당근조림은 스테이크와 잘 어울려요.
- 아가베시럽이 없다면 비정제 설탕을 사용하세요.

고등어조림 덮밥

돌이 지나면 아이에게 등푸른 생선을 먹여도 돼요. 주하에게 흰살 생선은 조금 일찍 먹인 편인데
알레르기 유발 인자가 있는 등푸른 생선은 주하가 14개월 무렵에 처음 먹였어요. 아이가 고등어와
삼치를 좋아해서 이 요리는 두 돌이 다 되어가는 지금도 자주 만들어줘요.
고등어와 삼치 등의 등푸른 생선에는 질 좋은 단백질뿐만 아니라 EPA, DHA 등 오메가3지방산이
풍부해 성장기 아이의 두뇌 발달에 좋아요. 단 알레르기나 아토피가 있는 아이라면 등푸른 생선은
더 늦게 먹이세요.

요리 시간
40분

재료
고등어 1/2마리
우유 1/2컵
무 15g
양파 10g
달걀 1개
새싹채소 8g
물 (또는 다시마 육수) 4/5컵
다시마 육수 2/3큰술 (1밥숟가락)
간장 약간
통깨 약간
밥 100g

대체 재료
고등어 ▶ 삼치

1 고등어는 깨끗하게 씻어서 뼈를 바르고 살만 80g을 준비해 1cm 크기의 정사각형으로 썬다. 고등어 특유의 비린내를 제거하기 위해 우유에 20분 정도 담가둔다.

2 무와 양파는 1cm 크기로 납작하게 썬다. 달걀은 알끈을 제거한 뒤 풀고, 새싹채소는 찬물에 담가둔다.

3 냄비에 밥, 물 2/5컵을 넣고 3~4분 정도 끓이다가 불을 끄고 달걀을 둘러 넣고 저어준 뒤 불을 켜서 달걀을 익힌다.

4 달걀이 익으면 새싹채소를 넣고 저어주고 불을 끈다.

5 냄비에 고등어, 무, 양파, 나머지 물 2/5컵을 넣고 약한 불로 저어가며 물이 자작해지고 재료가 익을 때까지 8분 이상 끓인다.

6 다시마 육수에 간장과 통깨를 넣고 섞어 고등어조림에 부어 1~2분 더 졸인다. 고등어조림은 밥 위에 올린다.

주하맘's Tip

● 등푸른 생선은 비린내가 나기 쉬우므로 조리하기 직전에 우유에 잠깐 담가두면 비린내를 없앨 수 있어요. 또 고등어 요리에 무를 넣으면 비린내를 제거하는 동시에 단백질을 소화하는 데에 도움을 줘요.

● 소금 간이 되어 있는 자반고등어는 아이가 먹기에는 너무 짜니 완료기 이유식이 지난 유아식에도 되도록 먹이지 마세요.

취나물 오므라이스

아이에게 취나물을 먹이고 싶은데 어떤 방법이 있을까 고민하다가 취나물과 달걀을 매치했어요. 취나물 달걀부침을 만들어 밥을 넣고 말아주는 오므라이스 형태로 만들어봤어요. 취나물 오므라이스는 사실 아이에게 먹이기 쉽지는 않아요. 달걀부침이 그리 부드럽지 않거든요. 아마 아이가 달걀 따로, 밥 따로 먹을 거예요. 또는 달걀부침을 손에 들고 한 입, 두 입 베어 먹던가요. 그래도 예쁜 보석 주머니 같은 오므라이스를 아이에게 한 번쯤 만들어주세요. 아이가 먹기에 조금 퍽퍽하다 싶으면 토마토를 살짝 데쳐 껍질을 벗기고 씨를 뺀 뒤 믹서에 갈아 오므라이스에 곁들이세요.

Ce sont deux têtes dans un même bonnet.

요리 시간
40분

재료
취나물(잎 부분) 20g
닭가슴살 40g
당근 10g
애호박 10g
달걀 1개
참기름 약간
간장 약간
올리브오일 약간
물 2큰술(3밥숟가락)
우유 3큰술(4.5밥숟가락)
밥 80g

대체 재료
취나물 ▸ 참나물, 시금치

1 취나물은 끓는 물에 넣고 30초 정도 데친 뒤 찬물에 씻어 물기를 꼭 짜서 잘게 다진다. 닭가슴살, 당근, 애호박은 잘게 다진다.

2 달걀은 알끈을 제거한 뒤 잘 풀어 취나물, 참기름, 간장을 약간 넣고 섞는다.

3 달군 팬에 올리브오일을 약간 두르고 달걀물을 얇게 부어 약한 불에서 익힌다.

4 달군 팬에 닭고기, 당근, 애호박, 물 2큰술을 넣어 재료를 익힌다.

5 ④에 밥을 넣고 저어가며 볶다가 우유를 넣고 우유가 자작해질 때까지 약한 불로 끓인다.

6 달걀부침 위에 볶음밥을 얹어 만든다.

주하맘's Tip

- 취나물은 고유의 향이 있어 아이가 싫어할 수 있어요. 취나물을 섞은 달걀물에 참기름과 간장을 한 방울씩 넣으면 취나물 향이 조금 약해져요.

- 취나물은 봄철에 나오는 참취가 향이 좋고 맛있어요. 취나물을 구입할 수 없는 계절에는 말린 취나물을 사용해도 좋아요. 말린 취나물은 따뜻한 물에 불렸다가 잎과 줄기가 부드러워질 때까지 삶은 뒤 찬물에 씻어 물기를 짜서 사용하세요.

닭고기 옥수수볼

먹성 좋은 주하도 16개월 즈음에 처음으로 입맛에 정체기가 오더라고요. 밥을 억지로 먹일 생각은 안 했지만 그래도 아이 입맛을 살려줄 몇 가지 요리를 생각하다가 만든 요리가 바로 닭고기 옥수수볼이에요. 시중에는 옥수수알이 평균보다 두 배 정도 큰 슈퍼옥수수인 유전자변형 옥수수로 만든 과자나 전분, 음료수, 기름 등의 식품이 많아요. 특히 수입 옥수수 통조림은 설탕이 들어 있다는 이유 외에도 유전자조작 옥수수일 경우가 많으니 아이에게는 먹이지 마세요. 우리 아이의 건강을 위해 엄마의 꼼꼼한 안목이 요구되는 때입니다.

주하맘's Tip

● 닭고기는 곱게 다져야 완성 후 모양이 부서지지 않아요. 칼로 대충 다져도 덩어리가 있을 수 있으므로 되도록 오래 다져주세요.

● 반죽은 차지게 10분 이상 치대야 재료가 잘 엉겨붙고 쫀득하고 맛있는 닭고기 옥수수볼이 만들어져요.

● 어린잎순은 아이가 먹지 않고 뱉어낼 수 있어요. 아이가 싫어하고 먹지 않는다는 이유로 그 식재료를 딱 끊고 주지 않으면 아이가 먹을 수 있는 식재료가 몇 가지 안 될 거예요. 이런저런 방법으로 아이에게 이것저것 다양한 식재료를 먹이려는 시도를 멈추지 마세요. 어린잎순은 아예 닭고기 옥수수볼 반죽에 다져 넣어도 좋아요.

완료기 이유식 후반
Recipe

완료기 후반에는 땅콩 등 몇 가지 재료를 제외하고는 아이에게 모든 식품을 먹일 수 있어요. 엄마, 아빠와 똑같은 음식을 먹여도 되지만 되도록 간은 하지 않거나 싱겁게 하세요. 밥을 잘 먹고 소화력이 왕성한 아이라면 진밥이 아닌 어른이 먹는 밥을 먹여도 좋아요. 그러나 아이가 부드러운 질감의 밥을 원하는 경우, 소화를 잘 못 시키는 경우, 설사나 배탈이 난 경우에는 완료기 이유식 후반에도 가끔 죽이나 진밥을 만들어 먹이세요. 완료기 이유식 후반에는 그동안 알레르기 고위험 식품군에 속해 있던 식품을 이유식에 넣을 수 있고 재료를 더 크게 썰어 넣을 수 있다는 것, 어른처럼 다양한 요리를 먹을 수 있다는 데 의의가 있지 이 시기 이후부터 진밥을 딱 끊어도 된다는 의미는 아니거든요. 옆 집 아이가 먹는 이유식과 비교하지 말고 아이의 성장 패턴과 발육 상태, 컨디션에 맞춘 우리 아이 맞춤 이유식을 만들어주세요.

요리 시간
1시간 50분

재료(2cm 크기 14개)
닭가슴살(또는 안심) 100g
우유 1/4컵
옥수수알 30g
당근 20g

양파 15g
어린잎순 적당량
된장 3g
참기름 약간
물 1/4컵

녹말물 2/3큰술

대체 재료
옥수수 ▶ 완두콩, 강낭콩 등
콩류

1 닭가슴살은 우유에 20분 정도 담가 누린내를 제거한다. 닭고기, 당근, 옥수수알, 양파는 잘게 다지고, 어린잎순은 찬물에 담가둔다.

2 볼에 닭가슴살, 옥수수알, 당근, 양파, 된장, 참기름을 약간 넣고 치대어 10분 정도 차지게 반죽한 뒤, 실온에서 30분 정도 숙성시킨다.

3 반죽을 2cm 크기로 빚어 김 오른 찜통에서 30분 정도 찐다.

4 냄비에 물 1/4컵을 붓고 끓이다 물이 끓으면 닭고기 옥수수볼을 넣고 약한 불로 끓인다.

5 물이 끓으면 녹말물 2/3큰술을 넣고 섞는다.

6 어린잎순을 넣고 저어준 뒤 불을 끈다.

두부 스크램블 에그

두부 스크램블 에그는 이유식 만들기 귀찮을 때 후다닥 만들 수 있는 손쉬운 메뉴예요. 모양도 예쁘고 아삭하게 씹히는 질감도 좋고 영양배합도 좋아요. 아스파라거스에는 미네랄과 비타민이 풍부해 빈혈과 변비 예방에 좋고 면역력을 높여줘 감기 예방에도 효과가 있어요. 특히 아스파라긴산은 콩나물의 3~4배 이상 함유되어 있는데 이는 체내 신진대사를 원활하게 해줄 뿐만 아니라 피로 회복, 자양 강장에 좋아 아빠들도 많이 드시면 좋답니다. 아스파라거스는 섬유질이 많아 아이가 소화를 못 시킬 수 있으므로 껍질을 벗기고 반드시 끓는 물에 데쳐서 요리에 넣으세요.

요리 시간
25분

재료
토마토 80g
아스파라거스 20g
시금치 30g
두부 50g
올리브오일 약간
우유 30g
달걀 1개

대체 재료
아스파라거스 ▶ 브로콜리

1 토마토는 열십자로 칼집을 내어 끓는 물에 넣어 20초 정도 살짝 데친 뒤 찬물에 헹궈 껍질을 벗긴다.

2 토마토는 껍질을 벗기고 씨를 제거한 뒤 믹서에 갈아 토마토소스를 준비한다.

3 아스파라거스는 딱딱한 밑동을 3~4cm 정도 잘라버리고 필러로 껍질을 벗긴다. 끓는 물에 넣고 1~2분 정도 데친 뒤 찬물에 헹궈 20g을 준비한다.

4 시금치 30g은 끓는 물에 30초 정도 데친 뒤 찬물에 헹궈 물기를 꼭 짜서 15g을 준비한다. 아스파라거스, 시금치는 잘게 다지고 두부는 찬물에 10분 정도 담갔다가 곱게 으깬다. 달걀은 알끈을 제거한 뒤 풀어둔다.

주하맘's Tip
- 아스파라거스는 섬유질이 많아 조리할 때 손질을 잘하세요. 먼저 질기고 단단한 아랫부분은 3~4cm 정도 잘라버리고 껍질은 필러를 이용해 얇게 벗기세요. 봉우리는 가장 맛있는 부분으로 요리에 사용하는 것이 좋은데 이유식에는 줄기만 넣어도 좋아요.
- 아스파라거스를 데칠 때는 뿌리 쪽부터 넣으세요.
- 사용하고 남은 아스파라거스는 데친 뒤 물기를 빼고 냉동 보관하세요.
- 두부 스크램블 에그는 밥 위에 얹어 먹어도 좋아요.

5 달군 팬에 올리브오일을 약간 두르고 아스파라거스, 시금치, 두부 순으로 넣고 볶는다.

6 ⑤에 우유를 붓고 약한 불로 2분 정도 끓이다가 불을 끄고 달걀을 넣고 잘 저어준 뒤 불을 켜서 달걀을 익힌다. 그릇에 두부 스크램블 에그를 담고 토마토소스를 얹는다.

대구살 파프리카 그라탱

피망과 파프리카는 비슷하지만 사실 파프리카는 식용한 지 얼마 되지 않은 채소예요. 피망은 약간 매콤한 맛이 나고 과육이 얇은 데 비해 파프리카는 단맛이 나고 과육이 두꺼운 것이 특징이죠. 파프리카에는 피망의 2배, 딸기의 4배, 시금치의 5배에 달하는 비타민 C가 함유되어 있어 감기 예방과 피부 건강에 좋아요. 파프리카는 색상이 선명하고 통통하며 반듯하고 묵직한 것, 표면이 쭈글쭈글하지 않고 탱탱하며 꼭지가 마르지 않은 것을 고르세요.

요리 시간
25분

재료
대구살 50g
빨강 파프리카 7g
노랑 파프리카 7g
피망 7g
양파 10g
슬라이스 치즈(유아용) 1장
올리브오일 약간
우유 1/4컵
밥 100g

대체 재료
대구 ▶ 도미, 가자미 등 흰살 생선

1 대구살은 곱게 다진다.

2 빨강 파프리카, 노랑 파프리카, 피망
은 잘게 다지고, 양파는 1cm 크기
로 썬다.

3 달군 팬에 올리브오일을 약간 두르
고 양파, 대구살, 파프리카, 피망 순
으로 넣어 볶는다.

4 ③에 우유를 붓고 2분 정도 끓인다.

주하맘's Tip

● 대구살 파프리카 그라탱에는 파프리카
와 피망을 섞어 사용했어요. 집에 있는 파
프리카나 피망 중 한 가지만 넣어도 돼요.

● 이유식 완료기에는 아이들이 간식으로
도 치즈를 많이 먹게 되죠. 일반 치즈와
유아용 치즈는 염분 함량에 차이가 있으
므로 반드시 유아용 치즈를 먹이세요.

5 ④에 밥을 넣고 볶는다.

6 밥을 그릇에 담고 치즈를 4등분으
로 잘라서 얹은 뒤 전자레인지에
넣고 2~3분 돌린다.

베이비 클램 차우더

조개를 넣고 끓인 크림수프인 클램 차우더는 손님 초대 요리로 언제나 인기가 많은 메뉴예요. 깊고 진한 어른용 수프와는 달리 연하고 담백하고 깔끔한 아이용 클램 차우더를 만들어봤어요. 바지락살만 넣어도 되지만 대구살을 넣어 수프에 풍미를 더했어요. 바지락은 필수아미노산과 비타민 B_{12}, 철분, 아연이 풍부해 빈혈 예방과 간기능 회복, 저혈압에 좋아요. 바지락은 약간 어두운 곳에 두고 연한 소금물에 담가 해감해서 사용하세요. 손질한 바지락살을 구입했다면 체에 담고 연한 소금물에 살살 흔들어 씻어야 상처가 나지 않고 불순물이 제거돼요.

요리 시간
30분

재료
바지락살 30g
대구살 30g
감자 20g
양파 10g
슬라이스 치즈(유아용) 1/2장
무염버터 5g
우리밀가루 5g
물(또는 다시마 육수) 1컵
우유 1/4컵

대체 재료
대구살 ▶ 도미, 가자미 등
흰살 생선

주하맘's **Tip**

🙆 바지락살은 끓는 물에 데쳐서 사용해도
돼요. 바지락살 삶은 육수를 수프에 넣
으면 감칠맛이 더해요.

🙆 냉동식품을 해동할 때는 되도록 서서히
해동하는 것이 식품 위생상 좋아요. 재
료를 하루 전에 냉장고로 옮기지 못했다
면 적어도 서너 시간 전에는 냉장고에 넣
어 해동하세요. 갑자기 사용해야 한다면
재료를 밀폐 비닐팩에 담은 뒤 찬물에
담가 서서히 해동하세요.

🙆 칼슘 덩어리인 바지락 껍데기는 예부터
한방에서는 약으로 사용해왔어요. 바지
락 껍데기를 잘 말려 가루를 낸 뒤 헝겊주
머니에 넣고 달여서 차처럼 마시면 몸이
허약해 식은땀을 자주 흘리는 사람과 발
육이 더딘 아이에게 효과가 있다고 해요.

🙆 어른용 클램 차우더를 만들 때는 위의
재료에 셀러리, 베이컨, 생크림을 더하
세요.

1 바지락살은 옅은 소금물에 담가 흔
들어 씻은 뒤 찬물에 5분 정도 담
가둔다. 냉동 대구살은 적어도 사용하기
서너 시간 전에 냉장고로 옮겨 해동한 뒤
키친타월에 올려 물기를 뺀다.

2 대구살, 감자, 양파는 1cm 크기로
썰고, 바지락은 2~3등분한다.

3 냄비에 버터를 넣고 양파, 감자, 바지
락살, 대구살 순으로 넣고 볶는다.

4 ③에 밀가루를 넣고 재료가 하나로
뭉쳐질 때까지 볶는다.

5 ④에 물 1컵을 붓고 7분 정도 끓이
다 우유를 붓고 3~4분 더 끓인다.
끓이는 도중 생기는 불순물과 거품은 건
어낸다.

6 ⑤에 치즈를 넣고 섞는다.

연어 청경채진밥

생선을 좋아하는 주하는 연어뿐만 아니라 어떤 생선이든 주면 아기 새가 모이 받아먹듯 입을 쫙쫙 벌리며 참 맛있게 먹었답니다. 이 책에서는 생선을 진밥이나 볶음밥 등에 넣은 메뉴만 소개했지만 생선 한 토막을 푹 쪄서 뼈를 발라 아이에게 살만 먹여도 좋아요. 연어에는 EPA, DHA 오메가3지방산이 많아 성장기 아이 뇌세포 발달에 좋아요. 또 비타민 A·E가 풍부해 눈을 건강하게 해주고 세포 점막을 튼튼하게 해줘 감기 예방에도 도움을 줘요.

요리 시간 20분
재료 연어 1토막(연어살 50g)
　　　감자 20g
　　　청경채(잎 부분) 10g
　　　물(또는 다시마 육수) 3/4컵
　　　발아현미밥 100g
　　　검은깨 약간
대체 재료 발아현미 ▶ 현미

주하맘's Tip

🔊 생물 연어는 대형마트에서 쉽게 구할 수 있어요. 연어를 구입하기 어렵다면 굳이 연어가 아니더라도 제철에 잡은 싱싱한 생선을 사용하세요. 만약 냉동연어를 구입한다면 간이 된 훈제연어는 아닌지 반드시 확인하세요.

1 연어 1토막은 뼈를 바르고 껍질을 벗겨 살만 50g을 준비해 곱게 다진다.

2 감자, 청경채 잎은 1cm 크기로 썬다.

3 냄비에 연어, 감자, 물 3/4컵을 넣고 끓이다 물이 끓어오르면 청경채를 넣는다.

4 ③에 발아현미밥을 넣고 약한 불로 줄이고 저어가며 10분 정도 끓이다 검은깨를 넣는다.

나들이 오니기리

오니기리는 다양한 속 재료를 넣고 주먹 크기로 밥을 뭉쳐 김으로 싼 일본식 주먹밥을 뜻해요. 나들이 오니기리는 말 그대로 가족끼리 한강 둔치로 나들이를 갈 때 아이용으로 간단하게 만든 요리예요. 하나씩 비닐팩에 넣어 예쁜 리본으로 묶어서 '짠~!' 하며 아이에게 건네면 아이는 예쁜 선물이라도 받은 것처럼 마냥 좋아해요. 무엇보다 아이가 혼자 손으로 쥐고 먹을 수 있어서 엄마도 편하답니다.

요리 시간 12분
재료 쇠고기 안심(또는 살코기) 40g
　　　당근 15g
　　　참나물(잎 부분) 5g
　　　김 1/4장
　　　참기름 약간
　　　후리카케 3g
　　　물(또는 쇠고기 육수) 30g
　　　밥 100g
대체 재료 참나물 ▶ 시금치

1 쇠고기 안심은 찬물에 20분 정도 담가 핏물을 뺀 뒤 곱게 다지고, 당근, 참나물 잎 부분은 잘게 다지고, 김은 불에 살짝 구워서 1.5×8cm 크기로 잘라 3장 준비한다.

2 팬에 참기름을 약간 두르고 쇠고기를 넣어 볶다가 물 30g, 당근, 참나물을 넣고 재료가 익을 때까지 5분 이상 볶는다.

3 볼에 ②와 밥, 후리카케를 넣고 섞는다. *후리카케 만드는 법은 51쪽 참고.

4 밥을 세모나게 빚은 뒤 김으로 띠를 두른다.

새우 부추볶음밥

새우는 필수아미노산과 칼슘, 타우린 등 각종 영양이 풍부해 성장기 아이의 성장 발육과 골다공증 예방, 혈중 콜레스테롤을 떨어뜨리는 데에도 도움을 줘요. 특히 원기 회복에 좋다는 키토산 함량은 새우가 단연 최고지요. 부추에는 칼륨이 많이 함유되어 있어 체내에 축적된 나트륨을 배출하는 데 도움을 줘요. 부추는 한 해 10번까지 수확이 가능한데 봄철 부추는 인삼, 녹용보다 좋다고 해요. 부추는 혈액순환을 도와 몸을 따뜻하게 해주고 간기능과 면역력 강화에 도움을 주지만 알레르기 체질인 경우 삼가는 것이 좋아요. 부추는 잎이 가늘고 짧은 것, 밑동이 깨끗하고 누런 잎이 적은 것이 맛있어요. 아이 이유식을 만들고 남은 새우와 부추가 넉넉하면 새우 부추전도 만들어보세요.

요리 시간
25분

재료
새우살 30g
가지 15g
부추 5g
두부 30g
검은깨 약간
유기농 식용유 약간
물 (또는 다시마 육수) 60g
밥 100g

대체 재료
가지 ▶ 애호박

1 새우살은 이쑤시개를 이용해 내장을 제거한 뒤 흐르는 물에 깨끗하게 씻는다.

2 새우는 거칠게 다지고 가지, 부추는 1cm 크기로 썬다.

3 두부는 곱게 으깬다.

4 달군 팬에 식용유를 약간 두르고 가지, 새우, 두부 순으로 넣고 2분 정도 볶는다.

5 ④에 물 60g을 붓는다.

6 ⑤에 밥과 부추를 넣고 볶다가 재료가 익고 물이 자작해지면 검은깨를 넣는다.

게살 아스파라거스죽

이유식 완료기에도 아이가 앓은 직후라든지 평소와는 다르게 늦잠을 자서 입맛이 없어할 때 가끔 죽을 만들어주세요. 죽에 게살을 넣으면 담백하고 고소하니 정말 맛있어요. 게살은 필수아미노산 외에도 칼슘, 인, 비타민이 풍부해 뼈를 튼튼하게 해줘요. 꽃게살을 구입했다면 꽃게를 푹 찐 뒤 살만 아이에게 먹이거나 이유식을 만들 때 넣어주세요. 꽃게가 맛있는 계절이 아니라면 냉동 게살을 구입해도 좋아요. 친환경 유기농매장에 가면 국내 연근해산 냉동 대게살을 몸살, 다리살, 혼합살로 나눠 판매하는데 그중 다리살이 가장 연하고 맛있어요. 냉동 게살은 사용할 분량만 잘라 냉장고에서 해동하고 나머지는 1회분씩 포장해 냉동 보관하세요.

요리 시간
1시간 30분

재료
불린 쌀 50g
아스파라거스 15g
게살 40g
단호박 20g
양파 10g
참기름 약간
물(또는 다시마 육수) 1+1/2컵

대체 재료
게살 ▶ 새우

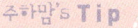

주하맘's Tip

- 아스파라거스는 대부분 페루나 태국 등 수입산이거나 냉동 미국산으로 판매하는 경우가 많아요. 요즘에는 국내에서 친환경으로 재배한 아스파라거스도 만날 수 있으니 이왕이면 우리 아이에게 신선하고 더 맛있는 우리 농산물을 먹이세요.

- 싱싱한 꽃게나 대게살을 먹이거나 요리에 넣는 것이 가장 맛있겠지만 매번 꽃게를 구입할 수는 없지요. 냉동 대게를 다리살이나 혼합살을 구입하면 편리해요.

- 게살 등 어패류는 한 번 해동하면 다시 재냉동하지 마세요. 세균이 번식할 위험이 높아요.

- 꽃게를 삶을 때는 너무 오래 익히지 마세요. 꽃게탕 등의 요리를 만들 때에도 다른 재료가 어느 정도 익은 뒤에 넣고 10분 이상 끓이지 않는 것이 좋아요.

1 쌀은 1시간 정도 불려 50g을 준비한다.

2 아스파라거스는 딱딱한 밑동을 3~4cm 정도 잘라내고 필러로 껍질을 벗긴다. 끓는 물에 1~2분 정도 데친 뒤 찬물에 헹궈 15g을 준비한다.

3 냉동게살은 적어도 사용하기 한두 시간 전에 냉장고로 옮겨 해동한 뒤 40g을 준비해 잘게 다진다. 아스파라거스도 잘게 다진다.

4 단호박, 양파는 1cm 크기로 썬다.

5 냄비에 쌀, 게살, 단호박, 양파, 물 1+1/2컵을 넣고 약한 불로 5분 정도 끓이다가 아스파라거스를 넣는다.

6 계속 저어가며 10분 이상 끓이다가 참기름을 넣는다.

연어 큐브덮밥

EPA, DHA가 풍부한 연어로 만든 연어 큐브덮밥은 영양가도 풍부하고 담백한 먹음직스러운 한 그릇 요리예요. 밥은 잘 안 먹어도 생선을 좋아하는 아이가 의외로 많더라고요. 우리 아이가 생선만 좋아한다면 다양한 생선을 응용한 예쁘고 맛있는 밥을 많이 만들어주세요.

덮밥에 넣은 치커리는 카로틴, 비타민 B_2·C, 칼륨, 철분 등 비타민과 무기질이 풍부해요. 또 식이섬유도 많아 변비 예방에도 좋아요. 또 치커리는 쓴맛을 내는 '인티빈'이라는 성분이 함유되어 있는데 소화를 돕고 혈관을 튼튼하게 하는 데 도움을 준다고 해요. 단 쓴맛이 강해 아이가 거부할 수도 있으므로 처음 치커리를 줄 때는 살짝 익혀서 주세요.

요리 시간
30분

재료
연어 50g
콜리플라워 20g
치커리 10g
양파 10g
달걀 1개
포도씨오일 약간
물(또는 다시마 육수) 1/4컵
밥 100g

1 연어는 1cm 크기로 썬다.

2 콜리플라워는 끓는 물에 넣고 30초 정도 데친다. 콜리플라워, 치커리는 잘게 다지고, 양파는 0.7cm 크기로 썬다.

3 달걀은 10분 이상 삶아 노른자만 체에 내린다.

4 달군 팬에 포도씨오일을 약간 두르고 양파를 넣어 볶다가 연어, 콜리플라워, 치커리 순으로 넣고 볶는다.

주하맘's Tip

👩 연어는 껍질을 벗기고 살만 손질해 사용하세요.

👩 치커리는 굵은 줄기 부분은 자르고 되도록 잘게 다져 사용하세요. 치커리는 쌉쌀한 맛이 나서 아이가 싫어할 수 있으니 처음에는 잎 부분을 잘라 소량만 넣어주세요.

5 ④에 물 1/4컵을 붓고 물이 자작해질 때까지 약한 불로 5분 정도 끓인다.

6 ⑤에 달걀노른자가루를 뿌린 뒤 골고루 섞어 밥에 올린다.

순두부 톳죽

톳은 사실 초보 주부라면 선뜻 구입하기가 쉽지 않아요. 저도 아이 낳기 전에 처음에는 나무 모양처럼 생긴 톳을 어떻게 먹어야 하는지, 비릿할 것 같은데 맛은 있는지 너무 궁금했었거든요. 톳은 식량이 많이 부족했던 보릿고개 시절 구황작물로 톳밥을 지어 먹는 데 사용했다고 해요. 요즘은 일본 사람들이 톳을 너무 좋아해 많은 양이 일본으로 수출된다고 해요.

톳에는 비타민 A·B₂뿐만 아니라 철분, 칼슘, 칼륨, 요오드 등 무기질이 풍부해 빈혈 예방과 골격 형성에 도움을 줘요. 또 혈압이 높거나 스트레스를 많이 받는 사람에게도 좋다고 해요.

요리 시간
1시간 20분

재료
불린 쌀 50g
톳 15g
쇠고기 안심(또는 살코기) 20g
순두부 50g
참기름 약간
간장 약간
물(또는 쇠고기 육수) 1+1/4컵

대체 재료
톳 ▶ 미역, 파래

1 쌀은 1시간 정도 물에 불려 50g을 준비한다.

2 톳은 끓는 물에 넣고 30초 정도 데친 뒤 물기를 뺀다.

3 쇠고기 안심은 찬물에 20분 정도 담가 핏물을 뺀다. 쇠고기, 톳은 곱게 다지고, 순두부 50g을 준비한다.

4 냄비에 참기름을 약간 두르고 쇠고기를 넣어 볶다가 불린 쌀을 넣고 2분 정도 볶는다.

5 ④에 물 1+1/4컵을 붓고 끓이다가 톳을 넣고 약한 불로 10분 정도 끓인다.

6 ⑤에 순두부를 넣고 5분 정도 끓이다 간장으로 간한다.

주하맘's Tip
- 쌀을 불리는 시간에 재료를 손질하면 시간을 절약할 수 있어요.
- 톳은 데치거나 조리해도 질길 수 있으니 곱게 다져 사용하세요.
- 톳처럼 자칫 비릿할 수 있는 해조류를 이유식에 사용할 때는 쇠고기와 함께 조리하면 맛있는 쇠고기 육즙 때문에 비린내가 덜 느껴져요. 또 여기에 참기름이나 들기름을 한 방울 더하세요.
- 건조 톳을 구입했다면 물에 불려 사용하세요.

라이스 채소피자

주하 아빠가 피자를 너무 좋아해요. 아빠가 피자를 먹을 때마다 주하가 자꾸 달라고 해서 매번 거절하기가 미안해 모양은 다르지만 아이용 피자를 만들어봤어요. 토마토소스나 올리브, 베이컨, 모차렐라 치즈 등 피자에 사용하는 정석 재료는 아직 사용하지 않았지만 그래도 나름 피자 맛이 나는 심플하고 담백한 요리랍니다. 매일 밥만 먹던 아이가 고개를 가로저을 즈음 라이스 채소피자를 만들어주세요. 구운 밥으로 만들어도 맛있지만 식빵으로 만들어주면 아이가 더 좋아해요.

요리 시간
50분

재료(10cm 크기 2개)
토마토 50g
쇠고기 안심(또는 살코기) 20g
노랑 파프리카 10g
양파 10g
올리브오일 약간
슬라이스 치즈(유아용) 1장
밥 100g

대체 재료
밥 ▶ 우리밀 식빵, 우리쌀 식빵

1 토마토는 열십자로 칼집을 내어 끓는 물에 넣고 20초 정도 살짝 데친 뒤 찬물에 헹궈 껍질을 벗긴다.

2 쇠고기 안심은 찬물에 20분 정도 담가 핏물을 뺀다. 쇠고기, 노랑 파프리카, 양파는 곱게 다지고, 토마토는 씨를 제거한 뒤 다진다.

3 밥은 지름 10cm 크기로 둥글납작하게 빚은 뒤 달군 팬에 올리브오일을 약간 두르고 앞뒤로 노릇하게 굽는다.

4 팬에 올리브오일을 약간 두르고 양파를 넣어 볶는다.

주하맘's Tip

👩 밥은 식힌 뒤 비닐장갑에 물이나 기름을 약간 묻혀 동글납작하게 빚으면 잘 빚어져요.

👩 접시에 요리를 담아 전자레인지에 넣고 돌리면 재료가 사방으로 튀어 전자레인지 내부가 엉망이 될 수 있어요. 전자레인지에서 요리를 데울 때는 뚜껑 대용으로 오목한 작은 접시를 덮어주세요. 플라스틱 식기는 전자레인지에서 돌리면 환경호르몬이 방출될 수 있으니 사용하지 마세요. 비닐랩을 씌워 가열하는 것도 좋지 않아요.

5 ④에 쇠고기, 파프리카, 토마토 순으로 넣고 볶는다.

6 구운 밥 위에 ⑤를 올리고 치즈를 잘라 얹은 뒤 전자레인지에 넣고 2~3분 돌린다.

된장소스 메로찜

생선을 좋아하는 아이를 위해 메로를 구입한 뒤 쪄서 고소한 일본된장 소스를 뿌려줬어요. 고급 생선 메로는 값이 비싸고 구하기 어렵다는 단점이 있지만 쫄깃하고 담백하니 참 맛있어요. 메로는 대부분 러시아산으로 냉동 메로로 판매되어요. 메로는 단백질에 비해 지방 함량이 많은데 지방 함량이 많기로 소문난 장어보다도 4~5% 더 많다고 하네요. 그러나 지방의 95%가 몸에 이로운 불포화지방산으로 특히 머리를 좋아지게 하는 오메가3지방산인 EPA, DHA가 많이 함유되어 있어 성장기 아이의 두뇌 발달에 좋아요.

요리 시간
20분

주재료
메로 1토막(100g)

된장소스 재료
배추 10g
배 30g
통깨 약간
물(또는 다시마 육수) 40g
일본된장 2g
우유 20g
녹말물 2/3큰술

대체 재료
메로 ▶ 대구, 연어, 참치 등

1 냉동 메로는 하루 전에 냉장실로
옮겨 해동한다. 김 오른 찜통에 메
로를 넣고 20분 정도 찐다.

2 배추는 곱게 다지고, 배는 강판에
간다.

3 그릇에 배추, 배, 통깨, 물 40g을 붓
고 일본된장을 넣고 잘 섞는다.

4 냄비에 ③을 넣고 약한 불로 3분 정
도 졸인다.

5 ④에 우유를 넣고 약한 불로 2~3분
더 끓인다.

6 ⑤에 녹말물 2/3큰술을 넣고 섞은
뒤 불을 끈다. 찐 메로 위에 된장소
스를 약간 뿌린다.

전복 채소죽

고급 식재료로 손꼽히는 전복은 단백질, 비타민, 칼슘 등이 풍부해 자양 강장, 피로 회복, 간기능 강화 외에도 여성 자궁 건강에 도움을 줘요. 또 전복 내장에는 아르기닌이라는 필수아미노산이 풍부해 성장기 아이의 발육과 회복기 환자의 기력 회복에도 좋답니다. 전복 내장은 버리지 말고 전복죽을 끓일 때 넣으세요. 전복살만 넣고 끓인 것보다 더 맛있을 뿐만 아니라 영양이 더해져요. 아이가 기운이 없거나 입맛을 잃었을 때 싱싱한 자연산 전복을 구입해 맛있는 전복 채소죽 한 그릇 만들어주세요.

요리 시간
1시간 30분

재료
불린 찹쌀 60g
물 1/4컵
전복 1개(20g)
물 20g

당근 10g
애호박 15g
양파 10g
김 1/8장
참기름 약간

물 1+1/5컵

대체 재료
전복 ▶ 소라

1 찹쌀은 1시간 이상 불린 뒤 믹서에 물 1/4컵과 함께 넣고 거칠게 간다.

2 전복은 솔로 살살 문질러 씻고 전복 껍데기와 살 사이에 숟가락을 넣고 돌려가며 살을 빼낸다.

3 전복 내장은 체에 밭쳐 뜨거운 물을 끼얹는다. 검붉은 이를 제거하고 믹서에 전복 내장과 물 20g을 넣고 간다.

4 전복, 당근, 애호박, 양파는 잘게 다지고, 김은 1cm 크기로 채 썬다.

5 팬에 참기름을 약간 두르고 전복을 넣어 살짝 볶은 뒤 덜어둔다.

6 냄비에 참기름을 약간 두르고 갈아둔 찹쌀을 넣고 쌀이 하얀색이 돌도록 볶다가 전복 내장을 넣고 섞은 뒤 나머지 물 1+1/5컵을 붓는다.

7 ⑥에 당근, 애호박, 양파를 넣고 10분 이상 끓인다.

8 쌀이 푹 퍼지면 볶아둔 전복을 넣고 2~3분 더 끓이다가 김을 넣는다.

주하맘's Tip
🔵 전복죽에 내장을 넣으면 영양이 더 풍부해지고 맛과 향이 좋아져요. 자연산 전복을 구입하면 전복죽을 만들 때 내장도 갈아 함께 넣으세요. 단 전복 이 부분은 제거해야 해요. 전복은 쉽게 부패하므로 죽은 전복을 구입하면 내장은 절대 사용하지 마세요. 또 아이가 입맛이 까다롭거나 민감한 편이라면 전복 내장은 넣지 마세요.

낙지 미나리죽

고단백, 저지방 식품인 낙지는 필수아미노산 외에도 타우린이 풍부해 원기 회복, 피로 회복, 간기능 강화에 도움을 줘 성장기 아이뿐만 아니라 아빠들 보양식으로도 좋아요. 궁중에 진상할 정도로 귀한 나물로 대접받던 미나리는 비타민 A·C, 칼슘, 철분이 가득해 아이가 변비에 걸렸거나 열이 났을 때 먹으면 좋아요. 미나리는 굵기가 일정하고 통통한 것, 잎 부분이 깨끗하고 싱싱한 것을 고르세요.

요리 시간 1시간 30분
재료 낙지(다리) 40g
　　　미나리 15g
　　　당근 20g
　　　팽이버섯 10g
　　　참기름 약간
　　　불린 쌀 60g
　　　물(또는 다시마 육수) 1컵
대체 재료 낙지 ▶ 오징어, 문어

주하맘's Tip

🙎 낙지를 손질해서 그릇에 담고 밀가루를 넣어 바락바락 주무르세요. 처음에는 거품이 많이 나고 퍽퍽하지만 계속 주무르고 흐르는 물로 깨끗하게 씻으면 점점 부드러워져요. 다리 빨판은 손으로 훑어가며 오래 닦으세요.

1 낙지는 다지고, 미나리는 줄기와 마디 부분을 자르고 15g을 준비해 20초 정도 데쳐서 찬물에 헹궈 물기를 꼭 짠 뒤 송송 썬다. 당근, 팽이버섯은 잘게 다진다.

2 냄비에 참기름을 약간 두르고 불린 쌀과 낙지를 넣어 볶다가 물 1컵을 붓는다.

3 당근, 팽이버섯을 넣고 10분 이상 끓인다.

4 미나리를 넣고 5분 정도 끓인다.

사골 느타리버섯 진밥

일찍부터 사골로 이유식을 만들어주는 분들이 의외로 많더라고요. 사골 국물에는 지방이 너무 많아 칼로리가 높고 일부 미네랄과 젤라틴은 아이가 소화를 못 시키기도 해요. 사골은 완료기 이유식 후반기인 15개월 이후 집에서 만든 사골 육수가 있다면 가끔씩만 먹이세요. 아이 이유식을 만들기 위해 일부러 사골국을 만들지는 않아도 돼요. 농축된 사골 육수 그대로 이유식을 만드는 것보다 물과 섞어서 만드는 것을 추천해요.

요리 시간 20분
재료 느타리버섯 20g
　　　무 20g
　　　파 5g
　　　사골 육수 1/2컵
　　　물 1/4컵
　　　잡곡밥 100g
대체 재료 느타리버섯 ▶ 송이버섯 등의 버섯류

주하맘's Tip

🙍 사골, 꼬리, 우족 등 사골국 재료는 찬물에 반나절 정도 담가 핏물을 빼고 냄비에 물을 가득 담아 끓이세요. 물이 끓으면 버리고 다시 물을 가득 부어 은근한 불에서 오랜 시간 끓이세요.

1 느타리버섯은 0.7cm 크기로 썰고, 무는 1cm 크기로 납작하게 썰고, 파는 곱게 다진다.

2 냄비에 느타리버섯, 무, 사골 육수 1/2컵, 물 1/4컵을 넣고 끓인다.

3 물이 끓으면 잡곡밥을 넣고 약한 불로 줄이고 7분 정도 끓인다.

4 ③에 다진 파를 넣고 2~3분 더 끓인다.

새우 토마토 그라탱

새우 토마토 그라탱은 어른이 먹어도 참 맛있어요. 꼬들꼬들하고 담백한 새우도 맛있고, 토마토 향도 좋고, 치즈와 우유를 넣고 만들어 참 고소해요. 이름은 그라탱이지만 아이 요리에는 버터나 생크림 등을 거의 사용하지 않았어요. 그렇지만 아이가 밥이나 우유를 잘 먹지 않고 몸무게가 평균보다 적게 나가는 편이라면 올리브오일 대신 버터를, 우유 대신 생크림을 약간 사용해도 좋아요.

요리 시간
25분

재료
새우살 30g
토마토 80g
브로콜리 5g
양파 10g
올리브오일 약간
슬라이스 치즈(유아용) 1장
우유 30g
현미밥 80g

대체 재료
올리브오일 ▶ 버터

1 새우살은 이쑤시개를 이용해 내장을 제거한 뒤 흐르는 물에 깨끗하게 씻는다.

2 토마토는 열십자로 칼집을 내어 끓는 물에 넣고 20초 정도 살짝 데친 뒤 찬물에 헹궈 껍질을 벗긴다.

3 브로콜리는 끓는 물에 넣고 30초 정도 데친 뒤 찬물에 헹궈 물기를 뺀다. 토마토는 씨를 제거한 뒤 곱게 다지고 새우살, 브로콜리, 양파는 잘게 다진다.

4 달군 팬에 올리브오일을 약간 두르고 양파를 넣고 볶다가 토마토, 우유를 넣고 약한 불로 1~2분 정도 끓인다.

5 ④에 새우살을 넣고 2분 정도 볶다가 브로콜리를 넣고 1~2분 더 볶는다.

6 현미밥에 ⑤를 넣고 치즈를 얹은 뒤 전자레인지에 넣고 2~3분 돌린다.

마 잣죽

'산속의 장어' 또는 '산에서 나는 약'이라고 해 산약이라고도 불리는 마는 여러 가지 효능이 있으며 예부터 약용으로 널리 이용되어 왔어요. 마의 미끈미끈한 점액질은 뮤신이라는 성분 때문인데 뮤신은 위의 부식을 막아 위를 튼튼하게 해주고 소화기능을 활발하게 하며 변비와 설사에 도움을 줘요. '동의보감'에는 마는 따뜻한 성질을 지닌 식품으로 허약한 기를 보강하고, 오장을 튼튼히 하며, 근골을 강하게 하고, 정신을 편안하게 해준다고 기록되어 있어요. 이외에도 원기 회복과 체력 강화에 좋고 두뇌 활동을 활발하게 하며 면역력 증강에도 도움을 줘 마는 성장기 아이뿐만 아니라 어른에게도 참 좋은 식품이에요.

요리 시간
1시간 30분

재료
불린 찹쌀 60g
물 1/4컵
잣 10g
마 100g
물 1+1/2컵

대체 재료
잣 ▶ 호두

1 찹쌀은 1시간 이상 불린 뒤 믹서에 불린 찹쌀 60g과 물 1/4컵을 넣어 곱게 간다.

2 마는 강판에 간다.

3 잣은 고깔을 떼고 곱게 다진다.

4 냄비에 ①과 물 1+1/2컵을 넣고 5분 이상 끓인다.

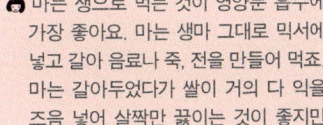

주하맘's Tip

- 마는 생으로 먹는 것이 영양분 흡수에 가장 좋아요. 마는 생마 그대로 믹서에 넣고 갈아 음료나 죽, 전을 만들어 먹죠. 마는 갈아두었다가 쌀이 거의 다 익을 즈음 넣어 살짝만 끓이는 것이 좋지만 이유식에는 그보다 조금 더 끓이세요.

- 마는 믹서에 넣고 가는 것보다 강판에 가는 것이 영양 손실이 덜해요. 마는 공기 중에 두면 산소와의 산화작용으로 쉽게 갈변되니 마는 요리 직전에 갈아서 넣는 게 좋아요.

- 시중에 마가루도 판매하는데 이유식을 만들 때 조금씩 넣어 영양을 챙기면 좋아요.

- 마죽을 끓일 때 우유를 넣으면 고소한 맛이 더해져요. 마죽에 우유를 넣을 때는 물 1/4컵 정도를 우유 1/4컵으로 대체해 마죽이 거의 완성될 즈음 넣고 2~3분 더 끓이세요.

5 ④에 갈아둔 마를 넣고 7분 이상 끓인다.

6 쌀이 푹 퍼지고 걸쭉해지면 잣가루를 넣는다.

라이스페이퍼 채소말이

라이스페이퍼는 쌀을 곱게 빻아 물을 붓고 반죽해 팬에서 살짝 구운 뒤 딱딱하게 말린 베트남 음식이
에요. 라이스페이퍼에 각종 채소를 넣고 싸먹는 월남쌈은 여성분들이 특히 좋아하는 요리예요. 저도
월남쌈을 정말 좋아해서 집에서도 곧잘 만들어 먹었는데 아이를 키우다 보니 나를 위한 음식을 만들
기가 쉽지 않아요. 월남쌈이 먹고 싶어 라이스페이퍼 한 봉지를 사서 집에 있는 채소를 응용해 아이와
월남쌈을 만들어 먹었어요. 엄마용으로는 파프리카, 깻잎, 적채 등을 듬뿍 넣고 아이는 몇 가지 채소만
넣었어요. 피시소스를 만들면서 아이용으로는 고소한 참깨소스를 곁들였어요. 맛도 좋고 모양도 예쁘
고 영양도 풍부한 라이스페이퍼 채소말이는 아이에게 맛있는 호기심을 불러일으키는 요리랍니다.

요리 시간
30분

재료
닭고기 안심(또는 가슴살) 50g
참기름 약간
사과 30g
당근 20g
돌나물(잎 부분) 15g
라이스페이퍼 5장

참깨소스 재료
간장 약간
통깨 약간
참기름 약간
우유 30g

대체 재료
돌나물 ▶ 어린잎채소, 상추 등
녹색 채소

1 닭고기 안심은 얇게 썰어 5분 정도 삶은 뒤 가늘게 찢어 참기름을 약간 넣고 무친다. 사과는 채 썰어 찬물에 담가두고, 당근은 채 썬다. 돌나물은 잎만 떼서 15g을 준비해 찬물에 담가둔다.

2 당근은 끓는 물에 넣고 5분 정도 삶는다. 돌나물은 체에 밭쳐 끓는 물에 넣고 20초 정도 살짝 데친 뒤 찬물에 헹궈 물기를 뺀다.

3 볼에 간장, 통깨, 참기름, 우유를 넣고 섞어 참깨소스를 만든다.

4 라이스페이퍼는 미지근한 물에 30초 이상 담가 부드럽게 만든다.

5 라이스페이퍼 위에 닭고기, 사과, 당근, 돌나물을 얹어 돌돌 말아 한입 크기로 썰어 소스를 곁들인다.

마 채소전

예전에 마는 주로 약선 요리에 사용되었지만 웰빙이 추세인 요즘에는 마가 그리 괴리감이 느껴지는 식품이 아니지요. 아이 이유식에도 마를 다양하게 활용해보세요. 마죽, 마 채소전, 마 달걀찜 등 부드럽고 소화가 잘 되는 마는 어떤 요리와도 궁합이 잘 맞아요. 단 마는 아이에 따라 알레르기를 유발할 수도 있으니 아이에게 마를 먹인 뒤에는 반응을 잘 살피세요.

요리 시간 25분
재료(5cm 크기 8개)
　　　빨강 파프리카 10g
　　　노랑 파프리카 10g
　　　양배추 15g
　　　백만송이버섯 10g
　　　마 50g
　　　우리쌀가루 30g
　　　물 30g(2큰술, 3밥숟가락)
　　　올리브오일 약간
대체 재료 백만송이버섯 ▶ 송이버섯, 느타리버섯 등

🔸**주하맘's Tip**
👩 레시피에 기재한 올리브오일 대신 집에 있는 식물성 기름을 사용하면 돼요.
👩 마 채소전을 만들 때 돼지고기를 넣어도 맛있어요.

1 빨강 파프리카, 노랑 파프리카, 양배추, 백만송이버섯은 잘게 다진다.

2 마는 강판에 간다.

3 볼에 갈아둔 마, 파프리카, 양배추, 백만송이버섯, 우리쌀가루, 물 30g을 넣고 섞는다.

4 달군 팬에 올리브오일을 약간 두르고 반죽을 5cm 크기로 떠 넣고 약한 불에서 앞뒤로 노릇하게 굽는다.

굴 취나물진밥

겨울은 '바다의 우유', '바다의 현미'라고 불리는 굴을 맛있게 먹을 수 있는 계절이에요. 굴에는 아미노산과 각종 비타민 외에도 철분, 요오드, 인, 칼슘, 구리 등 무기질과 타우린이 풍부해 두뇌 발달에 좋고 성장기 아이의 성장과 발육, 원기 회복, 빈혈 예방에 도움을 줘요. 겨울철에는 우리 아이에게 굴전이나 굴 영양밥 등 다양한 굴 요리를 만들어 주세요.

요리 시간 30분
재료 굴 40g
      소금 약간
      취나물(잎 부분) 30g
      무 20g
      참기름 약간
      물(또는 다시마 육수) 3/4컵
      차조밥 100g
대체 재료 취나물 ▶ 참나물, 시금치

주하맘's Tip

굴은 손으로 살짝 훑어가며 가볍게 씻으세요. 또 하나의 방법은 굴에 무를 갈아 넣고 섞어 5분 후에 불순물이 빠져나오면 굴을 건져 체에 밭친 뒤 흐르는 물에 재빨리 씻으세요.

1 굴은 소금을 약간 넣은 물에 살살 흔들어 씻은 뒤 흐르는 물에 깨끗하게 씻어 찬물에 5분 정도 담가둔다.

2 취나물은 잎 부분으로 30g을 준비해 끓는 물에 넣고 30초 정도 데쳐 찬물에 헹궈 물기를 꼭 짜서 15g을 준비한다. 굴과 취나물은 다지고, 무는 1cm 크기로 채 썬다.

3 냄비에 굴, 취나물, 무, 물 3/4컵을 넣고 끓인다.

4 물이 끓으면 차조밥을 넣고 약한 불로 줄이고 10분 정도 끓이다가 참기름을 넣는다.

엄마표 국수

밥을 잘 먹는 주하는 유독 면을 사랑해서 아이는 밥을 먹게 하고 저는 국수를 먹는 일은 상상조차 할 수 없답니다. 시중에서 판매하는 국수나 우동류를 먹이는 엄마들은 찜찜한 마음에 어느 순간부터 직접 국수를 만들어 먹이게 되죠. 그러면서 밀가루만 먹일 수는 없고 어떻게 하면 채소를 먹일 수 있을까 고민하게 돼요. 각종 채소를 살짝 데친 뒤 아주 잘게 썰어 밀가루 반죽에 넣어 면을 만들어보세요.

요리 시간
1시간 40분

재료
시금치 40g
당근 20g
애호박 20g
표고버섯 15g
우리밀가루 100g
천일염 약간
물 15g(1큰술)
들기름 약간

대체 재료
당근 ▶ 단호박

1 시금치는 끓는 물에 넣고 30초 정도 데쳐 찬물에 헹궈 물기를 꼭 짠 뒤 20g을 준비한다. 당근, 애호박, 표고버섯 은 끓는 물에 넣고 1분 정도 데친다. 당근, 시금치, 애호박, 표고버섯은 잘게 다진다.

2 볼에 당근, 시금치, 애호박, 표고버섯, 우리밀가루, 물 15g, 천일염 약간을 넣고 섞는다.

3 반죽을 10분 정도 치대어 차지게 반죽한 뒤 냉장고에서 1시간 정도 숙성시킨다.

4 도마에 여분의 밀가루를 뿌리고 반죽을 얹어 밀대로 얇게 민다.

5 반죽을 서너 번 접어서 0.5cm 두께로 썬다.

6 냄비에 물을 붓고 끓인다. 물이 끓어오르면 면을 넣고 면이 익을 때까지 7~8분 정도 삶은 뒤 찬물에 헹궈 물기를 뺀다. 면에 들기름을 넣고 조물조물 버무린다.

관자 토마토 리조토

관자는 조개껍데기에 조갯살을 붙어 있게 하는 단단한 근육을 말해요. 특히 키조개 관자가 가장 맛있죠. 키조개는 곡식 따위를 까부르는 키를 닮았다고 해서 이런 이름이 붙여졌다고 해요. 요즘에는 키조개를 손질해 관자를 묶음으로 판매하고 있지만 키조개를 직접 구입해 손질해 먹는 것이 더 맛있어요. 고단백, 저열량 식품인 관자는 필수아미노산과 철분, 비타민 B_2, 타우린이 풍부해 빈혈 예방, 간기능 강화, 세포 재생과 피로 회복에 도움을 줘요. 관자는 싱싱한 것으로 구입해 회로 먹거나 살짝 구워 먹어야 담백하고 쫄깃한 제맛을 느낄 수 있어요. 관자는 아이가 먹기에 질길 수 있으므로 이유식에 곱게 다져 넣으세요.

요리 시간
25분

재료
토마토 50g
관자 30g
피망 15g
양파 10g
슬라이스 치즈(유아용) 1장
물(또는 다시마 육수) 3/4컵
차조밥 80g

대체 재료
관자 ▶ 백합 등 조개류

1 토마토는 윗부분에 열십자로 칼집을 내고 끓는 물에 넣고 20초 정도 데친다. 찬물에 헹궈 껍질을 벗기고 반을 갈라 씨를 빼낸다.

2 관자는 소금물에 살살 흔들어 씻은 뒤 깨끗하게 씻어 얇은 껍질을 벗겨 30g을 준비해 잘게 다진다.

3 피망, 양파는 0.7cm 크기로 썰고, 토마토는 잘게 썬다.

4 냄비에 관자, 토마토, 피망, 양파, 물 3/4컵을 넣고 끓인다.

5 물이 끓으면 차조밥을 넣고 약한 불로 줄이고 저어가며 끓인다.

6 10분 정도 끓이다가 치즈를 넣고 섞는다.

주하맘's **Tip**

- 관자는 오래 조리하면 질겨져요. 이 레시피에는 관자를 잘게 다져 요리하기 때문에 처음부터 넣고 10분 정도 끓였지만 요리 중반 이후에 넣어도 좋아요.

- 키조개는 내장을 떼어내고 쭈글쭈글하고 긴 히라와 꼭지는 먹을 수 있어요. 밀가루로 주물러 씻어 미끈거리는 성분을 어느 정도 제거하고 비닐팩에 담아 냉동 보관하세요. 히라와 꼭지는 된장찌개 등 찌개를 끓일 때 넣으면 깊고 진한 육수를 우려낼 수 있어요.

- 사용하고 남은 관자는 얇은 껍질을 벗긴 뒤 얇게 썰어 1회분씩 포장해 냉동 보관하세요.

홍합 토란대진밥

맛있고 영양도 풍부한 홍합은 가격도 저렴해 겨울에는 홍합 요리를 자주 만들어 먹는 편이에요. 바다에서 나는 생물이 모두 짭짤하지만 유독 짜지 않고 담백한 맛을 낸다 하여 홍합은 '담채'라고도 불리는데 이는 염분이 없어서가 아니라 홍합 속에 함유된 칼륨이 체내 축적된 나트륨을 제거하기 때문이라네요. 고단백 식품 홍합은 각종 비타민뿐만 아니라 철분, 요오드, 칼슘, 타우린이 풍부해 빈혈 예방, 골격 형성, 노화 방지, 피부 미용 외에도 간 해독에 좋아 남녀노소 불구하고 사랑받을 만한 식품이죠. 홍합은 크기가 크고 수염이 많이 붙어 있는 것, 껍데기는 윤이 나며 입을 다물고 있는 것, 껍데기를 벗겼을 때는 살이 통통하고 붉은빛이 도는 것이 싱싱해요.

요리 시간
40분

재료
홍합살 30g
토란대 20g
불린 서리태 30g
애호박 10g
들깻가루 2g
물 (또는 다시마 육수) 3/4컵
잡곡밥 100g

대체 재료
홍합 ▶ 백합 등 조개류

1 홍합은 살만 30g을 준비하여 소금 물에 흔들어 씻은 뒤 깨끗하게 씻 어 가위로 검은 수염과 내장을 자른다.

2 토란대는 끓는 물에 넣고 1분 정도 데친 뒤 물기를 꼭 짠다. 홍합살, 토 란대는 찬물에 5분 정도 담가둔다.

3 서리태는 반나절 정도 찬물에 불린 뒤 30g을 준비해 10분 이상 푹 삶 아 껍질을 벗기고 다진다.

4 홍합살은 적당한 크기로 다지고, 토란대는 껍질의 섬유소를 벗긴 뒤 잘게 다지고, 애호박은 1cm 크기로 썬다.

주하맘's Tip

👩 홍합탕 등 홍합을 껍데기째 요리할 때는 껍데기를 바락바락 비벼가며 깨끗하게 씻고 수염을 제거한 뒤 조리하세요. 홍합 은 찬물에 오래 담가두면 감칠맛이 떨어 져요. 이유식처럼 홍합살만 이용하는 경 우에는 홍합살만 구입해도 좋아요. 이때 는 가위를 이용해 수염과 내장을 제거한 뒤 잘게 다져 요리에 넣으세요.

👩 토란대는 들깻가루와 궁합이 잘 맞아요. 토란대는 대가 너무 굵지 않고 단단한 것 으로 골라 데친 뒤 찬물에 담가두어 아린 맛을 제거하고 껍질의 식이섬유소를 벗 겨서 사용하세요. 간혹 토란대는 알레르 기를 일으키기도 하므로 알레르기나 아 토피가 있거나 민감한 아이라면 토란대 를 먹이지 않는 것이 좋아요.

5 냄비에 홍합살, 토란대, 서리태, 애호 박, 물 3/4컵을 넣고 끓인다.

6 물이 끓으면 잡곡밥을 넣고 약한 불로 줄이고 저어가며 8분 정도 끓 이다 들깻가루를 넣고 1~2분 더 끓인다.

도라지 굴진밥

아이가 17개월 무렵에 처음으로 감기 증세가 왔어요. 미열과 콧물 증상을 보여서 감기에 좋다는 도라지와 배를 넣고 이유식을 만들어봤어요. 도라지는 기관지염을 치료하고 열을 내리며 목이 부었거나 가래가 끓을 때, 기력이 없을 때 먹으면 도움이 돼요. 여기에 열을 내리고 감기를 떨어뜨리는 데 일등공신인 배를 더하면 이보다 더 좋은 감기약이 없겠죠.

국산 도라지는 잔뿌리가 비교적 많고 가늘고 짧으며 매끈하지 않고 흙이 많이 묻어 있어요. 도라지는 물기 없이 흙이 묻은 채 신문지에 싸서 냉장 보관해야 비교적 신선하게 오래 보관할 수 있어요.

요리 시간
1시간 30분

재료
도라지 20g
굵은소금 약간
굴 40g
배즙 20g
양파 10g
통깨 약간
참기름 약간
물(또는 다시마 육수) 3/4컵
밥 100g

대체 재료
도라지 ▶ 더덕

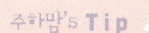

1 도라지는 잔뿌리를 떼어내고 칼등
으로 긁어 껍질을 벗긴다.

2 도라지는 적당한 크기로 찢어서 굵
은소금을 뿌리고 바락바락 주물러
쓴맛을 제거하고 부드럽게 만든다.

3 도라지는 소금을 약간 넣은 물에 1
시간 정도 담가둔다. 굴은 소금물에
살살 흔들어 씻은 뒤 흐르는 물에 깨끗하
게 씻고 찬물에 5분 정도 담가둔다.

4 굴을 적당한 크기로 썰고, 배는 강
판에 갈아 20g을 준비한다. 도라지
와 양파는 잘게 다진다.

5 냄비에 굴, 도라지, 양파, 물 3/4컵을
넣고 끓이다 끓어오르면 밥을 넣고
약간 불로 줄이고 8분 정도 끓인다.

6 ⑤에 배즙을 넣고 2분 정도 끓이다
가 통깨와 참기름을 넣는다.

참치 콜리플라워 도리아

참치 다다키를 자주 만들어 먹는 편이라 집에 항상 냉동 참치를 구비해두고 있어요. 참치는 불포화지방산인 EPA, DHA, 비타민 D, 각종 아미노산이 풍부해 성장기 아이의 두뇌 발달과 성장 발육, 골격 형성에 좋아요. 또 철분이 풍부해 빈혈 예방에도 도움을 줘요. 냉동 참치는 대형마트나 인터넷에서도 쉽게 구할 수 있어요. 횟감용 냉동 참치로는 황다랑어, 참다랑어, 눈다랑어, 황새치 등이 있고 부위에 따라 앞쪽 뱃살인 오도로, 중간과 꼬리 쪽 뱃살인 주도로, 속살인 아카미 등으로 나뉘어요. 그중 최고로 치는 오도로는 흰색 지방이 전체적으로 골고루 퍼져 있어 고소해요.

요리 시간
1시간 30분

재료
참치 40g
콜리플라워 15g
시금치 20g
양파 10g
무염버터 5g
밀가루 5g
우유 30g
물(또는 다시마 육수) 1/4컵
밥 100g
슬라이스 치즈(유아용) 1장

대체 재료
참치 ▶ 연어

1 냉동 참치는 소금물에 5분 정도 담 갔다가 면포로 감싸 냉장고에 넣어 1시간 이상 해동한다.

2 콜리플라워, 시금치는 끓는 물에 넣고 30초 정도 데친다. 시금치는 찬물에 헹궈 물기를 꼭 짜서 10g을 준비 한다. 참치는 1cm 크기로 썰고 콜리플라 워, 시금치, 양파는 0.7cm 크기로 썬다.

3 달군 팬에 버터를 넣어 녹인 뒤 밀 가루를 넣고 볶는다.

4 ③에 우유를 붓고 저어 화이트소 스를 만들어 그릇에 담아둔다.

5 팬에 물 1/4컵을 붓고 참치를 넣어 익히다가 양파, 콜리플라워, 시금치 를 넣고 약한 불로 2~3분 정도 볶는다.

6 ⑤에 밥을 넣고 볶는다.

7 그릇에 ⑥을 담고 화이트소스를 끼 얹는다.

8 치즈를 얹은 뒤 전자레인지에 넣고 2~3분 정도 돌린다.

주하맘's Tip

🍙 3% 정도의 소금물에 냉동 참치를 5분 정도 담가 겉면만 살짝 해동한 뒤 면포 로 감싸 냉장고에 넣어 1시간 이상 해동 하세요. 한 번 해동한 참치는 다시 재냉 동하지 마세요. 맛과 영양이 떨어질 뿐 만 아니라 세균이 번식할 우려가 있어 좋지 않아요.

🍙 미리 잘라둔 냉동 참치는 신선도가 떨어 지므로 되도록 덩어리째 구입하세요.

어선

어선은 동태나 대구, 민어 등 흰살 생선을 살만 넓게 떠서 각종 채소를 넣고 말아 찜통에 넣고 찐 한국 전통 요리예요. 생물 생선을 직접 손질해야 포를 더 넓게 뜰 수 있고 어선도 부서지지 않고 예쁘게 만들어져요. 또 맛도 있고요. 손질이 번거롭다면 냉동 흰살 생선살을 구입해도 좋지만 되도록 얇고 넓게 포를 뜬 것을 고르세요. 어선은 찐 뒤에 바로 썰면 속살이 튀어나오는 등 예쁘게 썰어지지 않으니 반드시 한 김 식으면 썰어주세요. 썰기 직전 냉장고에 잠깐 넣어두어도 좋아요. 또 달걀을 얇고 반듯하게 부쳐 달걀지단 위에 어선을 넣고 돌돌 말아 찌면 더 예쁜 달걀말이 어선을 만들 수 있어요.

요리 시간
40분

재료
흰살 생선살 100g
시금치 30g
당근 10g
표고버섯 10g
달걀 1개
녹말물 2/3큰술
녹말가루 약간
참기름 약간

대체 재료
시금치 ▶ 오이

1 포 뜬 흰살 생선살은 키친타월에 올려 물기를 제거한다.

2 시금치는 30초 정도 데친 뒤 찬물에 헹궈 물기를 꼭 짜서 15g을 준비한다. 당근, 표고버섯, 시금치는 5cm 크기로 채 썬다. 달걀은 지단을 부친 뒤 한 김식으면 5cm 크기로 채 썬다.

3 달군 팬에 참기름을 약간 두르고 표고버섯과 당근을 넣고 각각 볶는다.

4 김발 위에 생선살을 겹쳐 얹어 연결한 뒤 녹말가루를 약간 뿌리고 당근, 표고버섯, 시금치, 달걀지단을 얹어 꼭꼭 눌러가며 돌돌 말아준다.

5 생선살 위에 녹말물 2/3큰술을 바른다.

6 김 오른 찜통에 어선을 넣고 20분 정도 쪄서 한 김 식으면 1.5cm 크기로 썬다.

주하맘's **Tip**

● 녹말물 2/3큰술은 10g 정도 되는데 녹말가루 5g에 물 5g을 섞어 만드세요.

● 냉동 흰살 생선살을 사용하면 반나절전에 냉장고로 옮겨 충분히 해동해서 사용하세요.

● 어선은 김발 위에 포 뜬 생선살을 꼼꼼하게 연결한 뒤 녹말가루를 뿌리고 각종 채소와 달걀지단을 얹고 돌돌 말아 만드세요. 이렇게 하면 완성해서 썰 때 속이 터지는 것을 막을 수 있어요.

냉이 된장진밥

요즘 냉이는 사시사철 만날 수 있다지만 맛과 향, 영양적인 측면에서는 봄 냉이만한 것이 없죠. 특히 냉이는 된장과 궁합이 잘 맞아요. 냉이는 채소 중 단백질 함량이 높고 비타민 A·C, 칼슘, 철분, 칼륨이 풍부해요. 냉이는 위와 간, 눈 건강에 좋고 감기, 빈혈, 변비, 각종 출혈성 질환, 당뇨, 고혈압 등에 도움을 줘요. 그러나 찬 성질이 있으므로 몸이 냉한 여성이나 아이가 많이 먹는 것은 좋지 않아요.

냉이는 뿌리가 너무 굵거나 질기지 않은 것, 잎이 누렇지 않고 선명한 녹색을 띠는 것, 잎과 줄기가 작고 향이 진한 것을 고르세요.

요리 시간
30분

재료
냉이 20g
바지락살 40g
양파 15g
된장 2g
물(또는 다시마 육수) 3/4컵
밥 100g

대체 재료
바지락살 ▶ 대합, 백합, 꼬막 등
각종 조갯살

1 냉이는 누런 잎이나 억센 잎을 떼
어내고 뿌리는 칼등으로 살살 긁어
흙을 털고 잔뿌리를 제거한 뒤 흐르는 물
에 여러 번 씻는다.

2 바지락살은 옅은 소금물에 흔들어
씻은 뒤 찬물에 5분 정도 담가둔다.

3 냉이는 끓는 물에 넣고 1분 정도 데
친 뒤 찬물에 헹궈 물기를 꼭 짠다.
바지락살은 적당한 크기로 다지고, 냉이
와 양파도 잘게 다진다.

4 냄비에 바지락살, 냉이, 양파, 물 3/4
컵을 넣고 끓인다.

5 물이 끓으면 밥을 넣고 약한 불로
줄이고 저어가며 7분 정도 끓인다.

6 ⑤에 된장을 풀어 넣고 2~3분 더
끓인다.

아보카도 새우 밀전병

악어 등처럼 울퉁불퉁한 껍질을 가지고 있어 '악어 배'라고 불리는 아보카도는 버터처럼 부드러워 다양한 요리에 활용이 가능한 웰빙 과일이죠. 아보카도는 지방 함량이 가장 많은 과일이에요. '숲에서 나는 버터'라고도 불릴 정도인데 지방이 무려 30%에 달한다고 해요. 그중 80%가 불포화지방산이라 두뇌 발달, 피부 건강에 좋아요. 또 비타민 A·C·E뿐만 아니라 칼슘, 칼륨, 구리, 철분 등 무기질이 풍부해 체력 보강, 빈혈과 변비 예방, 노화 방지에도 도움을 줘요. 아보카도는 새우, 게 등의 해산물, 레몬과 잘 어울려요. 아보카도 새우 밀전병은 맛이 담백하고 영양도 풍부해 아이가 먹기에도 좋지만 드레싱을 곁들여 손님 초대 요리로 내놓아도 손색이 없답니다.

요리 시간
40분

주재료
아보카도 1/2개
새우살 70g
빨강 파프리카 20g

노랑 파프리카 20g
치커리 적당량
올리브오일 약간
물 1/4컵

밀전병 재료
밀가루 70g
물 1/2컵

대체 재료
새우살 ▶ 게살

1 아보카도는 중간에 칼집을 넣어 손으로 비틀어 반을 가른 뒤 숟가락으로 씨를 빼내고 길게 썬다.

2 새우살은 이쑤시개를 이용해 내장을 제거한 뒤 흐르는 물에 깨끗하게 씻는다.

3 아보카도는 20초 정도 살짝 데친다. 파프리카는 길게 채 썰고, 새우살과 치커리는 찬물에 담가둔다.

4 볼에 밀가루와 물 1/2컵을 넣고 잘 갠 뒤 체에 내린다.

5 달군 팬에 올리브오일을 약간 두르고 반죽을 지름 15cm 정도 크기로 얇게 부어 밀전병을 부친다.

6 달군 팬에 올리브오일을 약간 두르고 파프리카를 넣어 살짝 볶는다.

7 팬에 물 1/4컵을 붓고 새우살을 넣어 삶는다.

8 한 김 식힌 밀전병 위에 아보카도, 새우살, 파프리카, 치커리를 넣고 돌돌 말아 1cm 크기로 썬다.

주하맘's Tip

🍳 아보카도를 구입한 즉시 먹는다면 녹색에서 검은색으로 변하는 단계에 있는 것을 고르세요. 선명한 녹색을 띠고 있는 단단한 아보카도를 구입했다면 실온에서 조금 숙성시킨 뒤 먹으면 좋아요. 아보카도는 공기와 만나면 쉽게 변색되므로 되도록 요리 직전에 손질하세요.

🍳 밀전병 반죽을 잘 갠 뒤에는 반드시 체에 한 번 내리세요. 라이스페이퍼에 넣고 말아도 좋아요.

🍳 남은 아보카도는 으깨어 레몬즙, 소금, 후춧가루를 넣어 구아카몰을 만들어 보세요.

유부 보석주머니

생후 16개월 무렵, 컨디션이 좋지 않은 아이를 위해 처음으로 유부로 요리를 만들어줬어요. 유부는 두부를 기름에 튀긴 것으로 단백질, 지방, 칼슘, 철분이 풍부해 성장기 아이의 발육에 도움을 줘요. 유부 자체만 먹으면 건강에 이롭겠지만 최근에는 유부에 새콤달콤하게 조미를 하고 각종 첨가물을 넣기 때문에 반드시 끓는 물에 넣고 1분 정도 푹 데쳐 '맛있는 맛'을 없애고 기름기를 제거한 뒤 사용해야 해요. 유부를 고를 때는 착색료, 빙초산, MSG 등의 성분이 함유되지 않은 제품으로 구입하세요. 또 유부 등 가공식품은 되도록 가끔씩만 먹이세요.

요리 시간
50분

재료
미나리 40g
쇠고기 안심(또는 살코기) 30g
당근 7g
애호박 7g
빨강 파프리카 5g
포도씨오일 약간
물(또는 쇠고기 육수) 1/4컵
검은깨 약간
유부 10장
밥 80g

대체 재료
밥 ▶ 두부

1 미나리는 억센 줄기와 마디 부분을 자르고 40g을 준비해 1분 정도 데친 뒤 찬물에 헹궈 물기를 꼭 짠다.

2 미나리는 가는 부분으로 30g은 남겨두고 나머지 10g은 곱게 다진다.

3 쇠고기 안심은 찬물에 20분 정도 담가 핏물을 뺀다. 쇠고기, 당근, 애호박, 빨강 파프리카는 잘게 다진다.

4 달군 팬에 포도씨오일을 약간 두르고 쇠고기를 넣어 볶다가 물 1/4컵을 붓는다.

5 ④에 당근, 애호박, 파프리카, 미나리를 순서대로 넣고 약한 불에서 3분 정도 끓인다.

6 ⑤에 밥을 넣고 볶다가 재료가 익고 물이 자작해지면 검은깨를 약간 넣는다.

7 유부는 끓는 물에 넣고 1분 정도 데친 뒤 찬물에 헹궈 물기를 꼭 짠다.

8 볶음밥은 1.5cm 크기로 빚어 유부에 넣고 미나리로 묶는다.

주하맘's Tip

● 미나리는 끓는 물에 넣고 20초 정도만 데쳐도 되지만 일부는 유부초밥을 묶는 용도로 사용해 아이가 먹을 수도 있으므로 40초~1분 정도 데치세요.

● 아이가 평소에 두부를 잘 먹지 않는다면 유부초밥을 만들 때 밥 대신 두부를 넣어보세요. 두부를 찬물에 10분 정도 담가두었다가 면포에 넣고 물기를 꼭 짠 뒤 각종 채소와 함께 볶아 유부에 넣으세요. 고소하고 담백해 아이가 잘 먹어요.

토마토소스 해물 파스타

저녁으로 해물 파스타와 샐러드를 준비하다가 아이가 좋아하는 해산물로 아이용 파스타도 만들어봤어요. 뭐든지 스스로 하려는 의지가 강한 이 시기에 파스타 한 그릇을 두고 어설픈 포크질로 열심히 먹는 모습이 얼마나 사랑스러운지 몰라요. 파스타 향을 좋게 하고 해산물의 비린내를 잡아주기 위해 마늘 1/2쪽을 사용했는데 자극적인 마늘 향은 아이가 싫어할 수도 있으므로 넣지 않아도 돼요. 스파게티는 포장지에 표기되어 있는 익히는 시간보다 1~2분 정도 덜 익혀야 소스에 넣고 버무릴 때 퍼지지 않고 가장 맛있는 정도로 알맞게 익는답니다.

요리 시간
40분

재료 홍합살 30g
새우살 30g
토마토 100g
양파 10g

마늘 1/2쪽
브로콜리 20g
스파게티면 40g
올리브오일 약간

물(또는 다시마 육수) 1/4컵

대체 재료
홍합살 ▶ 조갯살

1 홍합살은 소금물에 흔들어 씻은 뒤 깨끗하게 씻어 검은 수염과 내장을 자른다. 새우살은 내장을 제거한 뒤 흐르는 물에 씻는다.

2 토마토는 윗부분에 열십자로 칼집을 내고 20초 정도 데쳐 찬물에 헹궈 껍질을 벗기고 반을 갈라 씨를 빼낸다.

3 토마토 믹서에 곱게 갈고, 양파와 마늘은 다진다.

4 홍합살, 새우살은 0.7cm 크기로 썰고, 브로콜리는 거칠게 다진다.

5 스파게티면은 3등분해 끓는 물에 넣고 6~7분 정도만 삶는다.

6 달군 팬에 올리브오일을 약간 두르고 마늘, 양파를 넣어 볶다가 토마토, 물 1/4컵을 넣고 자작하게 졸인다.

7 ⑥에 홍합살, 새우살, 브로콜리를 넣고 익힌다.

8 ⑦에 스파게티면을 넣고 뒤적이며 익힌다.

주하맘's **Tip**

🍴 올리브오일은 열을 가하지 않아도 먹을 수 있어 샐러드 드레싱이나 발사믹식초와 섞어 빵을 찍어 먹기도 하지만 아이는 소화가 안 될 수 있으므로 그냥 먹이지 마세요.

🍴 올리브오일은 크게 엑스트라 버진 올리브오일과 퓨어 올리브오일이 있어요. 엑스트라 버진 오일은 가열하지 않은 샐러드 등의 요리에 사용하는 것이 좋아요. 퓨어 올리브오일은 발연점이 높아 가열하는 요리에 사용하면 좋아요.

동그랑땡

동그랑땡은 아이들이 좋아하는 베스트 메뉴예요. 아이가 밥을 잘 먹지 않아 고민된다면 동그랑땡이나 전류를 자주 만들어주세요. 단 기름은 되도록 적게 사용하고 물로 익히는 것이 중요해요. 채소는 집에 있는 어떤 재료를 활용해도 좋아요.

요리 시간 40분
재료(4cm 크기 10개)
　　　돼지고기 안심(또는 등심) 80g
　　　두부 30g
　　　브로콜리 10g
　　　당근 10g
　　　양파 10g
　　　우리밀가루 10g
　　　달걀물 20g
　　　포도씨오일 약간
　　　물 1/2컵
대체 재료 우리밀가루 ▶ 우리쌀가루

주하맘's Tip

● 아이용 동그랑땡이나 전을 만들 때 아직까지는 밀가루나 쌀가루 대신 부침가루는 사용하지 마세요. 부침가루에는 소금, 조미료 말고도 식품첨가물이 함유되어 있답니다.

● 동그랑땡 반죽을 넉넉하게 만들어 소분해 냉동보관 해두었다가 외출할 때 가지고 나가면 편해요.

1 돼지고기 안심은 곱게 다지고, 두부는 찬물에 10분 정도 담가두었다가 물기를 꼭 짠 뒤 곱게 으깬다.

2 브로콜리는 끓는 물에 넣어 30초 정도 데친 뒤 찬물에 헹궈 물기를 뺀다. 당근, 브로콜리, 양파는 잘게 다진다.

3 볼에 돼지고기, 두부, 당근, 브로콜리, 양파, 우리밀가루, 달걀물을 넣고 잘 섞는다.

4 반죽을 4cm 크기로 빚는다. 달군 팬에 포도씨오일을 약간 두르고 동그랑땡을 넣어 앞뒤로 노릇하게 구워 겉면이 익으면 물 1/2컵을 붓고 속까지 익힌다.

날치알 깻잎진밥

아이 16개월 즈음에 날치알을 응용한 이유식을 처음 만들어줬어요. 톡톡 씹히는 재미가 있었는지 아이가 유독 맛있게 먹었던 기억이 나요. 날치알은 그냥 요리하면 특유의 비린내가 나므로 체에 밭쳐 찬물에 헹궈 짠맛을 제거한 뒤 뜨거운 물을 끼얹어 혹시 모를 유해한 성분을 제거하고 사용하세요.

요리 시간 20분
재료 날치알 30g
　　　감자 30g
　　　백일송이버섯 20g
　　　깻잎 10g
　　　물(또는 다시마 육수) 3/4컵
　　　밥 100g
대체 재료 날치알 ▶ 연어알

주하맘's Tip

👩 날치알은 되도록 색이 없는 것을 고르세요. 그리고 친환경 유기농매장에서 합성착색료와 감미료 대신 소금과 유기농 설탕으로 맛을 낸 날치알을 선택하세요.

1 날치알은 체에 밭쳐 찬물에 씻은 뒤 뜨거운 물을 끼얹는다.

2 감자, 백일송이버섯은 1cm 크기로 썰고, 깻잎은 잘게 다진다.

3 냄비에 감자, 백일송이버섯, 물 3/4컵을 넣고 끓이다 물이 끓어오르면 밥을 넣고 약한 불로 줄인 뒤 6분 정도 끓인다.

4 ③에 깻잎과 날치알을 넣고 4분 정도 끓인다.

새우 마늘종 덮밥

마늘 꽃이 달리는 줄기를 마늘종 또는 속대라고 해요. 마늘종은 주로 마른 새우볶음이나 장아찌를 만들 때 사용하죠. 원기 회복과 면역력 증강, 감기 예방에 도움을 주고 따뜻한 성질을 지니고 있어 혈액 순환에도 좋답니다. 마늘종은 단백질과 칼슘이 가득한 새우와 영양학적으로 궁합이 잘 맞아요. 생새우보다 마른 새우와 더 잘 어울리는데 유아식에 접어들면 반찬으로 아이용 마른 새우 마늘종볶음을 만들어주세요. 여기에 호두나 잣가루 등 견과류를 뿌리면 고소한 맛과 영양이 더해진답니다. 마늘종은 진한 녹색을 띠며 굵기가 일정하고 곧으며 단단한 것을 고르세요.

요리 시간
30분

재료
새우살 50g
마늘종 20g
팽이버섯 10g
달걀 1개
포도씨오일 약간
우유 1/4컵
간장 약간
현미밥 100g

대체 재료
밥 ▶ 국수

1 새우살은 이쑤시개를 이용해 내장을 제거한 뒤 흐르는 물에 깨끗하게 씻는다.

2 새우살은 다지고, 마늘종은 잘게 송송 썰고, 팽이버섯은 1cm 크기로 썰고, 달걀은 알끈을 제거한 뒤 풀어둔다.

3 마늘종은 끓는 물에 넣고 2분 정도 삶은 뒤 찬물에 헹궈 물기를 뺀다.

4 달군 팬에 포도씨오일을 약간 두르고 새우살, 마늘종을 넣고 볶다가 팽이버섯을 넣는다.

주하맘's Tip

👩 이유식에 사용할 마늘종은 2~3분 정도 삶아 매운맛을 날리고 부드럽게 익혀서 사용하세요. 보통 요리에는 끓는 소금물에 1분 정도 데치면 돼요. 마늘종은 익히면 약간 단맛이 나요. 그래도 아이가 처음 먹어보는 생소한 재료이고 또 아삭거리는 질감이 있어 아이가 싫어할 수도 있으니 잘게 다져도 좋아요.

👩 밥 대신 국수에 비벼줘도 좋아요.

5 ④에 우유를 붓고 약한 불에서 3~4분 더 끓인다.

6 우유가 자작해지고 재료가 익으면 잠시 불을 끄고 풀어둔 달걀을 돌려 붓는다. 다시 불을 켜고 달걀을 익힌 뒤 간장을 약간 넣어 현미밥 위에 얹는다.

아이가 걷고 뛰는 완료기 이유식 즈음에는 아이를 키우는 게 많이 수월해진 반면 먹을거리에 대한 꼼꼼함이 이전보다는 많이 느슨해지게 되죠. 아이에게 시중에 판매하는 간식을 절대 먹이지 말라는 이야기도 사실 현실적이지는 못해요. 하지만 간식을 사 먹일 때는 식품에 어떤 성분과 첨가물이 들어 있는지 정도는 꼭 확인하세요. 그리고 빵이나 과일 음료, 요구르트 등 특별히 아이가 좋아하는 간식이 있다면 집에서만큼은 되도록 직접 만들어주세요.

★ 완료기 이유식 간식 01

딸기 바나나 스무디

요리 시간 5분
재료 딸기 3개, 바나나 1/2개, 무가당 플레인 요구르트 1/4컵, 우유 1/4컵
대체 재료 딸기 ▶ 키위

믹서에 딸기, 바나나, 무가당 플레인 요구르트, 우유를 넣고 곱게 간다.

> 주라맘's **Tip** 바나나는 2~3일 정도 실온에 두고 먹다가 남으면 껍질을 벗긴 뒤 반을 잘라 냉동 보관하세요. 아이뿐만 아니라 어른 음료를 만들 때도 요긴하게 쓰인답니다.

★ 완료기 이유식 간식 02

미니 프렌치토스트

요리 시간 15분
재료 우리밀 식빵 1장, 달걀 1개, 아가베시럽 2g, 우유 15g, 무염버터 3g
대체 재료 아가베시럽 ▶ 비정제 설탕

1 달걀은 알끈을 제거하고 잘 풀어 아가베시럽, 우유를 넣고 섞는다.
2 식빵은 가장자리를 자르고 달걀물에 넣어 5분 정도 푹 담가둔다.
3 달군 냄비에 버터를 두른 뒤 빵을 넣고 앞뒤로 노릇하게 구워 4등분한다.

> 주라맘's **Tip** 프렌치토스트는 만드는 법도 간편하고 맛도 있어 엄마에게도 아이에게도 참 좋은 간식이에요. 프렌치토스트와 매시트포테이토, 엄마표 과일주스 한 잔 곁들여 한 끼 식사대용식으로 만들어줘도 좋아요.

과일 빵푸딩

요리 시간 10분

재료 우리밀 식빵 1/2장, 건포도 10g, 바나나 1/3개, 귤 1/2개, 달걀 1개, 우유 20g

대체 재료 귤 ▶ 키위

1 식빵은 가장자리를 자르고 1cm 크기로 썰고, 건포도는 끓는 물에 넣고 30초 정도 데치거나 따뜻한 물에 10분 정도 담가둔다.

2 바나나는 반을 갈라 잘게 썰고, 귤은 껍질을 벗기고 알맹이만 꺼내 반으로 자르고, 건포도는 적당한 크기로 다진다.

3 내열 용기에 달걀을 넣고 알끈을 제거한 뒤 잘 풀어준다. 여기에 식빵, 바나나, 귤, 건포도, 우유를 섞어 전자레인지에서 2분 정도 돌린다.

> **주하맘's Tip** 🗨 과일 빵푸딩은 달콤하고 부드러워 아이가 잘 먹어요. 특히 과일을 좋아하지 않는 아이에게 만들어주면 비타민을 충분히 섭취할 수 있어 좋답니다.

블루베리 과일 요구르트

요리 시간 5분

재료 바나나 1/4개, 키위 1/4개, 멜론 30g, 블루베리 5개, 무가당 플레인 요구르트 3/5컵

대체 재료 블루베리 ▶ 딸기

1 바나나, 키위, 멜론은 0.7cm 크기로 썬다.

2 요구르트에 블루베리와 과일을 넣고 섞는다.

> **주하맘's Tip** 🗨 요리라 할 것도 없는 블루베리 과일 요구르트는 과일을 좋아하는 아이를 위해 간식으로 매일 만들어줬어요. 여기에 호두, 잣, 호박씨 등 견과류를 곱게 다지거나 갈아 넣으면 훌륭한 간식이 돼요.
>
> 🗨 적어도 완료기까지는 무가당 요구르트를 먹이세요. 단맛이 있는 요구르트에는 생각보다 과당이 많이 함유되어 있어요.

아보카도 요구르트

요리 시간 5분
재료 아보카도 50g, 무가당 플레인 요구르트 1/2컵
대체 재료 무가당 플레인 요구르트 ▶ 연두부

1 아보카도는 중간에 칼집을 넣어 손으로 비틀어 반을 가른 뒤 숟가락으로 씨를 빼고 끓는 물에 넣고 20초 정도 데쳐 곱게 으깬다.
2 무가당 플레인 요구르트에 아보카도를 넣고 섞는다.

주하맘's Tip 비타민, 철분, 칼슘, 필수지방산 등 영양이 풍부한 아보카도는 완료기 이유식부터 가끔씩 먹이면 좋아요. 플레인 요구르트는 설탕이나 첨가물이 함유되어 있지 않은 무가당, 무첨가 제품을 구입하세요.

단호박 롤샌드위치

요리 시간 25분
재료 우리밀 식빵 2장, 단호박 60g, 바나나 1/2개, 건포도 10g, 어린잎순 약간
대체 재료 단호박 ▶ 고구마

1 식빵은 가장자리를 자르고 밀대로 얇게 민다.
2 단호박은 10분 정도 삶아서 바나나와 함께 으깬다. 건포도는 따뜻한 물에 10분 정도 담가둔 뒤 거칠게 다지고, 어린잎순은 질긴 줄기 부분은 자른다.
3 단호박, 바나나, 건포도를 섞는다. 식빵에 단호박 스프레드를 바르고 어린잎순을 조금 얹은 뒤 돌돌 말아 1.5cm 크기로 썬다.

주하맘's Tip 단호박 롤샌드위치는 모양이 예쁘고 색이 고와 아이가 호기심을 보이며 만지작거리다가 빵 따로, 속 따로 맛있게 먹은 간식이에요. 아이가 어린잎순을 부담스러워하면 빼고 만들어주세요.

고구마찐빵

요리 시간 1시간 40분
재료 고구마 100g, 호두 10g, 우리 밀가루 80g, 베이킹파우더 2g, 우유
1/4컵
대체 재료 고구마 ▶ 단호박

1. 고구마는 10분 정도 푹 삶아 뜨거울 때 으깨고, 호두는 뜨거운 물에 담가 이쑤시개를 이용해 껍질을 벗긴 뒤 곱게 다진다.
2. 밀가루, 베이킹파우더는 체에 내린다. 볼에 밀가루, 베이킹파우더, 고구마, 호두, 우유를 넣고 잘 섞어 반죽한 뒤 냉장고에 넣어 1시간 정도 숙성시킨다.
3. 반죽을 1.5cm 크기로 빚어 김 오른 찜통에 넣고 20분 이상 찐다.

> **주하맘's Tip** 주하가 18개월 즈음에 처음으로 베이킹파우더를 소량 이용해 찐빵을 만들어줬어요. 베이킹파우더는 되도록 아이에게 먹이지 않는 것이 좋겠지만 아이가 친구들과 어울리고 바깥 생활을 자주 하게 되면서 본의 아니게 어른들이 먹는 빵을 먹게 되는 경우가 많아 제과점 빵을 먹는 것보다 낫지 않을까 싶어 외출용으로 만든 빵이랍니다.

귤젤리

요리 시간 2시간 20분
재료 귤 2개(100g), 판젤라틴 2장(5g)
대체 재료 젤라틴 ▶ 한천

1. 귤은 즙을 짠 뒤 체에 내린다.
2. 판젤라틴은 찬물에 5분 정도 담가 부드럽고 투명하게 불린 뒤 물기를 꼭 짠다.
3. 냄비에 귤즙을 넣고 따뜻하게 데운 뒤 불린 젤라틴을 넣고 저어가며 녹인다. 한 김 식으면 틀에 붓고 냉장고에서 2시간 정도 굳힌다.

> **주하맘's Tip** 젤라틴은 동물성 원료를 추출한 것으로 젤리, 푸딩 등을 만들 때 사용해요. 젤라틴 대신 식물성 원료인 우뭇가사리로 만든 한천을 이용하면 좋아요. 젤라틴은 마트에서도 쉽게 구할 수 있지만 한천은 시중에서 구하기 어렵고 인터넷 쇼핑몰에서 만날 수 있어요. 한천을 구입하기 어려운 분들을 위해 젤라틴을 이용한 젤리를 만들어봤는데 젤라틴도 가끔만 사용하세요.

완료기 이유식 초반에는 주로 한 그릇 이유식으로 진행했다면 후반기부터는 밥에 반찬을 한두 개씩 곁들여주세요. 반찬은 아이가 편식하지 않도록 여러 가지 식품을 먹이는 데 의미를 두고 찌거나 달게 만들지 않는 것이 중요해요. 여기에 소개하는 완료기 이유식 반찬은 유아식 반찬으로 계속 만들어 먹여도 좋아요.

★ 완료기 이유식 후반 반찬 01

달걀 김말이

요리 시간 20분
재료 김 1/4장, 당근 5g, 애호박 5g, 포도씨오일 약간, 달걀 1개, 통깨 약간
대체 재료 당근, 애호박 ▶ 버섯류

1 김은 마른 팬에서 살짝 굽고 당근, 애호박은 잘게 다진다. 달군 팬에 포도씨오일을 약간 두르고 당근과 애호박을 넣고 각각 볶는다.

2 달걀은 알끈을 제거한 뒤 잘 풀어 당근, 애호박, 통깨를 넣고 섞는다.

3 달군 팬에 포도씨오일을 약간 두르고 달걀물을 붓고 김을 얹어 한 면이 익기 시작하면 끝에서부터 돌돌 만다. 달걀 김말이가 한 김 식으면 1cm 크기로 썬다.

> **주하맘's Tip** 🔵 아이용 달걀말이를 만들 때 당근 등 잘 익지 않는 채소는 70% 정도 익힌 뒤 달걀에 넣고 섞어주세요.

★ 완료기 이유식 후반 반찬 02

감자 잔새우볶음

요리 시간 30분
재료 감자 100g, 배추 40g, 잔새우 10g, 물(또는 채소 육수) 3/4컵, 녹말물 2/3큰술, 참기름 약간
대체 재료 잔새우 ▶ 잔멸치

1 감자는 1cm 크기로 납작하게 썰고, 배추는 1cm 크기로 썬다. 잔새우는 찬물에 20분 정도 담가 짠맛을 제거한다.

2 팬에 감자, 물 3/4컵을 넣고 3~4분 정도 약한 불에서 끓인다. 감자가 어느 정도 익으면 배추, 잔새우를 넣고 물이 자작해질 때까지 익힌다.

3 녹말물과 참기름을 넣고 섞는다.

> **주하맘's Tip** 🔵 녹말물 2/3큰술은 녹말가루 5g에 물 5g을 섞어 만드세요.
> 🔵 감자 잔새우볶음은 만들어두었다가 밥에 비벼줘도 좋아요.

잣소스 표고버섯조림

요리 시간 20분
재료 잣 10g, 우유 20g, 간장 약간, 표고버섯 50g, 물(또는 다시마 육수) **3/4컵**
대체 재료 잣 ▶ 호두

1 잣은 고깔을 뗀다. 믹서에 잣, 우유, 간장을 약간 넣고 곱게 갈아 잣소스를 만든다.

2 표고버섯은 1cm 크기로 썬다. 냄비에 물 3/4컵을 붓고 표고버섯을 넣어 약한 불에서 5분 이상 삶듯 익힌다.

3 ②에 잣소스를 넣고 물이 자작해질 때까지 졸인다.

주하맘's **Tip** 잣소스 표고버섯조림은 저의 야심 메뉴예요. 주하가 표고버섯을 좋아해서 만든 간단한 요리인데 주하뿐만 아니라 주하 친구들도 참 좋아한 인기 만점 반찬이랍니다. 아이가 버섯류를 잘 안 먹는다면 한번 만들어보세요. 밥에 넣고 비벼 먹어도 맛있어요. 아이 이가 많이 나지 않은 편이라면 버섯은 좀 더 잘게 썰어주세요.

해물 달걀찜

요리 시간 40분
재료 새우살 15g, 오징어 15g, 표고버섯 5g, 쪽파 2g, 달걀 1개, 통깨 약간
대체 재료 새우살 ▶ 게살

1 새우살은 이쑤시개를 이용해 내장을 제거하고, 오징어는 손끝에 소금을 잡고 껍질을 벗긴 뒤 깨끗하게 씻는다. 새우살, 오징어는 잘게 다진다.

2 표고버섯은 끓는 물에 넣고 20초 정도 데친 뒤 물기를 빼서 잘게 다지고, 쪽파도 잘게 다진다.

3 달걀은 알끈을 제거해서 잘 푼 뒤 준비한 재료와 섞는다. 김 오른 찜통에 해물 달걀찜을 넣고 25분 정도 찌거나 전자레인지에 넣고 3분 정도 돌린다.

주하맘's **Tip** 전자레인지에 넣고 요리하면 해물 달걀찜이 좀 더 딱딱하고 단단해질 수 있으니 물을 10g 정도 넣으세요. 또 해물이 속까지 제대로 익지 않을 수 있으니 새우살과 오징어는 팬에 살짝 볶거나 끓는 물에 넣고 살짝 데친 뒤 사용하세요.

두부조림

요리 시간 30분
재료 두부 150g, 배즙 30g, 물 20g, 간장 2g, 포도씨오일 약간
대체 재료 배즙 ▶ 양파즙

1 두부는 5×5×1cm 크기로 썰어 찬물에 20분 정도 담가두었다가 키친타월에 올려 물기를 제거한다.

2 그릇에 배즙, 물, 간장을 넣고 섞는다.

3 달군 팬에 포도씨오일을 약간 두르고 두부를 넣어 앞뒤로 노릇하게 굽다가 소스를 붓고 약한 불로 물이 자작해질 때까지 졸인다.

> **주하맘's Tip** 두부조림은 배즙을 넣어 단맛을 조절하세요. 조금 더 달콤한 맛을 원한다면 배즙을 더 갈아 넣거나 아가베시럽을 약간 넣어도 좋아요. 두부에 우리밀가루를 묻혀 구워도 돼요.

쇠고기 장조림

요리 시간 1시간 30분
재료 쇠고기 홍두깨살(또는 우둔, 사태 등) 200g, 물(또는 쇠고기 육수) 2컵, 메추리알 20개, 양송이버섯 4개, 간장 5g, 아가베시럽 5g, 통깨 약간
대체 재료 양송이버섯 ▶ 미니 송이버섯, 표고버섯 등 버섯류

1 쇠고기 홍두깨살은 적당한 크기로 잘라 찬물에 30분 정도 담가 핏물을 뺀다. 냄비에 쇠고기와 물 2컵을 넣고 중간 불로 삶는다. 삶는 도중 생기는 거품과 불순물은 걷어낸다.

2 메추리알은 끓는 물에 넣고 7~8분 정도 삶은 뒤 찬물에 씻어 껍질을 벗긴다. 양송이버섯은 갓 껍질을 벗기고 6등분한다.

3 쇠고기가 익으면 메추리알, 양송이버섯, 간장, 아가베시럽을 넣고 센 불로 끓인다. 물이 끓어오르면 약한 불로 줄이고 국물이 반 이상 졸아들 때까지 끓이다가 통깨를 넣는다.

> **주하맘's Tip** 쇠고기 장조림에 간장 5g만 넣으면 어른이 먹기에 밍밍하고 심심할 수 있으나 간을 약하게 하는 것이 중요하답니다.

닭고기 토마토조림

요리 시간 20분
재료 토마토 80g, 닭가슴살(또는 안심) 60g, 감자 30g, 검은깨 약간, 물(또는 닭고기 육수) 1/4컵
대체 재료 닭고기 ▶ 쇠고기

1 토마토는 윗부분에 열십자로 칼집을 내어 끓는 물에 넣고 20초 정도 데쳐 찬물에 헹군다.

2 닭가슴살, 감자는 1cm 크기로 썬다. 토마토는 껍질을 벗기고 반을 갈라 씨를 빼내고 잘게 다진다.

3 냄비에 닭고기, 감자, 물을 넣고 끓이다가 물이 끓으면 토마토를 넣고 약한 불로 6분 이상 끓인다. 물이 자작해지고 재료가 익으면 검은깨를 약간 넣는다.

 주화맘's **Tip** 밥에 반찬으로 곁들여도 좋지만 식빵이나 밀전병 위에 닭고기 토마토조림을 얹고 치즈를 올린 뒤 전자레인지에 넣고 2분 정도 돌리면 아이용 토르티야도 만들 수 있어요.

참치 채소볶음

요리 시간 1시간 30분
재료 참치 60g, 무 15g, 빨강 파프리카 10g, 노랑 파프리카 10g, 양파 10g, 된장 1g, 물(또는 다시마 육수) 1/4컵
대체 재료 파프리카 ▶ 피망

1 냉동 참치는 소금물에 넣고 5분 정도 담가두었다가 면포로 감싸 냉장고에 넣어 1시간 이상 해동한다. 참치는 해동 후 키친타월에 얹어 물기를 뺀다.

2 참치, 무, 파프리카, 양파는 1cm 크기로 썬다.

3 냄비에 참치, 무, 양파, 물 1/4컵을 넣고 끓이다가 물이 끓어오르면 파프리카를 넣고 약한 불로 3~4분 더 끓인다. 된장을 넣고 섞은 뒤 1~2분 더 끓인다.

주화맘's **Tip** 생선을 좋아하는 아이라면 참치 채소볶음도 좋아할 거예요. 된장을 약간 넣으면 참치의 비린내도 사라지고 파프리카 등 채소 고유의 향이 조금 상쇄되어 아이가 잘 먹는답니다. 된장은 1g 미만으로 소량만 넣으세요.

삼색 채소조림

요리 시간 20분
재료 감자 50g, 애호박 30g, 당근 30g, 물 3/4컵, 아가베시럽 3g
대체 재료 감자 ▶ 고구마

1 감자, 애호박, 당근은 0.7cm 크기로 썬다.
2 냄비에 감자, 당근, 물 3/4컵을 넣고 5분 정도 삶다가 애호박을 넣고 3분 정도 익힌다.
3 물이 자작해지면 아가베시럽을 넣고 버무린다.

주화맘's Tip 당근 등 채소를 싫어하는 아이가 많으니 아가베시럽을 약간 넣어 달콤한 맛을 더하세요.

쇠고기 오이볶음

요리 시간 35분
재료 오이 30g, 쇠고기 안심(또는 설코기) 50g, 배즙 10g, 올리브오일 약간, 물(또는 쇠고기 육수) 1/5컵, 천일염 약간, 검은깨 약간
대체 재료 오이 ▶ 애호박

1 오이는 얇게 썰어서 4등분한다.
2 쇠고기는 찬물에 20분 정도 담가 핏물을 뺀 뒤 곱게 다져 배즙을 넣고 밑간한다.
3 달군 팬에 올리브오일을 약간 두르고 쇠고기를 넣어 볶다가 오이와 물 1/5컵을 넣고 약한 불로 오이가 살캉하게 익을 때까지 익힌다. 천일염, 검은깨를 약간씩 넣고 섞는다.

주화맘's Tip 아삭한 오이는 아이가 싫어할 수 있으므로 부드럽게 익히세요.

삼치 깍둑조림

요리 시간 20분
재료 삼치살 150g, 우유 1/4컵, 물 1/5컵, 볶은 콩가루 5g
대체 재료 삼치 ▶ 고등어, 꽁치

1 삼치는 비늘과 뼈를 제거하고 삼치살을 준비해 1.5cm 크기로 썬 뒤 키친타월에 올려 물기를 제거한다.

2 냄비에 우유, 물 1/5컵을 넣고 끓인다. 물이 끓기 시작하면 삼치를 넣고 약한 불로 5분 이상 익힌다.

3 우유가 자작해지고 삼치가 익으면 볶은 콩가루를 넣고 뒤적인다.

주라맘's Tip 🍶 우유를 넣으면 생선 비린내도 사라지고 고소한 맛도 더해져요. 우유는 팔팔 끓이면 영양소가 모두 파괴되지만 맛을 위해 가끔 이런 조리법도 응용해보세요. 이 요리의 포인트는 우유와 물이 끓을 때 삼치살을 넣어야 한다는 것. 그래야 단백질이 재빨리 응고되어 살이 부서지지 않고 또 비린내도 덜해요.

말린 도토리묵 채소볶음

요리 시간 1시간
재료 말린 도토리묵 30g, 당근 15g, 양파 10g, 마늘종 10g, 참기름 약간, 물(또는 채소 육수) 2큰술, 간장 약간, 통깨 약간

1 말린 도토리묵은 30분 이상 물에 불린 뒤 1cm 크기로 썰고, 당근, 양파는 1cm 크기로 썰고, 마늘종은 송송 썬다.

2 도토리묵은 끓는 물에 넣고 10분 이상 삶고, 마늘종은 2분 정도 데친 뒤 찬물에 헹궈 물기를 뺀다.

3 달군 냄비에 참기름을 두르고 양파, 당근, 마늘종 순으로 볶다가 묵을 넣고 볶는다. 물 2큰술을 넣고 약한 불에서 5분 정도 끓이다가 간장, 통깨를 약간씩 넣는다.

주라맘's Tip 🍶 도토리묵을 미리 불릴 시간이 없다면 끓는 물에 넣고 20분 정도 삶은 뒤 볶으세요.

완료기 이유식 후반 즈음에는 아이에게 국을 만들어주세요. 그러나 밥, 국, 반찬으로 식단을 구성해도 좋다는 의미이지 국에 밥을 말아 먹이라는 뜻은 아니랍니다. 국은 절대 짜게 만들지 마세요. 아이가 국물을 떠먹는 것을 좋아하거나 뭐든지 잘 먹는 편이라면 굳이 국에 간을 하지 않아도 돼요. 이 책에서 소개하는 완료기 이유식 국은 유아식 국으로 계속 만들어 먹여도 좋아요.

★ 완료기 이유식 후반 국 01

게살 미역국

요리 시간 40분
재료 게살 30g, 마른미역 6g, 물(또는 다시마 육수) 1+1/2컵, 간장 약간, 참기름 약간
대체 재료 게살 ▶ 바지락살

1 마른미역은 찬물에 20분 정도 불렸다가 끓는 물에 넣고 30초 정도 데친 뒤 물기를 꼭 짠다.
2 게살, 미역은 잘게 다진다.
3 냄비에 게살, 미역, 물 1+1/2컵을 넣고 약한 불로 10분 이상 끓인다. 재료가 익으면 간장과 참기름을 넣는다.

주하맘's
Tip 마른미역 6g을 물에 불리면 40g 정도 분량이 돼요.

★ 완료기 이유식 후반 국 02

쇠고기 뭇국

요리 시간 1시간
재료 쇠고기 사태(또는 양지) 40g, 물(또는 쇠고기 육수) 2컵, 쪽파 3g, 무 30g, 간장 약간
대체 재료 무 ▶ 양배추

1 쇠고기 사태는 찬물에 20분 정도 담가 핏물을 뺀다. 냄비에 쇠고기, 물 2컵을 넣고 거품과 불순물을 걷어내며 쇠고기를 삶는다.
2 쇠고기가 익으면 건져 잘게 다진다. 무는 1cm 크기로 썰고, 쪽파는 곱게 다진다.
3 쇠고기 삶은 육수에 쇠고기, 무를 넣고 약한 불로 10분 이상 끓인다. 무가 익으면 다진 파를 넣고 간장을 약간 넣는다.

주하맘's
Tip 쇠고기 삶은 물은 육수로 사용하므로 쇠고기는 찬물에 넣고 끓이세요.

새우알탕

요리 시간 30분
재료(2cm 크기 13개) 새우살 100g, 시금치 40g, 양파 15g, 녹말가루 약간, 참기름 약간, 물(또는 다시마 육수) 1+1/2컵
대체 재료 시금치 ▶ 배추

1 새우살은 내장을 제거한 뒤 씻는다. 시금치는 30초 정도 데친 뒤 찬물에 헹궈 물기를 꼭 짜서 20g을 준비한다. 새우, 시금치는 잘게 다지고, 양파는 0.7cm 크기로 썬다.

2 그릇에 새우살, 녹말가루, 참기름을 약간 섞어 차지게 반죽한다.

3 냄비에 양파, 물 1+1/2컵을 넣고 물이 끓으면 약한 불로 줄이고 2~3분 정도 끓이다가 시금치를 넣는다. 반죽을 2cm 크기로 동그랗게 떠 넣고 5분 정도 익힌다. 끓이는 도중 생기는 거품과 불순물은 걷어낸다.

주화맘's Tip 새우반죽은 약간 질척한 듯해도 끓이면 모양이 잘 잡혀요. 새우알은 물이 끓을 때 넣어야 새우 모양이 흐트러지지 않고 지저분해지지 않아요.

버섯 된장국

요리 시간 30분
재료 느타리버섯 10g, 송이버섯 10g, 감자 15g, 애호박 10g, 양파 10g, 물(또는 다시마 육수) 1+1/2컵, 된장 2g
대체 재료 송이버섯 ▶ 팽이버섯

1 느타리버섯, 송이버섯, 감자, 애호박, 양파는 1cm 크기로 썬다.

2 냄비에 느타리버섯, 송이버섯, 감자, 애호박, 양파, 물 1+1/2컵을 넣고 끓인다. 물이 끓으면 약한 불로 줄이고 10분 이상 끓인다.

3 재료가 익으면 된장을 풀어 넣고 2분 정도 끓인다.

주화맘's Tip 엄마, 아빠용 된장찌개 끓이는 재료를 응용해 아이용 된장국도 만들어주세요. 된장은 너무 일찍 넣으면 영양이 파괴되므로 요리 마지막 단계에 넣고 2분 정도만 끓이세요.

쇠고기 미트볼 배추탕

요리 시간 1시간 30분
재료(1.5cm 크기 11개) 쇠고기 안심(또는 살코기) 60g, 배추 20g, 당근 10g, 양파 10g, 표고버섯가루 약간, 참기름 약간, 물(또는 쇠고기 육수) 1+1/2컵, 녹말물 2/3큰술

1 쇠고기 안심은 찬물에 20분 정도 담가 핏물을 뺀다. 쇠고기와 양파는 잘게 다지고, 배추와 당근은 1cm 크기로 썬다.

2 볼에 쇠고기, 양파, 표고버섯가루, 참기름을 약간 섞어 차지게 반죽한 뒤 1.5cm 크기로 동글동글하게 빚어 냉장고에 넣고 30분 정도 숙성시킨다.
*표고버섯가루 만드는 법은 50쪽 참고.

3 냄비에 배추, 당근, 물 1+1/2컵을 넣고 끓인다. 물이 끓어오르면 약한 불로 줄이고 2~3분 더 끓이다가 쇠고기 미트볼을 넣고 거품과 불순물을 걷어내며 10분 정도 끓여 녹말물을 두르고 젓는다.

주하맘's **Tip** 🍲 쇠고기 미트볼을 넉넉하게 만들었다면 동그랗게 빚어서 냉동 보관하세요.

순두부 게살수프

요리 시간 20분
재료 게살 30g, 양배추 15g, 부추 10g, 물(또는 다시마 육수) 1컵, 순두부 50g, 간장 약간, 들기름 약간
대체 재료 게살 ▶ 조갯살

1 게살은 잘게 다지고, 양배추와 부추는 1cm 크기로 썬다.

2 냄비에 게살, 양배추, 물 1컵을 넣고 끓이다 물이 끓어오르면 약한 불로 줄이고 순두부를 넣고 5분 이상 끓인다.

3 ②에 부추를 넣고 3~4분 더 끓이다가 간장과 들기름을 넣는다.

주하맘's **Tip** 🍲 순두부 게살수프는 담백하고 부드러워요. 여기에 부추가 들어가 독특한 향이 더해지는데 아이가 입맛이 예민하다면 부추는 빼세요.

콩비지탕

요리 시간 40분
재료 백김치 20g, 돼지고기 등심(또는 안심) 30g, 양파 10g, 참기름 약간,
물(또는 채소 육수) 2/5컵, 콩비지 100g
대체 재료 콩비지 ▶ 순두부, 연두부

1 백김치는 여러 번 씻은 뒤 곱게 다져서 찬물에 20분 정도 담가 짠맛을 뺀
다. 돼지고기 등심, 양파는 잘게 다진다.

2 팬에 참기름을 약간 두르고 양파, 돼지고기, 백김치 순으로 볶다가 물 2/5
컵을 붓고 약한 불로 3~4분 더 끓인다.

3 ②에 콩비지를 넣고 걸쭉해질 때까지 끓인다.

> **주하맘's Tip** 비지는 두부를 만들고 난 찌꺼기지만 영양이 가득한 식품이죠.
> 고소하고 부드러워 이유식 재료로 활용하기도 좋고요. 콩비지탕
> 은 국과 탕의 중간 정도인 수프 느낌이 나는 요리예요.

북어 달걀국

요리 시간 40분
재료 북어포 20g, 물 1/2컵, 쪽파 5g, 달걀 1개, 물(또는 다시마 육수) 3/4컵,
천일염 약간, 참기름 약간
대체 재료 쪽파 ▶ 양파

1 북어포는 물 1/2컵에 넣고 20분 정도 불린다.

2 북어포, 쪽파는 잘게 다지고 달걀은 알끈을 제거하고 풀어둔다.

3 냄비에 북어포, 북어포 불린 물, 물 3/4컵을 넣고 약한 불로 7~8분 정도 끓
여 잠시 불을 끄고 달걀을 돌려 넣은 뒤 불을 켜고 저어준다. 달걀이 익으면
다진 파와 천일염, 참기름을 넣는다.

> **주하맘's Tip** 북어포 20g을 준비해 찬물에 불리면 50g 정도 분량이 돼요.
>
> 북어포는 질길 수 있으므로 잘게 다지다가 점차 익숙해지면 작은
> 덩어리로 썰어주세요.

아기와의 외출이 무서워요

외출 시 이유식 고민 해결

돌이 지나면서부터 아기와의 외출도 잦아지고 그때마다 이유식을 챙기는 일도 녹록치 않을 거예요. 한나절만 외출하려고 해도 아이 밥에 우유, 간식, 음료로 가득한 짐을 보면서 외출이 꺼려지기도 하죠. 엄마가 열심히 이유식을 만들어 챙겨나가도 아기가 잘 받아먹지 않으면 주변 사람들은 아기를 까다롭게 키울 필요가 없다며 어른 음식을 아기에게 집어 먹이기도 해서 엄마를 당혹스럽게 할 때도 있어요. 그래도 외출할 때마다 아이 밥을 챙겨나가는 일을 게을리 해서는 안 돼요. 적어도 두 돌까지는 말이죠. 저도 급한 일로 아이 밥을 미처 챙겨나가지 못한 적이 있었는데 그때는 연두부를 사서 아이에게 먹이기도 했어요.

하루 세 끼 이유식을 만들면 엄마도 힘드니 한 번 만들 때 넉넉히 만들어 소분하여 냉장 또는 냉동해 두었다가 다음날 꺼내어 데워주거나 외출 시 가지고 나가면 편리해요. 특히 아이용 동그랑땡이나 불고기, 고기 채소볶음, 토마토 소스, 죽 등은 만들 때마다 한 두 분량씩 냉동해두면 외출 시 정말 유용해요. 어떤 분은 아이에게 냉동된 음식을 먹이기 꺼려하기도 하는데 조리 후 바로 냉동을 하면 맛과 영양의 손실 없이 음식을 보관할 수 있다고 해요. 냉장실에서 2~3일 보관하는 것보다 조리 후 냉동실에 바로 보관하는 음식이 더 안전하다고 하니까요. 동그랑땡은 반죽 후 동그랗게 빚어서, 불고기는 양념해서, 토마토 소스는 요리를 완성한 후 소분하여 냉동 보관해 두었다가 외출 전 빠르게 조리해 보온통에 담아가면 편하고 엄마의 마음도 든든해요. 특히 전복죽, 삼계죽은 한번에 만드는 양이 많아 외출을 대비해 냉동해 두기도 하는데 전복죽을 냉동 보관할 경우라면 내장을 빼고 조리하세요. 요즘은 식당이나 카페테리아에 아이를 둔 손님을 위해 전자레인지에 준비되어 있으니 외출 시 죽을 가져갈 경우라면 냉동된 채로 가져가 전자레인지에 데워 먹이면 좋아요.

INDEX

착한 이유식

초판　1쇄 발행 | 2011년　6월 15일
개정판 1쇄 발행 | 2015년 10월 20일
개정판 2쇄 발행 | 2017년　3월　5일

지은이 | 조소영
발행인 | 이원주

임프린트 대표 | 김경섭
기획편집 | 김순란 · 강경양 · 한지은 · 정인경
디자인 | 정정은 · 김덕오
진행 | 조경자
마케팅 | 노경석 · 조안나 · 이유진
제작 | 정웅래 · 김영훈

발행처 | 미호
출판등록 | 2011년 1월 27일(제321-2011-000023호)

주소 | 서울특별시 서초구 사임당로 82
전화 | 편집 (02) 3487-1151 · 영업 (02) 2046-2800

ISBN　978-89-527-7493-4　13590

이 책은《우리 아이가 이유식을 시작해요》의 개정판입니다.